全国中国特色社会主义政治经济学研究中心（福建师范大学）学者文库
主编 李建平

我国流域生态服务供给机制创新研究

RESEARCH ON INNOVATION OF ECOLOGICAL SERVICE SUPPLY MECHANISM IN WATERSHED OF CHINA

黎元生 ◎ 著

中国财经出版传媒集团

经济科学出版社
Economic Science Press

图书在版编目（CIP）数据

我国流域生态服务供给机制创新研究/黎元生著．—北京：经济科学出版社，2018.12

（全国中国特色社会主义政治经济学研究中心（福建师范大学）学者文库）

ISBN 978-7-5218-0073-9

Ⅰ.①我… Ⅱ.①黎… Ⅲ.①流域环境-生态环境建设-研究-中国 Ⅳ.①X321.2

中国版本图书馆CIP数据核字（2018）第281710号

责任编辑：孙丽丽　程憬怡
责任校对：靳玉环
责任印制：李　鹏

我国流域生态服务供给机制创新研究
黎元生　著
经济科学出版社出版、发行　新华书店经销
社址：北京市海淀区阜成路甲28号　邮编：100142
总编部电话：010-88191217　发行部电话：010-88191522
网址：www.esp.com.cn
电子邮件：esp@esp.com.cn
天猫网店：经济科学出版社旗舰店
网址：http://jjkxcbs.tmall.com
北京季蜂印刷有限公司印装
710×1000　16开　19.5印张　360000字
2018年12月第1版　2018年12月第1次印刷
ISBN 978-7-5218-0073-9　定价：68.00元

总　序*

在 2017 年春暖花开之际，从北京传来喜讯，中共中央宣传部批准福建师范大学经济学院为重点支持建设的全国中国特色社会主义政治经济学研究中心。中心的主要任务是组织相关专家学者，坚持以马克思主义政治经济学基本原理为指导，深入分析中国经济和世界经济面临的新情况和新问题，深刻总结改革开放以来中国发展社会主义市场经济的实践经验，研究经济建设实践中所面临的重大理论和现实问题，为推动构建中国特色社会主义政治经济学理论体系提供学理基础，培养研究力量，为中央决策提供参考，更好地服务于经济社会发展大局。于是，全国中国特色社会主义政治经济学研究中心（福建师范大学）学者文库也就应运而生了。

中国特色社会主义政治经济学这一概念是习近平总书记在 2015 年 12 月 21 日中央经济工作会议上第一次提出的，随即传遍神州大地。恩格斯曾指出："一门科学提出的每一种新见解都包含这门科学的术语的革命。"② 中国特色社会主义政治经济学的产生标志着马克思主义政治经济学的发展进入了一个新阶段。我曾把马克思主义政治经济学 150 多年发展所经历的三个阶段分别称为 1.0 版、2.0 版和 3.0 版。1.0 版是马克思主义政治经济学的原生形态，是马克思在批判英国古典政治经济学的基础上创立的科学的政治经济学理论体系；2.0 版是马克思主义政治经济学的次生形态，是列宁、斯大林等人对 1.0 版的

* 总序作者：李建平，福建师范大学原校长、全国中国特色社会主义政治经济学研究中心（福建师范大学）主任。

② 马克思．资本论（第 1 卷）［M］．北京：人民出版社，2004：32.

坚持和发展；3.0 版的马克思主义政治经济学是当代中国马克思主义政治经济学，它发端于中华人民共和国成立后的 20 世纪 50 ~ 70 年代，形成于 1978 年党的十一届三中全会后开始的 40 年波澜壮阔的改革开放过程，特别是党的十八大后迈向新时代的雄伟进程。正如习近平所指出的："当代中国的伟大社会变革，不是简单套用马克思主义经典作家设想的模板，不是其他国家社会主义实践的再版，也不是国外现代化发展的翻版，不可能找到现成的教科书。"① 我国的马克思主义政治经济学"应该以我们正在做的事情为中心，从我国改革发展的实践中挖掘新材料、发现新问题、提出新观点，构建新理论。"② 中国特色社会主义政治经济学就是具有鲜明特色的当代中国马克思主义政治经济学。

中国特色社会主义政治经济学究竟包含哪些主要内容？近年来学术理论界进行了深入的研究，但看法并不完全一致。大体来说，包括以下 12 个方面：新中国完成社会主义革命、确定社会主义基本经济制度、推进社会主义经济建设的理论；社会主义初级阶段理论；社会主义本质理论；社会主义初级阶段基本经济制度理论；社会主义初级阶段分配制度理论；经济体制改革理论；社会主义市场经济理论；使市场在资源配置中起决定性作用和更好发挥政府作用的理论；新发展理念的理论；社会主义对外开放理论；经济全球化和人类命运共同体理论；坚持以人民为中心的根本立场和加强共产党对经济工作的集中统一领导的理论。对以上各种理论的探讨，将是本文库的主要任务。但是应该看到，中国特色社会主义政治经济学和其他事物一样，有一个产生和发展过程。所以，对中华人民共和国成立七十年来的经济发展史和马克思主义经济思想史的研究，也是本文库所关注的。从 2011 年开始，当代中国马克思主义经济学家的经济思想研究进入了我们的视野，宋涛、刘国光、卫兴华、张薰华、陈征、吴宣恭等老一辈经济学家，他们有坚定的信仰、不懈的追求、深厚的造诣、丰硕的研究成果，为中国特色社会主义政治经济学做出了不可磨灭的

---

① 李建平．构建中国特色社会主义政治经济学的三个重要理论问题［N］．福建日报（理论周刊）．2017－01－17.

② 习近平．在哲学社会科学工作座谈会上的讲话［M］．北京：人民出版社，2016：21－22.

贡献，他们的经济思想也是当代和留给后人的一份宝贵的精神财富，应予阐释发扬。

全国中国特色社会主义政治经济学研究中心（福建师范大学）的成长过程几乎和改革开放同步，经历了40年的风雨征程：福建师范大学政教系1979年开始招收第一批政治经济学研究生，标志着学科建设的正式起航。以后相继获得：政治经济学硕士学位授权点（1985年）、政治经济学博士学位授权点（1993年），政治经济学成为福建省“211工程”重点建设学科（1995年）、国家经济学人才培养基地（1998年，全国仅13所高校）、理论经济学博士后科研流动站（1999年）、经济思想史博士学位授权点（2003年）、理论经济学一级学科博士学位授权点（2005年）、全国中国特色社会主义政治经济学研究中心（2017年，全国仅七个中心）。在这期间，1994年政教系更名为经济法律学院，2003年经济法律学院一分为三，经济学院是其中之一。40载的沐雨栉风、筚路蓝缕，福建师范大学理论经济学经过几代人的艰苦拼搏，终于从无到有、从小到大、从弱到强，成为一个屹立东南、在全国有较大影响的学科，成就了一段传奇。人们试图破解其中成功的奥秘，也许能总结出许多条，但最关键的因素是，在40年的漫长岁月变迁中，我们不忘初心，始终如一地坚持马克思主义的正确方向，真正做到了咬定青山不放松，任尔东西南北风。因为我们深知，“在我国，不坚持以马克思主义为指导，哲学社会科学就会失去灵魂、迷失方向，最终也不能发挥应有作用。”[①] 在这里，我们要特别感谢中国人民大学经济学院等国内同行的长期关爱和大力支持！因此，必须旗帜鲜明地坚持以马克思主义为指导，使文库成为学习、研究、宣传、应用中国特色社会主义政治经济学的一个重要阵地，这就是文库的“灵魂”和“方向”，宗旨和依归！

是为序。

李建平

2019年3月11日

① 习近平．在哲学社会科学工作座谈会上的讲话［M］．北京：人民出版社，2016：9.

内容简介

本书坚持以马克思主义关于人与自然关系的思想为根本遵循，坚持以习近平生态文明思想为指导，将国际环境治理机制复合体理论引入流域生态服务供给的分析视野，立足于流域生态服务供给不充分、不均衡的现实国情，提出要在规范科层机制、培育市场机制和鼓励志愿性机制的基础上，促进多元供给机制的互动和融合，逐步构建以政府主导型网络化供给为核心、多元复合的生态服务供给体系，这是我国流域生态服务供给机制创新的目标模式。本书重点探讨了政府主导型网络化供给机制的基本框架，包括流域生态服务多层级供给、流域生态服务区际伙伴供给和流域生态服务政企社伙伴供给，旨在建立由各级政府、企业和社会组织基于信任的多元伙伴合作机制。总结和借鉴美、英、法三国在流域生态服务政府购买、流域水务民营化运作和流域生态服务多中心供给的经验，立足现实国情和福建省情，以闽江、汀江流域为典型样本，剖析流域生态服务网络化供给演进的政策脉络及绩效，展望新时代我国生态服务供给机制创新的美好前景。

目录
CONTENTS

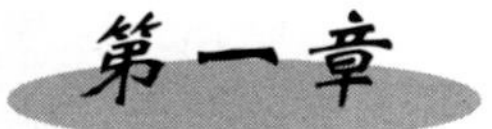

第一章 导 论

第一节 研究背景与选题意义

一、研究背景

在人类社会的各种关系中，人与自然的关系是最基本的社会关系。一部人类文明发展史，首先是一部人与自然关系史。人与自然的辩证关系，也是人类发展的永恒主题。人类是自然界的产物，其一经产生便与自然发生关系，相对于地球46亿年漫长的自然演化历史，人类文明发展历史则显得相对短暂，先后经历了原始文明、农业文明和工业文明阶段，并开始向生态文明的新时代演进。在原始文明时代，大约距今约四百万年前，人类进入了石器时代，由于劳动工具简陋，人类只能被动地依赖自然、顺从自然，与自然没有绝然的界限，人群逐水草而居，过着茹毛饮血的生活，维持着自身极低水平的生存和繁衍。在农业文明时代，大约距今一万年前，人类进入铁器时代，生产力水平有较大的进步，人类主动利用自然、开发资源的能力不断增强，相应地对自然有所破坏，局部地区比较严重，但总体而言，人与自然维持着以局部性、阶段性不和谐但整体相对平衡为特征的共处关系。到了工业文明时代，距今三百年左右，人类进入了机器时代，资本主义工业革命推动了科学技术的快速发展和广泛运用，大大提升了人类改造自然、开发资源和超额消费的能力，创造了前所未有的生产力，人类从自然界获得了大量的物质财富。然而，正如19世纪美国著名诗人惠特曼所描述的那样：

"大地给予所有人的是物质的精华，而最后，它从人们那里得到的回赠却是这些物质的垃圾。"在工业文明理念引导下，人类以自我为中心，开始无节制地向地球掠夺自然资源、倾泻工农业废弃物，全球经济增长所产生的资源消耗量和污染物排放量已超出了地球生态系统的承载力，其结果是全球性生态环境趋于恶化，突出地表现为十大生态危机：臭氧层破坏、温室效应、废物质污染及转移、酸雨侵蚀、海洋污染、核污染、森林面积锐减、生物多样性减少、水资源枯竭、噪声污染。① 其中，任何一种生态危机都可能导致人类走向灭顶之灾。这种全球性的生态危机，诸多生态马克思主义者仅仅将其归因于追求剩余价值最大化的资本主义运动规律，显然有失偏颇。全球生态危机无一例外都是人类过度追求物质财富增加而超越自然约束所形成的，各个国家在工业化进程中，由于产业技术局限性和政府监管缺失等因素，无节制的经济增长带来了严重的生态环境危机，西方发达国家先后出现了美国洛杉矶烟雾事件（1943 年）、伦敦烟雾事件（1952 年）、日本水俣病事件（1953～1956 年）等全球八大环境公害事件，给各国人民带来了深重的环境灾难。联合国开发计划署、联合国环境规划署、世界银行和世界资源研究所共同的完成的《人与生态系统——正在破碎的生命之网》认为，人口的快速增长以及由此带来的日益增长的消费能力，是造成全球自然生态系统不断退化的两大主要根源。整个人类社会的发展，正面临在"斯夔砬与萨瑞波第斯"两种不可抗拒的灾难之间做出选择的难题，要么被斯夔砬——生态独裁者所吞噬，要么被萨瑞波第斯——生态的、社会的和经济的灾难所吞噬。② 因此，保护环境，就是保护人类共同的家园，已成为各国政府和人民共同努力的伟大事业。美国"罗斯福大草原林业工程"、苏联"斯大林改造大自然计划"、北非五国的"绿色坝工程"和我国"三北"防护林工程，都是各国政府为应对生态危机而实施的世界著名的大型生态环保工程。伴随着工业化、城镇化和农业现代化的深入发展，我国政府和人民对经济发展与环境保护问题的认识也不断深化，中国作为世界上最大的发展中国家，也是至今世界上唯一将生态文明发展模式作为国家总体战略的国家，本着负责任的大国担当，正在大力加强生态文明建设，积极参与应对全球气候变化，中国不仅是全球气候治理《巴黎协定》达成的重要推动力量，

---

① 地球十大生态灾难［J］. 世界科学，2004（6）：23－24.

② 希腊神话中的著名英雄奥迪索斯克服千难万险，甚至不惜牺牲自己的生命，与巨兽与巫师展开殊死搏斗。在他众多的经历中，有一次他被迫穿越一个恐怖的海峡（据估计，位于今天的西西里岛与意大利大陆之间）。在海峡一侧，一只长着十二只脚、六张嘴的海怪斯夔砬（Scylla）扬言，它正等着蚕食水手；另一侧则是萨瑞波第斯（Charybdis），一个巨大的旋涡，它威胁说：它每天将海水吞进三次，再咆哮着吐出来。转引自［德］弗里德希·享特布尔格：《生态经济政策》，东北财政大学出版社，2005：1.

也是坚定的履约国，而且已成为全球生态文明建设的重要参与者、贡献者和引领者，承担着参与应对气候变化、维护全球生态安全、推进全球生态治理，构建人类生态命运共同体的重大责任和使命。

改革开放以来，为了摆脱贫困，改善人民群众的物质生活条件，我国实行以经济建设为中心的基本路线，极大地提高了全社会物质产品和文化产品的生产能力，我国已跃居成为世界上第二大经济体和第一大货物贸易国。但是，在过去相当一段时期，粗放型经济增长模式所带来的严重环境问题，突出地表现为能源资源总量约束趋紧、自然环境污染日益加剧和生态系统功能不断退化三个领域。生态产品的供给能力却在不断减弱，生态服务的稀缺性愈加明显，城乡居民对生态产品的需求量越来越大。因此，无论是从政府提供公共服务的供给侧来看，还是从满足人民群众不断增长的需求侧来看，生态产品是属于供给短缺的稀缺产品，生态服务也是公共服务中的“短板”。[①] 党的十八大以来，在习近平总书记生态文明思想指引下，我国生态环境保护进入认识最深、力度最大、举措最实、推进最快、成效最好的时期。然而，生态公共服务水平的差距，仍然是我国与欧美发达国家的明显差距，生态产品生产能力仍然是现阶段我国亟须提升的重要领域。发展社会主义生产，不仅要满足人民的物质需要，而且还要创造良好生态环境，生产出符合人类需求的多样化的生态产品，保证满足人民的生态需要。[②] 随着社会经济发展和人民生活水平不断提高，人民群众对干净的水源、清新的空气、安全的食品、优美的环境等的要求越来越高，生态环境在群众生活幸福指数中的地位不断凸显，生态保护和环境治理已成为各级政府改善民生福祉的重要任务。老百姓过去“盼温饱”现在“盼环保”，过去“求生存”现在“求生态”，由过去“要硬化”到现在“要绿化”，努力追求“天蓝、地绿、水净、空优、食安”的美好家园，是人民群众追求美好幸福生活的题中应有之义。正如十九大报告所指出的：“我们要建设的现代化是人与自然和谐共生的现代化，既要创造更多物质财富和精神财富以满足人民日益增长的美好生活需要，也要提供更多优质生态产品以满足人民日益增长的优美生态环境需要。”

生态文明建设是新时代中国特色社会主义事业的重要组成部分，关系人民福祉，关乎民族未来，事关“两个一百年”奋斗目标和中华民族伟大复兴中国梦的实现。中华人民共和国成立以来，党和国家历来重视生态文明建设，在社会主义现代化建设实践中稳步推进。党的十七大首次将生态文明建设写入党的决议；党

① 胡鞍钢．中国创新绿色发展［M］．北京：中国人民大学出版社，2012：78.

② 刘思华．保证生态需要应当放在实现人的全面发展的首位［J］．当代财经，2005（6）：128.

的十八大作出了把生态文明建设放在更加突出的地位，纳入中国特色社会主义事业“五位一体”总布局的战略决策，“融入经济建设、政治建设、文化建设、社会建设各方面和全过程”；党的十九大报告作出了中国特色社会主义进入新时代的重要论断，并把将建设生态文明提升到关系中华民族永续发展的千年大计的高度，首次把美丽中国建设作为新时代中国特色社会主义强国建设的重要目标，描绘了美丽中国建设的宏伟蓝图。建设美丽中国，必须推动形成人与自然和谐发展的现代化建设新格局。从 2020～2035 年，“基本实现社会主义现代化”，其中“生态环境根本好转，美丽中国目标基本实现”；从 2035 年到 21 世纪中叶，“把我国建成富强民主文明和谐美丽的社会主义现代化强国”。上述一系列决议体现着党和国家对生态文明建设认识的不断深化，从先进理念的吸收到宏观战略决策部署，从顶层设计和总体部署再到具体落实的时间表和路线图，稳步扎实推进，充分体现了我国生态文明建设是一场全方位系统性的绿色变革，并正在广泛而深刻地改变着我国经济社会发展的进程。

长期以来，我国各级政府主要以行政区为单元推进生态文明建设，将节能减排降耗任务和生态环境质量考核指标分层级下达各级政府，形成行政区分包治理。流域、湖泊等自然地理单元虽然分属于各个行政区管辖范围，但是一个流域通常要流经多个行政区，流域区域内森林、草地、农田、湿地等分属于多个不同的地方政府、集体经济和个体农民开展经营管理。因此，流域生态文明建设往往缺乏比较明确的责任主体。大江大河流域既是自然生态系统，又是社会经济系统，也是生态公共服务供给的基本单元，是生态文明建设的重要载体，这就决定了流域生态文明建设具有极强的战略性、综合性、系统性和复杂性。流域生态文明建设，不仅仅局限于流域源头的种草种树和企业污染末端治理等具体事务，而且关系到流域区内发展理念、发展方式的根本转变，与流域区内的生产力布局、空间格局、产业结构、生产方式、生活方式以及体制机制变迁等紧密相连。因此，流域生态文明建设是以流域为单元以实现流域水量均衡分配、水质优先保护、水资源合理开发和水生态科学维护为目标导向的全方位系统性的绿色变革。（1）加快生产方式和生活方式的绿色化是流域生态文明的根本途径。人类利用自然生态资源，获取物质资料满足自身进行生产生活的同时，也是破坏自然资源和向自然界排出废弃物的过程。为此，需要构建起科技含量高、资源消耗低、环境污染少的产业结构，大力发展绿色产业；加快形成城乡区域勤俭节约、绿色低碳和文明健康的生活方式和消费模式。（2）明确流域生态文明建设的指标体系。国内通行的生态文明建设指标体系主要包括生态经济、生态环境、生态人居、生态制度和生态文化 5 个维度。在流域生态文明建设中，最核心是流域生态环境指标，围绕流域资源约束、环境污染和生态退化等，要严格落实各个流域水资源、水环境、森林、耕地保有量等资源环境生态红线指标，进而倒逼地方政府进行产业结构调整，促使企业进行技术革新。(3) 流域生态建设的制度保障。包括完善流域生态服务补偿制度和生态损害赔偿制度；中央政府对重要流域生态保护区的垂直转移支付制度；以及按照源头预防、过程控制、损害赔偿、责任追究的思路，完善严守资源环境生态红线、健全自然资源产权和用途管理制度、完善政绩考核和责任追究制度等。我们要贯彻落实习近平新时代社会主义生态文明思想，妥善处理流域经济发展与生态环境保护的矛盾，加快构建与现实国情相适应的流域生态服务供给机制，提高流域生态公共服务供给能力和水平，这既是推动经济转型升级，实现经济高质量发展的内在要求，也是加快生态文明建设，实现人类与自然和谐共生的题中应有之义。

二、选题意义

(一) 促进流域生态环境与经济社会协调发展的客观要求

我国是一个人口众多、人均自然资源占有量低的国家。森林、草地和耕地人均占有量不及世界平均水平的一半。据第八次全国森林资源清查成果显示，2017年全国森林面积为2.08亿公顷，森林覆盖率为21.63%，森林蓄积为151.37亿立方米，远低于世界31%的平均水平，人均森林面积仅为世界平均水平的1/4。[①] 水资源人均占有量仅为2085立方米，仅为世界平均水平的28%，是属于轻度缺水的国家。截至2016年底，全国耕地面积为13492.10万公顷（20.24亿亩），人均耕地面积大约1.4亩，约为世界平均水平的40%。[②] 自20世纪70年代初以来，我国消耗可再生资源的速率开始超过其再生能力，日益加剧的环境污染，不仅严重削弱生态环境承载能力，威胁国家生态安全，而且危及人民群众的食品安全、身体健康和幸福指数。尽管单位GDP用水量趋于下降，但由于经济总量增加，全国废水及其主要污染物排放量仍呈现上升态势，废水排放量由2001年的433亿吨上升至2015年的735.3亿吨，同期化学需氧量（COD）排放量由1404.8亿吨上升至2223.5亿吨，氨氮排放量由125.2亿吨上升至229.9亿吨（详见附表1、附表2）。2017年底，全国地表水1940个断面水质中，劣V类的

① 2017年中国生态环境状况公报，中国生态环境部网站。
② 2017中国土地矿产海洋资源统计公报，中华人民共和国自然资源部网站。

161个，占8.3%；112个重要湖泊（水库）中，V类、劣V类共20个，占17.8%，并呈现不同程度的富营养化，约2000条城市水体存在黑臭现象，氮、磷等污染问题日益凸显。[①] 水资源过度开发问题十分突出，水资源开发利用程度已超出了部分地区的承载能力，黄河、淮河、海河等流域耗水量超过水资源可利用量的80%，造成部分河流断流甚至常年干涸。长江、珠江等流域中上游地区干支流高强度的水电梯级开发导致河流生境阻隔、生物多样性下降。水生态受损严重，湿地、海岸带、湖滨、河滨等自然生态空间不断减少，全国湿地面积近年来每年减少约510万亩。水环境隐患多，全国近80%的化工、石化项目布设在江河沿岸、人口密集区等敏感区域。随着我国工业化、城镇化和农业现代化的快速发展，污染物超标排放、深层地下水过度开采以及流域水资源不合理开发所引发的水环境问题日益突出，使得流域水资源和水环境容量的代际公平分配成为当今流域管理者必须认真考虑的问题。加快流域生态服务供给机制创新研究，就是要在流域可持续发展框架下，妥善处理人类与自然的关系，促进经济发展与生态环境的协调发展，走“生态优先、绿色发展”之路，让良好生态环境真正成为人民群众幸福生活的增长点、经济社会持续健康发展的支撑点、展现我国良好形象的发力点。

（二）协调流域复杂生态利益关系的重要内容

我国流域水资源时空分布很不均衡，表现出“四多四少”特征，即夏秋多冬春少、南方多北方少、东部多西部少、山区多平原少。流域水资源作为重要的生产和生活资料，其开发利用具有多功能性，可分为消耗性用水和非消耗性用水两大类，前者如农业灌溉、工业和服务业用水等，后者如发电、养殖、航运用水等。由于水资源在不同河段、不同经济主体之间的利用具有时空的优先劣后的关系，从而产生了复杂的流域生态利益关系，包括由于流域水资源使用中的上下游之间水权分配关系；由于森林植被的开发、使用和破坏而产生的上下游之间生态服务补偿或跨界水污染赔偿关系；由于流域水电资源的开发利用而产生的开发受益者与受害者之间的利益损失补偿关系等。长期以来，为了稳定物价，我国水资源价格总体偏低，居民用水量稳中有升，2000年至2016年，全国人均综合用水量由430m^3上升为438m^3；同期万元GDP（当年价）用水量和万元工业增加值（当年价）用水量均呈现大幅下降，分别由610m^3和288m^3下降至81m^3和52.8m^3，但全国废水排放总量依然趋于上升；农业灌溉用水有效系数趋于上升，2010~2016年由0.51上升至0.542，但仍然低于发达国家水平。为了解决北

① 2017年中国生态环境状况公报，中国生态环境部网站。

方水资源短缺问题，我国实施了南水北调等大规模跨流域和跨区域调水工程来缓解水资源时空分配不均衡。然而，以上措施主要通过中央政府行政主导推动的，流域区际之间生态补偿标准偏低，节水用水的市场化调节机制不完善。我国南方地区水资源总量相对丰裕，主要矛盾不是消耗性用水不足引发的总量不足问题，更多的是应对季节性水灾水旱引发的防灾减灾工作，应对点多面广的农业面源污染治理问题。因此，当前日益严峻的流域生态安全危机，不只是归因于生态服务的外部性和政府职能定位偏差，更深层次的制度根源在于生态服务供给体制“碎片化”：各层级政府和政府各部门的政策矛盾，政府和企业（农民）之间存在着认知差异、目标分歧和利益冲突。生态服务有效供给将取决于能否通过创新性的思维方式加强互惠基础上的互动，摆脱集体行动的困境，实现从破碎的科层治理机制向无缝隙的网络治理机制转变，提升流域生态服务的供给能力和效率。

（三）深化流域管理体制改革的重要突破口

我国流域生态安全危机不仅与工业化中后期的经济发展阶段以及粗放型发展方式密切相连，而且也与科层体制下相关利益主体缺乏有效的利益协调机制密不可分。在传统计划体制下，我国实施流域生态保护和环境治理侧重于工程和技术的手段，多停留在流域开发和兴利除害的工程概念上，相对忽视流域生态管理体制的创新和治理方式的变革。改革开放以来，尤其是党的十八大以来，我国涉及流域管理机制改革取得了较大的进展，包括流域生态补偿机制、河长制、排污权交易等一系列改革措施落地生根，但从构建人与自然和谐共生的战略高度看，纵向横向府际之间以及政府与企业、公众之间仍存在生态利益协调的诸多掣肘，主要表现在流域整体性治理不够以及大江大河流域全流域管理缺乏顶层设计和统一执法部门。流域生态保护与环境治理“两张皮”现象依然存在，割裂了环境要素综合保护与自然生态系统管理的关系；跨区域的流域复合污染、陆海污染一体化的防治体系刚刚起步。“国家权力部门化、部门权力利益化、部门利益法定化”依然存在，容易诱发新的职能交叉和重叠，管理职能“碎片化”缝合机制有待加强。中央与地方政府之间在自然资源产权关系上模糊不清，全民所有的自然资源资产管理薄弱，中央政府作为全民自然资源资产产权代表的角色被虚置，地方政府在承担行政区全民所有自然资源管理角色时，注重自然资源经济服务功能的开发，而弱化其生态服务功能的保护，加之我国绿色 GDP 的核算体系尚未建立，经济增长的资源环境代价以及自然资源资产价值的变化，都没有在现有 GDP 核算体系中反映。现行政府官员要谋求区域经济社会发展，仍然主要以 GDP 增长和财税收入作为政绩追求的重要指标。各级政府盲目追求数量型扩张，招商引资忽视资源和环境成本，在耕地总量控制的背景下，地方政府围海造地，挖山开发，将生态空间置换为生产空间的现象屡见不鲜，加剧了经济发展中的资源环境约束。我国现有的流域管理体制已不适于流域水资源统一管理的要求，行政分割以及地方和部门保护主义已成为我国流域水资源开发利用、水环境保护的最大障碍。过去人们所熟悉的传统行政管理手段有些已失去功效，新的符合市场经济体制要求的环境经济政策工具、手段还需要不断补充和完善，有些基于市场的环境经济政策工具的执行还缺乏相应的制度基础，必要的理论基础研究也还相对薄弱，迫切需要进行积极的理论探索和实践。因此，在习近平新时代中国特色社会主义思想指引下，坚持党的集中统一领导，充分发挥社会主义制度的优越性，积极探索流域生态治理的长效机制，逐步形成一个符合现实国情、具有中国特色的流域管理体制。

第二节　研究现状与文献综述

根据国内外公共服务供给理论与实践的发展，本书侧重于从运行机制的角度，将流域生态服务供给机制划分为科层供给、市场化供给、志愿性供给、自治化供给和网络化供给等五种类型。

一、研究现状

（一）科层供给论

西方经济学的科层供给论是以“仁慈政府”为假设前提，以政府共同体公共需求为逻辑起点的。资产阶级的早期政治学理论“把政府当作一个慈善的专制者，它无私地追求社会利益，把最大化社会利益看成自身的政策目标。”① 政府是社会公众选举产生的并受公众监督的管理者。政府机构以公共利益为自身的目标追求，政府官员是社会“公仆”，除了追求社会公共利益之外没有任何其他个人利益需求。因此，政府理所当然地扮演着公共服务的唯一提供者的角色。20世纪30年代出现的全球经济大危机，使资本主义国家意识到，单纯由市场配置经济资源所诱发的周期性经济危机，会极大地破坏社会生产力，因而现代市场经济需要政府干预烫平经济周期，主张政府干预经济的凯恩斯主义应运而生。50

① 汪翔，钱南. 公共选择理论导论［M］. 上海：上海人民出版社，智慧出版有限公司，1993：94.

年代，福利经济学基于市场失灵理论，论证了公共服务政府供给的必要性。1954年，萨缪尔森在《公共支出纯理论》一书中指出：相对于私人物品，公共物品具有效用的不可分割性、消费的非排他性和非竞争性，市场机制在公共物品供给领域几乎全部失灵，而政府以税收和公共收费为主要筹资手段提供公共服务，则可以达到社会资源配置的帕累托最优。庇古最早阐述了公共物品外部性问题，提出用税收办法解决外部性的政策思路，这为政府直接参与流域生态治理和生态服务供给奠定了理论依据。不负责任的企业超标排污行为具有明显的成本—收益不对称，企业获得经济收益的同时由社会承担污染的负外部性。由于企业缺乏减排的内在激励，只由政府采取强制方式向企业征收排污税，并由政府代表社会公共利益承担污染治理的责任。20 世纪 60 年代，国际公约将“损害环境者付费原则”作为普遍共识。1972 年，经合组织环境委员会正式提出了“污染者付费原则”，并得到国际社会的广泛认可。然而，由政府提供环境治理等各种公共服务也存在效率低下的问题。威廉姆·尼斯坎南等分析了发达国家政府包揽公共服务供给的低效率及其根源；在当代西方经济理论中，在市场经济的体制中政府调节是作为弥补市场失灵的角色出现的，“广义的公共产品理论给政府的存在以及政府干预提供了一个更详尽的解释。”[①] 正如奥普尔斯所言：“由于存在着公地悲剧，环境问题无法通过合作解决，所以具有强制性权利的政府的合理性，是得到普遍认可的。”[②] 除此之外，威廉姆·尼斯坎南从政府预算与公共服务供给的关系出发对政府行为进行研究，认为政府官僚系统把自己能够多大程度获得利益的理性考虑作为提供公共服务的依据，进而说明了发达国家政府包揽公共服务供给的低效率及其根源。当然，由于政府自身科学知识和执政能力不足、官员自利性以及腐败行为等问题，其高度集中决策的供给行为会降低资源配置的效率，增加交易成本，诱发“政府失灵”现象。

国内诸多学者通常以马克思主义国家观来阐释政府提供包括生态服务在内的基本公共服务。国家是经济上占据统治地位的阶级为了维护和实现自己的阶级利益，按照区域划分原则而组织起来的，以暴力为后盾的政治统治和管理组织。政府是国家的主权代表和具体形态，也是实现国家目标最为基本的手段。当一个国家经济发展水平比较低，财政实力有限时，政府所能提供公共服务范围比较小。随着经济成长和财政收入的增长，公共服务范围也随之扩大，公共服务类型也不

① 萨缪尔森．经济学［M］．北京：中国发展出版社，1992.

② Ophuls, W. leviathan or Oblivion. In Toward a Steady State Economy, ed. H. E. Daly San Francisco: Freeman, 1973.

断细化和分化。例如，资本主义初期，政府扮演着“守夜人”的角色，主要提供维护国防安全和社会秩序等基本公共服务。随着经济的发展和社会问题的日益暴露，资本主义政府承担的公共服务范围不断扩大，教育、医疗、卫生、环境保护等都纳入基本公共服务的范畴。社会主义国家是工人阶级和最广大人民利益的代表者，政府只是公共利益的代表者和实现者，政府官员只是人民的公仆。社会主义政府所提供的公共服务范围和质量，也是随着经济社会发展事业和财政实力不断增强而延伸拓展的。在这一理论框架下，诸多学者探讨了我国政府包办型生态建设的缺陷与应对策略，指出：生态服务外包能缓解由政府间“委托—代理”关系产生的“政府失灵”对生态服务供给效率的影响。例如，高小平（2005）等探讨了市场经济条件下政府生态职能定位、组织架构和行为方式等问题。宋维明（2007）、黄爱宝（2008）等提出“生态型政府”构想，倡导要“从价值观念、制度规则和实务操作三个层次，推动政府职能由生态环境监管为主向生态环境服务为主转变”。张劲松（2013）等认为，在生态环境治理中，政府机制发挥了主导地位，市场机制只能作为重要的补充手段从旁协助，人类文明从工业文明向生态文明转型依靠的是政府主导的产业升级。[①]

（二）市场供给论

公共服务市场供给论是以西方经济学的“经济人”假设为基础的。即人具有天生追求个人私利的本性，它从利益机制的角度分析个体和组织的行为动机，尤其是分析市场经济条件下微观经济主体的决策行为具有一定的合理性。但它只是对人性中“利己”方面的抽象，忽略人性中的“利他”一面。斯密提出的“在‘看不见的手’的作用下，个人追求私利会增进社会的公益”显然不符合客观事实。斯密对“经济人”的道德求证，不能在理论上加以自圆其说，在社会实践中更是处处碰壁。

传统政治理论认为，向社会提供公共服务是政府不可推卸的责任。但是，现实生活中政府所供给的公共产品包含的公共性程度从 0 至 100%，供给各类商品和服务。这些“公共部门所提供的许多服务基本上具有市场的特质”。公共产品的种类如此之多，那么就未必又必然要由政府事必躬亲，对于那些技术上具有排他性的公共产品，由私人部门供给是可能的。德姆塞茨（Demsetz）提出：在能够将不付费者排除在外的情况下，私营部门能够有效地供给公共产品。[②] 1974 年

① 中华人民共和国环境保护部，http://www.zhb.gov.cn/，2010－5－27.

② Demsetz，H.，“The Private Production of Public Goods”，Journal of Law and Economics，Oct. 13，1970.

科斯在《经济学中的灯塔》中论证了灯塔由私人建造和收费是可能的，只要采用特许经营的方式赋予私营部门强制性收费的权力，能够减少甚至消除“逃票乘车”的现象。1979 年戈尔丁（Goldin）认为公共产品采取何种供给方式取决于排他性技术和个人偏好的多样性；同年哈耶克也指出，新技术的出现和新知识的运用能使公共物品具有排他性，让私人参与公共物品的供给成为可能。[①]

新自由主义将市场奉为神灵、圭臬，认为它是资源配置的唯一有效方式。公共选择学派将新自由主义思想引入公共管理学科的分析视野。布坎南（1965）认为，只要扩大公共物品的数量还能增进双方的利益，那么双方就会自愿进行交易，直到可能得到的利益被穷尽为止。[②] 即在一定的条件下，公共物品是可以由私人提供的，但是最优数量要比政府提供的最优数量少。[③] 20 世纪 70 年代，面对日益增长的公共福利开支，西方国家正努力探索如何以较少的财政支出来满足社会对公共服务更高的要求，于是主张公共部门企业化管理的新公共管理学派应运而生。斯蒂格列茨进而提出“政府经济学”理论，认为政府提供公共服务要讲求成本和收益分析，政府可以通过引入市场竞争提高财政资源和公共服务供给的效率。在公私合作关系上，E. S. 萨瓦斯（1987）进一步探讨了公共服务的九种供给方式和制度安排。戴维·奥斯本（1992）提倡将市场竞争引入公共服务，既可以实现公共物品供给的“帕累托最优”，又优化政府的职能定位，由原来的“划桨者”转变为“掌舵人”。

在新自由主义思潮泛滥的背景下，生态环境服务供给市场化就成为西方学界的普遍共识。科斯（1960）认为产权制度缺损是导致公共物品外部性和市场失灵问题的根源，要在明晰产权界定的基础上，利用经济主体自发的趋利避害性及市场交易工具，实现环境成本内部化。戴尔斯（1968）进一步提出在污染控制领域创设虚拟市场，推进行政区际、企业之间生态产权交易机制设想。蒙哥马利（1972）、克罗珀和欧兹（1992）证明：在实际操作中，相对于传统的政府科层治理机制，排污权市场交易机制更有利于分配排污责任和治理成本的节约；排污权拍卖方案将比庇古税更有优势。1998 年，凯兹提倡建立负外部性的产权市场，对所有企业给予限定的排污权，然后任其交易，以市场机制解决生态破坏和环境污染问题。[④] 进入 21 世纪后，生态服务市场化供给研究进一步从理论阐释到实践

---

① 肖葱．私人参与公共环境服务供给的路径选择［J］．经济问题，2007（11）：46.

② James M. Buchanan，An Economic Theory of Clubs［J］. Economics，1965（2）：8 - 9.

③ Buchanan，James M. and Wm. Craig Stubblebine，Externality. Economica，1962（11）：371.

④ 唐英．生态产权制度建设与我国生态环境保护［J］．生态经济，2009（1）：385 - 386.

应用，从单纯的污染治理市场化扩展到森林、草原、湿地、水资源等各个自然生态领域。(Natasha Landell - Mills，2001；Ian Powell，Andy White，2002）对流域环境服务交易开展了深入研究，认为在某一尺度内市场机制能够发挥流域生态保护和促进社会效益的双重功效。（Daniel，2001）总结了全球范围内森林生态服务的市场交易案例（Roseles，Francisco & Suyanto et al.，2004)，对菲律宾、印度尼西亚等东南亚国家森林生态服务市场交易进行了分析，认为市场化补偿是提高政府生态服务供给水平的重要途径。①

随着我国社会主义市场经济体制的深入发展，进一步发挥市场机制在生态环境资源配置中的作用，已成为政界和学界的共识。诸多学者如李小云（2007）、靳乐山（2007）、陈钦、（2011）、于波涛（2014）等借鉴国际环境服务付费和生态产权市场化的运作经验，提出政府应在森林碳汇、水文生态服务、生态旅游服务和生物多样性服务等方面建立市场补偿机制，为公益林经营者和受益者的生态服务市场交易奠定基础，激励人们建设和保护公益林，进而弥补政府生态服务供给的不足。②③④ 郑海霞（2006)、徐大伟（2012）等学者还运用多种价值评估方法，探讨森林、流域等生态服务市场交易的定价机制。⑤⑥ 王彬彬（2015）认为，随着我国生态治理机制面临转型发展，生态补偿由最初的“单一型政府主导”模式应改革为政府和市场相互融合的多中心模式，引入市场机制和竞争机制，发挥市场在资源配置中的决定力量，推动生态环境治理成本市场化。⑦

（三）志愿性供给论

志愿性供给以“公益人”假设为前提。纯“公益人”假设，即把个体看成具有自愿追求公益动机的行动主体。现代心理学研究表明，人的行为动机是复杂多样的，它既包含着个人物质利益和精神价值的追求，表现为利己的行为；又时常表现出利他主义的行为趋向，包括见义勇为、志愿服务、慈善捐赠等。这种利他主义的存在可以从发展心理学中找到非常充分的证据。人类利他主义并不来自

① 冯凌．基于产权经济学“交易费用”理论的生态补偿机制建设［J]．地理科学进展，2010（5)．

② 李小云，靳乐山等．生态补偿机制：市场与政府的作用［M]．北京：社会科学文献出版社，2007.

③ 于波涛．生态服务及森林碳汇市场化研究［M]．北京：科学出版社，2014.

④ 陈钦，林雅秋等．公益林生态服务市场补偿政策研究［J]．生态经济，2011（1)．

⑤ 郑海霞．金华江流域生态服务补偿机制及其政策建议［J]．资源科学，2006（5)；徐大伟．基于WTP和WTA的流域生态补偿标准测算——以辽河为例，资源科学，2012（7)．

⑥ 徐大伟．流域生态补偿意愿的WTP和WTA差异性研究：基于辽河中游地区居民的CVM调查［J]．自然资源学报，2013（3)．

⑦ 王彬彬，李晓燕．生态补偿的制度建构：政府和市场有效融合［J]．政治学研究，2015（5)．

先天的遗传，而是后天习得的结果。① 中国传统文化崇尚“修身、齐家、治国、平天下”等天下为公的宽广胸襟。美国社会学家罗伯特·默顿进一步研究了制度化的利他主义，主张建立结构性机制，特别是奖赏与处罚并举的措施，引导利他主义行为。行为和实验经济学通过研究，也发现在社会群体中存在着一些纯粹利他主义者。他们不仅重视自己的福利，而且重视他人的福利。这也同时证明了，人不仅仅是“经济人”，同样也是存在着精神和情感需要的“社会人”。

志愿性供给论是伴随着西方国家第三部门兴起而出现的理论思潮。第三部门的兴起是市场失灵和政府公共物品和服务供给不足的结果。② 第三部门是指非政府、非市场的民间领域，由非政府和非营利组织构成，成为不同于政府控制、不同于市场营利组织的社会自组织的治理结构，其实质是非政府组织（NGO）或非营利组织（NPO）。它“通过志愿提供公益”在一定程度上是“政府职能的互补品”，是市场失灵的“救火队”，即政府通过自身以外的其他机构或实体来执行自身的部分职能。③ 由于第三部门不以追求利润为导向且不受分配约束，由第三部门提供公共服务可以扼制私人企业的欺诈行为，因而曾被认为它是实现公共物品供给效率和公平的最优组合。然而，“最优组合论”过度强调第三部门对政府的竞争替代性而忽略了其对政府的依附性。第三部门会因偏离自愿机制而产生功能上和效率上的种种缺陷，即“自愿失灵”现象。而政府部门的刚性制度正好能弥补第三部门不足，第三部门对公众需求比政府有着更灵敏反应，两者合作能实现优势互补。海斯曼等（Hansmann）根据公共服务供给的资金筹集及其实际配置特征，将政府和第三部门合作关系划分为四种模式：政府主导模式、第三部门支配模式、双重模式和合作伙伴模式（Hansmann，1988）④。杨（Young）进一步将两者关系明确界定为对抗、补充和合作互补三种类型。⑤

志愿性供给是在科层供给和市场供给“双失灵”空间的重要弥补形式。奥斯本和盖布勒（2001）指出：“当政府逐渐把自己提供服务的功能转向起更多的催化作用时，常常十分依赖第三类部门，即志愿组织、慈善组织、基金会、公益组织、社区组织等。”⑥ 奥尔森（1965）首次对公共品志愿性供给进行了开创性研

---

① Jane Piliavin，Hong – wen Charng，“Altruism：A Review of Review of Recent Theory and Research”.

② Kirwan R M. Finance for urban public infrastructure. Urban Studies，1989（26）：285 – 300.

③ 郭国庆．国外 NPO 职能对我国的启示［J］．经济理论与经济管理，2000（4）.

④ Hansmann H. Ownership of the firm. Journal of Law，Economics，and Organization，1988，4（2）：267 – 304.

⑤ Young D. Alternative modles of government-nonprofit sector relations：thoretical and international perspective. Nonprofit and Voluntary sector quarterly，2000（29）：149 – 172.

⑥ 戴维·奥斯本，特德·盖布勒．改革政府：企业精神如何改革着公营部门，中国人民大学出版社，2001.

究，他认为免费搭车者的出现，将大大降低志愿性供给的可能性，因而集体组织规模和成员个体投资公共品的边际收益等因素决定了公共品志愿供给的水平。[①] 伯格斯汤姆·布鲁梅和瓦里安则探讨了不同程度财富再分配对个人捐赠志愿的不同影响，他们对自愿捐赠非合作一般模型的分析堪称公共品自愿供给分析的经典。[②] 布坎南的俱乐部理论解释了非纯公共物品由集体成员合作配置的可能性。他认为，“如果对于提供可排他性公共物品的技术和偏好聚类，使得在一个给定规模的社会中形成了很多最优构成的俱乐部，那么通过个人的自愿结社而形成的俱乐部是这些可排他性公共物品的一种最优配置”。国内学者周业安等运用实验学方法，论证了“社会偏好（尤其是互惠）的存在降低了人们免费搭车的动机，并提高了志愿性供给的水平”。[③] 利他主义者从心理学科的视角对公共品志愿供给作出理论解释，他们认为，志愿性供给行为符合其利他动机，而非经济动机。

流域生态服务供给过程存在着科层机制和市场机制的“双失灵”空间，志愿性供给成为重要的补充机制。所谓志愿性供给，是指社会组织、企业和个人等利益主体以自愿为前提，将自身的资金、技术、劳动力等要素资源无偿投入到环境公共产品的供给过程，表现为义务植树造林、捐款、购买环保公益彩票、参与环保宣传等多种形式。2015 年，国务院印发《关于加快推进生态文明建设的意见》，明确提出要“引导生态文明建设领域各类社会组织健康有序发展，发挥民间组织和志愿者的积极作用。”[④] 为此，诸多学者积极探索了各种生态服务供给中的志愿性供给机制及其实现路径。冯晓明（2015）指出，城市居民是建设城市森林的主体，居民志愿性供给有三种模式，即社区模式、俱乐部模式和公益平台模式。[⑤] 刘艳云（2016）认为，志愿组织作为社会公益的核心，起到示范作用，有助于形成更大的社会合力，为生态文明建设提供更加有利的环境[⑥]。诸多学者如陈贵松等研究了城市社区环境志愿性供给，宋妍等[⑦]（2013）从经济学角度研

---

① Olson M. The Logic of Collective Action，Cambridge：Harvard University Press Ltd，1965.

② Bergstrom T，Blume L，Varian H R. On the Private Provision of Public Goods. Journal of Public Economics，29（1986）25 –49.

③ 周业安，蔡紫峰．公共品的自愿性供给机制：一项实验研究［J］. 经济研究，2008（7）：91.

④ 中华人民共和国国务院新闻办公室．中共中央国务院关于加快推进生态文明建设的意见 http：//www. scio. gov. cn/xwfbh/xwbfbh/yg/2/Document/1436286/1436286. htm，2015 –4 –25.

⑤ 冯晓明，戴芳．城市森林生态服务居民自愿供给分析［J］. 世界林业研究，2015（6）：84 –88.

⑥ 刘艳云．生态治理中地方政府与社会公益志愿组织的关系研究——以湖州生态文明先行示范区建设为研究范本［J］. 四川行政学院学报，2016（2）.

⑦ 宋妍．自愿环境协议的经济学分析［J］. 经济经纬，2013（1）.

究了企业自愿性环境协议存在的合理性，陈晓春（2003）[①]、王世靓（2005）认为，志愿治理作为弥补“政府失灵”和“市场失灵”的重要手段，有必要预防操作过程中的“志愿失灵”。例如，过度依赖政府拨款和政府优惠、志愿组织成员培训和规范与否等，要从政府、社会和非营利组织三个维度出发，在道德、法律和财政约束下，健全非营利体系。[②]

（四）自治化供给论

埃莉诺·奥斯特罗姆认为，传统经济模型对于如何管理涉及可再生自然资源的环境问题，倾向推荐政府管制或私有化和产权的界定，其实这些传统模型并非放之四海而有效的治理模式。在漫长的人类历史进程中，为避免公共池塘资源诱发的“公地悲剧”，许多社群组织都自发地开展“自筹资金的合约实施博弈”，建立一种既非纯粹的市场机制又非政府强制性制度安排而是由使用者自发制定并实施的合约，通过一定的制度安排来合理界定参与各方的责权利，实现公共池塘资源自主治理。[③] 奥斯特罗姆在大量实证分析的基础上阐释了公共池塘资源自主组织和自主治理制度得以长期持续的八大“设计原则”或制度条件，否则就会引发公共池塘资源的退化。土耳其近海渔场、加利福尼亚的部分地下水流域、斯里兰卡渔场、斯里兰卡水利开发工程和新斯科舍近海渔场制度失败，都在于不完全符合自主治理的设计原则。任何自治组织的运行都需要解决制度供给、可信承诺和相互监督三个问题。自治组织的治理绩效受到团体规模、团体异质性、同质性等诸多因素的制约。[④] 团体规模的变动带来自治组织交易成本和执行能力此消彼长的变化；团体异质性并不必然阻碍团体的集体行动，它与集体行动的关系是复杂的U型模式；团体同质性越高，可信承诺越易执行，监督成本就越低。因此，自治绩效是在社群规模、经济异质性、文化异质性等综合影响下表现出的治理结果。

自治化供给理论不仅有重要的实践指导意义，而且有重要的理论意义。它强调以往集体非理性理论模型具有合理的成分。当现实条件逼近模型中的假设条件时，实际的行为和结果将与预测的行为和结果非常接近。然而，现实问题的复杂性很难以用理论模型进行描述。当这些理论模型运用于分析小规模的公共池塘资

---

① 陈晓春，赵晋湘．非营利组织失灵与治理之探讨［J］．公共行政，2003（6）．

② 王世靓．论志愿失灵及其治理之道［J］．山东行政学院山东省经济管理干部学院学报，2005（2）．

③ 胡熠．我国流域区际生态利益协调机制创新的目标模式［J］．中国行政管理，2013（5）．

④ 埃莉诺·奥斯特罗姆，等．公共事务的治理之道［M］．余逊达，陈旭东，译．上海：上海三联书店，2000：67．

源时，它无法反映制度变迁的渐进性和制度自主转化的本质；在分析内部变量是如何影响规则的集体供给时，没有注意外部政治制度特征的重要性；没有包括信息成本和交易成本。因此，对于政策背景的分析，必须抛弃总和变量而使用影响总和变量的环境变量。在此基础上，从收益评估、成本评估和共享规范和其他机会的评估三大方面分析了影响制度选择的环境变量，并指出，研究自治化供给问题，不仅要考察特定公共池塘资源环境特征的变量，而且要考虑公共池塘资源运作的外部政治环境的类型。当然，自治化供给具有很强的根植性，它往往嵌入在具有宗教、习俗等非正式制度安排的社会关系之中。中国传统文化中就有“天人合一”的思想，倡导人与自然和谐发展的传统文化是促进小规模生态自治化供给的社会基础。根植性理念突破了新古典经济学中没有社会情感联系，不受个人情感影响的理性行动者的观点，从而深化了经济行为的研究，为自治化供给机制提供了新的理论注解。

从某种意义上说，自治化供给是一个自主管理的志愿性供给机制。森特·奥斯特罗姆在其著作《美国联邦主义》中分析了公共物品的生产和供应尤其是大都会地区的公共治理，认为个人或群体解决公共物品供应问题可以不依靠外部权威，而是更为充分发挥自主供给的能力。埃莉诺·奥斯特罗姆（1990）提出公共产品供给中存在着政府和市场“双失灵”区间，对于小规模组织可以由使用者自发制定并实施合约，即采取自治化供给机制。这一基于大量实地调研形成的创新性思想突破了公共服务只能由政府供给或者市场供给非此即彼的传统教条，更破除了政府既是公共服务的安排者又是提供者的固有思维，对解决生态环境污染问题和完善生态公共服务供给机制具有积极意义。

国内学者毛寿龙、于逊达等于20世纪90年代末开始引进公共事务自主治理理论，为推进我国开展公共服务供给机制创新研究提供了新理念、新视野。随着我国生态文明建设的深入推进和城乡社区环境自治实践的发展，诸多学者对生态公共服务自治化供给机制进行了广泛的应用研究。陈瑞莲教授及其所指导的多位博士开展了系列区域生态环境治理机制的研究，在区域公共管理领域形成具有富有特色的研究方向。陶传进（2006）等分析我国环境服务社区自治化供给的制度框架[①]。李颖明（2011）提出通过自主治理改善农村面源污染，以弥补政府供给机制的低效率[②]。李丽丽（2013）进一步将农村环境自主治理组织划分为环保合作社、环保小组和纳入环保规则的村民自治组织三种类型，指出不同组织的制度

① 陶传进．环境治理：以社区为基础［M］．北京：社会科学文献出版社，2005.

② 李颖明．农村环境自主治理模式的研究路径分析［J］．中国人口·资源与环境，2011（1）.

安排各具特色和各自的适用条件[①]。翟军亮（2012）提出农村社区环境卫生公共服务体系建设要完善动力机制，即应由以外生战略引致的政府行政为主的外推动力机制向建立在基层民主自治基础上的社区内驱动力机制转变[②]。张建斌（2013）等指出，以社区为基础的自主治理，破解农村公共水资源利用过程存在的"公地悲剧"和"租金耗散"，并强调要从价值信仰、社会声誉和社会纽带三个维度培育社会资本[③]。

（五）网络化供给论

1989年，世界银行首次使用"治理危机"描述当时非洲部分国家社会动荡的情形，此后"治理"便广泛地被用于社会科学发展研究领域。治理作为一个上下互动的管理过程，它主要通过多元、合作、协商、伙伴关系、确立认同和共同的目标等方式实施对公共事务的管理，其实质是建立在市场原则、公共利益和认同之上的合作。[④] 网络治理亦称网络化治理，是由美国印第安纳波利斯市前市长斯蒂芬·戈德史密斯和威廉·D. 埃格斯提出的。他们认为，网络治理象征着世界上改变公共管理部门形态的四种有影响的发展趋势正在合流，它将第三方政府高水平的公私合作特性与协同政府充沛的网络管理能力结合起来，然后再利用技术将网络连接到一起，并在服务运行方案中给予公民更多的选择权。[⑤] 即利用私人公司和非营利机构从事政府工作的第三方政府模式；从顾客—公民的角度考虑，采取横向"协同"，纵向减少层级的做法提供更为整体化的公共服务；数字化网络技术大大减少了合作伙伴之间的合作成本，促进了网络化组织模式的发展；公民希望增加公共服务选择权的要求在不断提高，而多元化服务需求和多用户服务管理客观上就要求建立便于互动和倾向于网络化运行的服务模式。

网络化治理包含着网络化的公共服务供给过程，它遵循分权导向、社会导向、服务导向和市场导向等四大理念，强调上下级政府之间、政府与企业、第三部门之间基于信任基础上的合作，为公共服务提出了更具实践操作性的方案。它

---

① 李丽丽，李文秀，栾胜基. 中国农村环境自主治理模式探索及实践研究［J］. 生态经济，2003（11）.

② 翟军亮，吴春梅，高韧. 村民参与公共服务供给中的民主激励与效率激励分析——基于对河南省南坪村和陕西省钟家村的调查［J］. 中国农村经济，2012（1）.

③ 张建斌. 农村公共水资源治理的一种新维度：以社区为基础的自主治理模式探索［J］. 兰州商学院学报，2013（10）.

④ 俞可平. 治理与善治. 北京：社会科学文献出版社，2000.

⑤ 斯蒂芬·戈德史密斯，威廉·D. 埃格斯. 网络化治理——公共部门的新形态［M］. 北京：北京大学出版社，2008（17）.

为政府、市场和社会三者的合作提出了明确的框架，建立了明确的合作构建机制，合作过程的信任、沟通等协调机制，以及最后的效果评价机制。明确的整合机制可以保证三方实现优势互补而避免劣势叠加，利益分配和调整机制的建立也能够保证合作的长期性和稳定性，最终保证合作的有效性。分层级供给、多中心供给和公私伙伴供给等都是公共服务网络化供给的具体运作形式。

政府的公共职能是由一个个官员来具体决策和执行的，也存在有限理性、信息不充分等缺点，也有可能采取理性和非理性的决策行为，因而需要企业和第三部门参与政府的决策过程。在公共事务参与过程中，政府“经济人”会表现出具有理性“反思”的行为能力。在不确定的经济社会环境中，无论是政府官员，还是企业家和社会公众，不可能获得有关处理公共事务的所有信息，不可能拥有处理信息的完全能力，也不可能绝对理性的进行选择。各个行为主体具有复杂的行为决策机制，不仅仅单纯追求自身经济利益，而且注重与其他利益主体进行合作，希望获得社会尊重、良好声誉等非物质的激励。因此，在公共服务供给过程中，政府官员愿意能够通过不断与企业、第三部门、公众等多元主体的对话交流信息，通过各种形式的合作制度安排，在实现个人利益的基础上实现公共利益最大化，减少彼此机会主义的动机和行为；并且能够通过持续的学习，积累经验，克服有限理性的不足，改进行为模式，提高适应社会的能力。

网络化供给机制是网络治理理论在公共服务供给领域的具体运用。近年来，国内诸多学者借鉴网络治理理论，探讨我国不同领域公共服务供给机制问题。夏玉珍（2014）、唐皇凤（2016）等学者认为：网络化治理是新时代我国基本公共服务供给机制优化创新的方向和主要途径，是要以基层服务型党组织建设为中心，理顺网格化管理体系多元主体的制度化关系，推动政府—市场—社会力量的协同共治，构建网络化治理模式①。陈振明（2017）提出合约制作为一种新机制，“所内蕴的平等、自由、合作协商、互惠、公民权利、参与等价值理念，以及公民与政府间权利、利益平衡等原则，顺应了民主化与分权化趋势”，将推动国家治理方式从单向依赖走向双向互动、从行政指令走向契约合作。② 在环境服务供给领域，笔者较早地将网络治理理论引入流域生态环境治理的分析视野，指出从科层治理向网络治理，是流域治理机制创新的基本方向。上述成果都为本书的研究积累了基础，指明了深化研究的方向。

---

① 唐皇凤，吴昌杰．构建网络化治理模式：新时代我国基本公共服务供给机制的优化路径［J］．河南社会科学，2016（10）．

② 陈振明．合约制治理研究论纲［J］．厦门大学学报（哲学社会科学版），2017（4）．

二、文献评述

尽管国内外学术界对流域生态服务供给领域开展了多学科、多维度、多方法的研究，但现有的研究成果仍有许多不足之处，仍有许多值得深入挖掘的学术理论空间。主要表现在：

（一）需要厘清人类发展历史中各类公共服务供给机制的关系

公共服务供给机制属于现代经济学、管理学研究的范畴。但是，公共服务供给现象却早已客观存在，并呈现不同供给机制之间的转换现象。例如，17世纪英国港口用于引航的灯塔是由私人投资和运营的；18世纪，属于政府机构的领港公会才从事建造并经营灯塔的活动；1936年，英国议会通过法令将所有的灯塔授予领港公会，领港公会有权购买剩留在私人手中的灯塔，从而实现供给方式由私人供给向政府科层供给的转化。在中国封建社会时期，教育是由私人提供的（私塾）、农村生态环境保护主要是依照宗族力量主导村规民约实行自治化管理，但是，维护社会治安、兴修水利始终都是政府提供的公共服务范畴。在当代社会，义务教育、生态环境保护等基本公共服务出现了由传统政府供给的单一方式向政府供给、私人供给、公私伙伴供给、志愿供给等多种方式并存转化。可见，在不同国家及其不同发展阶段，同一种公共产品表现出不同的供给方式，这是因为受到公共品自身性质、制度技术条件、市场化程度等诸多因素的制约。坚持公平与效率兼顾，是任何时期公共品供给机制选择的两大标准。政府供给更侧重公平而忽视效率，私人供给则更强调效率而忽视公平，志愿供给更强调群体的自主性，网络化供给更强调公平与效率的兼顾，实现政府与市场的优势互补。因此，不同时期政府职能理念的差异，以及政府对公平与效率追求目标的不同，必然导致公共品供给方式的不同，供给机制转变，也意味着公平与效率的权衡与选择。上述文献成果大多基于各不相同的理论流派，侧重于科层、市场、志愿性或自治化中单一供给机制的研究，往往存在着“扬此抑彼”的缺憾。“科层供给论”强调市场失灵而淡化科层体制的“碎片化”特征；“市场供给论”夸大科层机制的低效率而忽视市场运行条件的复杂性；“志愿性供给论”“自治化供给论”大多强调政府和市场的“双失灵”而忽视自身的适应性。因而上述成果侧重于分析各种供给机制的替代关系，忽视了相互间的并存与互补功能，很少有研究成果对不同供给机制运行的制度技术条件、失灵区间以及互补性关系作深入、细致的研究，更没有对不同供给机制的绩效进行实证和计量分析。

（二）需要研究当代中国生态服务供给机制创新的目标导向

当代中国是一个体制转型国家。各种理论流派在学术界各行其道，这就需要坚持以马克思主义为指导，引导学术研究的正确方向。马克思将公共服务看作政府承担社会管理职能的具体表现，公共服务的供给方式与生产力的发展水平密切相关。当社会生产力发展水平较低时，供给方式也就比较单一地依靠共同利益的代表机构直接从社会产品中扣除；当社会生产力发展水平达到一定程度时，市场机制、自愿性机制才成为供给方式。马克思曾举例加以说明："节约用水和共同用水是基本的要求，这种要求，在西方，例如弗兰德和意大利，曾使私人企业家结成自愿的联合；但在东方，由于文明程度太低，幅员太大，不能产生自愿的联合，所以就迫切中央集体的政府来干预。因此亚洲的一切政府都不能不执行一种经济职能，即举办公共工程的职能"。① 可见，马克思所研究公共服务供给，是以公共利益需求为导向，从生产力发展水平和特定生产关系为前提，以个人利益和公共利益相互统一为基础探讨供给方式的。从经济学的角度看，科层供给、市场供给、志愿性供给、自治化供给和网络化供给机制都是不同的资源配置方式。我国社会主义市场经济体制就是要让市场在资源配置中发挥决定性作用，那么对于具有公共产品和私人产品复合性的流域生态服务，就由哪种机制发挥主导作用吗？这离不开对特定的生产力发展水平和生产关系进行分析。流域生态服务也不是一般性质的商品和服务，其供给过程涉及中央与地方政府、流域上中下游政府、企业、农户和社会组织等多元的利益主体。目前许多成果大多着眼于克服流域生态服务的外部性探讨其供给机制的选择，相对忽视不同利益主体的相互间关系研究。虽然有学者分析了流域生态建设中政府与企业（农户）的合作博弈行为，但这只是将政府看作"铁板一块"、抽象化的双方博弈分析，缺乏对府内、府际间多元主体博弈行为的分析，更少有学者结合具体流域的实践，开展利益相关者的政策传导机制以及相互间冲突解决机制等开展实证性的调查研究；很少学者将组织间网络理论引入该论题的研究，从流域生态服务供给网络机制中探讨各层级政府和政府各部门合作的激励和约束机制，因而该论题尚有值得深入研究的空间。

① 马克思恩格斯全集（第9卷）[M]. 北京：人民出版社，1961（145）.

第三节 研究思路与主要内容

一、研究思路

课题研究紧紧立足于我国体制转型、工业化中后期和全面建成小康社会的现实国情，重点把握我国生态文明建设面临着“三期”（关键期、攻坚期、窗口期）叠加的历史方位，从历史和现实、国际比较与中国特色等多维度审视当前我国流域生态安全危机的实质及其背后的制度根源。本文研究坚持以马克思主义关于人与自然关系的思想为根本遵循，以习近平生态文明思想为指导，围绕实现流域生态环境治理体系和治理能力现代化的目标导向，将国际环境治理机制复合体理论引入流域生态服务供给的分析视野，比较分析科层、市场、志愿性、自治化和网络化五种供给机制的制度技术条件，凸显以政府主导型网络化供给为主导、多元供给机制并存的目标模式的制度优势。因此，立足现实国情，借鉴国际经验，推进流域生态服务供给机制创新，就是要在“一主多元”的目标模式下，加快构建具有中国特色“分层级、多中心、公私伙伴”的流域生态服务网络化供给的制度结构；探讨政府之间垂直分包、横向协调和生态服务外包中公私协作的激励性制度安排与政策工具搭配，从而推进我国流域经济社会生态和谐发展。研究框架如图 1－1 所示。

每条河流都有归属于自己的流域。所谓流域，是指由分水线所包围的河流集水区，流域作为特殊的自然地理区域，流域区与行政区往往存在交叉关系。按照流域面积涉及国（省、州）际空间范围的大小，通常把流域划分为国际河流、跨省际河流、跨县不跨省河流等不同等级的河流。一个跨国际大流域在各个国家内部又可以按照水系等级分成数个跨省（州）际流域，跨省（州）际流域又可以分成更小的支流。本课题所研究的流域生态服务供给机制，主要包含两个层次进行研究：（1）从一般意义上研究我国主权范围内流域生态服务供给机制。对我国大江大河流域生态服务供给过程的分析，既要分析中央政府与地方政府的关系，着眼于如何处理总体与局部的关系，促进流域自然经济社会协调发展；又要分析流域上下游地方政府之间由于外部性造成的生态利益失衡及其补偿问题，促进流域区际协调发展。（2）从具体流域层面上研究流域生态服务供给过程。报告的实证部分以跨省际流域汀江—韩江和跨县不跨省的闽江流域为重点进行研究，分析了

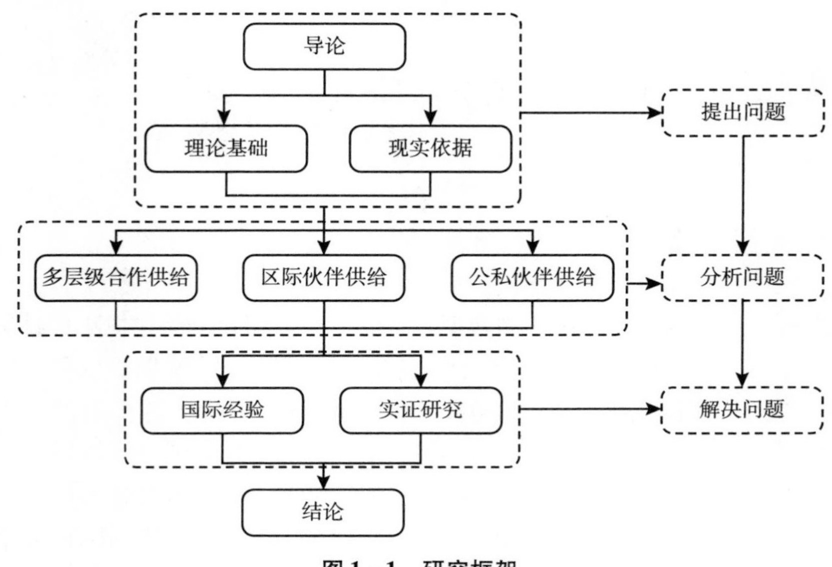

图 1-1　研究框架

当前流域管理体制、区际生态利益失衡现状以及流域生态服务供给机制创新的建议。因此，本报告虽然在从一般意义上研究时没有具体明确流域的规模、区际层级关系和流域机构的性质，但在实证部分已作了补充，这既体现理论研究与应用对策相结合的课题研究宗旨，也符合人文社会科学从普遍到个别、从抽象到具体的研究方法。

二、主要内容

本书共有九章，除了导论（第一章）和结论（第九章）外，主体内容（第二章至第八章）由三大部分构成。第一部分是提出问题与理论探讨，包括第二、三章，重点阐述了流域生态服务供给机制创新的理论基础和现实依据。第二部分是应用分析，包括第四、五、六章，系统阐述了流域生态服务网络化供给机制的主要内容，包括流域生态服务分层级供给、区际伙伴供给和公私伙伴供给。第三部分是实证分析，包括第七、八章，重点阐述了美、英、法三国在流域生态服务网络供给化的运行机制，并以福建省闽江、汀江流域为典型，探讨流域生态服务网络化供给机制构建的思路与对策。

本书的主体内容，主要包括第二章至第八章。

第二章，阐释了流域生态服务供给机制创新的理论基础。概述和总结了马克思、恩格斯以及中国共产党关于人与自然关系思想的核心要义及其发展脉络，梳理了习近平流域生态文明建设的基本方略；并着眼于流域生态环境治理体系和治理能力现代化的战略高度，引入流域生态服务供给的机制复合体理论，为本书的研究提供学理支撑。

第三章，论述了流域生态服务供给机制创新的现实依据。回顾和总结我国流域生态服务供给机制的历史变迁，并基于我国流域生态服务供给政府和市场“双失灵”现象，提出建立多元主体信任基础上的合作机制，实现相关利益主体由非合作性博弈向合作博弈演变是机制改革的基本价值取向。生态服务多样性决定多元供给机制并存，形成以网络供给为主，多元供给方式并存的供给体系是我国流域生态服务供给机制创新的目标模式，其供给绩效要坚持公正优先、注重效率、追求效果、适应性管理四个价值导向。

第四章，论述了流域生态服务多层级合作供给。我国现行流域管理体制存在着区域管理与流域管理分工不清、政府间事权划分模糊等诸多缺陷，成为流域生态服务多层级合作供给的制度障碍，河长制改革蕴含着流域分层治理的探索性实践。以多中心治理理论为指导，探索以流域空间为依据、以流域区为单元、以适度分权为取向的流域生态服务多层级合作供给机制。

第五章，论述了流域生态服务区际伙伴供给。国土主体功能区划为流域生态服务区际合作提供了客观必然性，需要因地制宜探索适应流域自然地理、经济社会文化等因素的行政区际组织模式和合作机制。当前我国流域区际合作的重点和难点是跨越多个省份的大江大河流域生态补偿机制的构建，要立足于全流域网络化供给的理念，探索由以往双边“区际补偿”思路向多边的“区际众筹”思路转变，加快形成“成本共担、效益共享、合作共治”的流域保护和治理长效机制。

第六章，论述了流域生态服务公私伙伴供给。推动流域生态公共服务供给机制由单一政府供给向政府、企业、公众等多元主体伙伴供给转变，是社会主义市场经济体制的客观要求。这里将流域生态公共服务划分为生态工程性服务、生态产品功能性服务和生态环境管护性服务等三大类，重点围绕水利工程建设、生态产品生产和生态环境治理三个“短板”领域，探索多元主体间伙伴治理的组织形式、运行机制。

第七章，比较分析国外流域生态服务供给机制及其基本借鉴。重点剖析了美国流域生态服务政府购买机制、英国流域水务民营化运行机制和法国流域水资源网络化供给机制，从而为完善我国流域生态服务供给机制创新提供可资借鉴的经验。

第八章，探讨了流域生态服务供给机制创新的福建实践与前景展望。选择以闽江流域、汀江—韩江流域分别作为区域性河流、跨省境流域的典型代表。探索闽江流域区际生态补偿机制由按照自然要素分散补偿方式向多要素指标综合补偿的客观必然性；并通过实地调查，剖析汀江—韩江流域源头水土流失治理“长汀经验”中公私合作机制，总结其可推广、可复制的经验。最后立足于新时代高质量发展的要求，探索我国流域生态服务机制改革的前景展望。

第四节　研究方法和技术路线

一、研究方法

（一）立足于经济学而兼及跨学科研究的方法论

“发现”和“解释”是社会科学研究的本质及其两项基本功能。社会科学研究就是要努力寻求人类社会发展进程中普遍规律性的真理，用以指导我们的生产生活实践。所谓“发现”，就要善于在纷繁复杂的社会现象面前拨开云雾，去伪存真，去粗取精，准确陈述和测定人类社会中不同事物之间的普遍关系；所谓“解释”，就是要详尽阐述在某种环境之下出现什么社会现象，而不是那种一般性的或笼统的叙述。因此，在社会科学研究中，“所谓一个现象的理论，就是一套对此现象的解释。只有解释才配得上用‘理论’这名词”①。马克思和恩格斯之所以揭示出人类社会发展规律和资本主义社会运动规律，就是在于他们科学运用了唯物史观和唯物辩证法的根本方法，并根据不同研究对象分别采取了各种具体方法，包括科学抽象法、从具体到抽象的研究方法和从抽象到具体的叙述方法、逻辑与历史相一致的方法、数量分析法、典型案例分析法等。“环境研究……本质上的多学科性是知识的检验，它不仅涉及生物学和生态学，还涉及全部的社会科学，特别是政治学和经济学”②。本书研究的论题——流域生态服务供给机制创新，同样既涉及自然地理、环境学科等自然科学领域的知识，同时涉及经济学、公共管理、法学等人文社会科学领域的知识，要努力发现和解释新时代我国流域生态服务供给机制创新的趋势，必须努力选择合适的研究方法。“工欲善其

---

① 乔治·荷曼斯．社会科学的本质［M］．杨念祖，译．台湾：桂冠出版社，1987：18.

② Klein T. J.，“The Discourse of Interdisciplinarity”，Liberal Education，1998（84），pp. 23－25.

事，必先利其器”。本书最大的特色是通过马克思主义哲学、政治经济学、公共管理、环境科学、地理学等多学科知识和方法的融合，尤其是在研究内容和方法上高度重视马克思主义经济学与公共管理学理论的融合，力图使两者相得益彰，旨在从跨学科的角度，深化该论题的研究。

（二）规范研究与实证研究

规范研究方法是侧重于抽象理论的逻辑推演和价值判断的方法，旨在回答“应该是什么”的问题，主要采取定性分析的手段，“应然性”是规范研究的主要方法论特征。实证研究方法是侧重于对经验世界的客观现象作出事实描述，旨在回答“是什么”的问题。实证研究主要采取定量分析的方法，根据实证的数据获得可以检验的真理性知识。本成果不仅以公共服务供给理论为指导，系统地阐述了我国流域生态服务供给机制创新的理论基础、现实依据、基本思路与国际经验等问题，试图从理论与实践、国际经验与中国制度演化的角度论证流域生态服务供给机制创新的必然性及其发展趋势。同时还以全国首批生态文明试验区福建省为典型区域，围绕闽江流域生态保护补偿机制、汀江—韩江源头长汀县水土流失治理为重点调研内容，分析流域生态服务供给机制创新的实践、制约因素等，从闽江流域按照自然要素补偿到综合性补偿的机制变迁中，探讨我国流域生态服务网络化供给机制的发展方向。对跨省域的汀江—韩江流域源头长汀县水土治理开展实地调查，开展结构性访谈和座谈，统计分析农户参与水土治理的认知水平、参与方式及其影响因素等。从实证分析中论证个体农民基于内生驱动参与水土流失治理的可行性，从中总结出可推广、可复制的长汀经验。

（三）制度分析与技术分析

诺贝尔经济学奖获得者文森特·奥斯特罗姆早在20世纪50年代分析美国加利福尼亚州自然资源管理时指出：“州的管理与自然的水域管理脱节，必须选择制度安排与自然的现实相适应”。因此，管理制度要与自然环境（以及社群的特点）相适应的观点，是自然资源制度分析的核心。本成果以流域生态服务的自然和经济属性作为切入点，在生态服务性质分类和特征界定的基础上，基于不同类型与性质的流域生态服务，应选择不同的制度安排与供给机制，才能实现生态服务的充分与有效供给，运用制度因素分析、比较分析法和机制设计的理论与方法，研究不同类型的生态服务有效供给的制度技术条件和制度效率。美国教育哲学家杜威曾指出：“学问的价值在于对未来事务的预知。”理论研究的最终落脚点在于指导社会实践，促进流域自然经济社会的协调发展；理论观点的正确与否也需要在实践中得到检验。本书对于流域治理机制改革的政策建议，既注重理论的科学性，又注重政策落地的可行性和操作性。

二、技术路线

本课题研究遵循社会科学研究的基本思路，按照以下技术路线：(1) 核心范畴的阐释。开展文献检索、分类与综述。广泛涉猎经济学、法学、环境科学和公共管理等多学科的相关研究成果。在吸收多学科的理论知识的基础上，对生态服务、流域生态服务及其供给机制等核心概念进行比较的准确阐释。(2) 构建理论分析框架。流域生态服务本质上是人与自然、人与人之间的关系。习近平生态文明思想是新时代马克思主义自然观在流域治理领域的具体运用，为本课题研究提供了根本遵循；本文还将国际环境治理机制复合体理论引入流域生态服务供给的分析视野，指出流域生态服务供给机制是一个“机制复合体”，多元供给机制并存与互动是机制创新的表现形式。(3) 问题导向引出研究价值。坚持以正在做的事件为中心，从历史和现实两个维度，通过体制比较和统计数据分析，剖析当前我国流域生态危机的现状及其制度成因，从科层和市场机制“双失灵”的现实出发，阐释流域生态服务供给机制创新的必要性和紧迫性。构建以政府主导型网络供给机制为主导、多元供给机制并存的模式，是我国流域生态服务供给机制创新的目标模式。(4) 凝练理论创新。坚持前沿的学术理论与丰富生动的具体实践相结合，概括课题研究的重要理论观点。例如，将我国流域生态服务供给机制创新目标模式，定位为“一主多元”；将整体性治理理论，剖析河长制的制度优势及其改革走向等。(5) 国内外实证分析。借鉴国外流域生态服务供给机制的有益经验，总结我国部分流域生态服务供给机制创新实践探索，坚持国际眼光与中国特色相结合，明确机制改革的基本方向。(6) 解决问题的政策设计。在实证研究的基础上，针对我国流域生态服务供给机制创新的制约因素，提出相应的政策建议。

第五节　重要概念辨析和界定

一、生态服务

早在 17 ~ 18 世纪，资产阶级古典经济学家就已经认识到自然资源是人类赖以生存发展的物质资料的来源。威廉·配第的名言“劳动是财富之父，土地是财富之母”，就深刻揭示了自然资源在人类物质资料生产中的基础性作用。这里的“土地”实质上是一切自然资源的代称。马尔萨斯在《政治经济学原理》中也把“土壤、矿产以及鱼类资源”看作自然界的恩赐，由于人类长期以来可以免费和廉价地享受自然界服务，因而长期以来人们只重视生态系统服务的使用价值，对其货币价值认识模糊。马歇尔在《人与自然》中记载了自然环境具有水土保持、分解动植尸体等功能，并提及人类行为将会对生存环境构成威胁。马克思在《资本论》中对资本主义生产方式下土地资本、地价、地租等经济范畴的阐释中，已经包含着生态资本以及价值运动的基本原理，自然资源商品化、价值化、资产化，自然资产资本化，是市场经济条件下经济社会发展的客观必然趋势。

生态服务是20世纪70年代全球生态危机爆发后应运而生的概念，最早源于生物学、地理学等学科，后来逐步被经济学、管理学等社会学科吸收，“生态服务”也从多学科共同的理论认知逐渐走到各国政府公共管理的实践过程，渗入到经济社会政策制定和执行领域。自然学科侧重于从人与自然关系的视角，研究自然生态系统对人类的服务功能，涉及生态服务分类、生态服务的形成及其变化机制以及生态系统服务的价值化研究领域。而政府决策的需要又进一步推动经济学、管理学领域的学者从人与人的社会关系视角进行深化研究，侧重于研究生态服务的社会属性、供给过程的利益协调机制等，推动生态环境经济学、环境管理等多学科的发展。因此，生态服务就成为多学科共同使用的范畴。这里拟就本书中的生态服务、流域生态服务、流域生态服务供给机制等核心概念加以阐释和界定。

（一）生态服务是自然生态系统为人类社会提供的惠益

不同学者基于不同学科背景和学术研究的需要，从不同角度对于生态服务的基本内涵开展阐释。（Gretchen C. Daily，1996）、（Costanza，1997）、中国科学院可持续发展战略研究组（2003）、（MEA，2005）、联合国环境规划署（2001）等分别采取概述式或列举式，从人与自然的角度阐释了生态服务的内涵和外延，强调生态系统为人类社会提供的惠益或利益。[①] 例如，Gretchen C. Daily（1996）指出，“生态系统服务是自然生态系统与生态过程所形成的以及所维持的人类赖以生存的自然条件和效用”，并包括15个类型。Costanza（1997）将地球生态系统划分为20种类型，将生态系统功能划分为17种，并运用数理方法预估了全球范围内自然资本和生态系统服务价值，强调生态系统服务在人类社会发展中的重要

① 黎元生，胡熠．建立政府向社会组织购买生态服务机制［J］．经济研究参考，2015（36）．

作用，被称为该领域里程碑式的学术成果。[①] 联合国千年生态系统评估项目（MEA，2005）的首个研究成果《生态系统与人类福利：评估框架》将生态系统服务功能定义为“人类从生态系统中获得的效益”，并按照生态系统服务功能的社会属性，将其细分为供应服务、调节服务、文化服务和辅助服务四大类。[②] 张彪（2009）等依据人类需求层次，将生态系统服务划分为 3 类 12 项等。[③]

费希尔等（2008）进一步围绕生态系统服务价值核算开展研究。他将生态系统服务看作基于自然生态系统结构，经过生态系统演化形成的功能外溢的产品。按照生态系统服务产生的时序过程，生态系统服务可细分为中间服务、最终服务和益惠三个环节。在评估生态系统服务功能时，只能将最终服务带来的益惠加总，才能避免生态服务经济价值的重复核算。例如，自然界养分循环（中间服务）产生了天然清洁的水资源（最终服务），人类经过净化处理后得到了饮用水（益惠），在计算水生态服务价值时，只能按照饮用水的价值进行核算。[④] 2008 年，我国正式公布的《全国生态功能区划》吸收国外学术界的研究成果，首次明确提出了全国范围内 3 大类生态功能，即生态调节、产品提供和人居保障。其中，生态调节功能包括水源涵养、土壤保持、防风固沙、生物多样性保护和洪水调蓄，产品提供功能包括农产品提供和林产品提供，人居保障功能则主要考虑对大都市群和重点城镇群自然环境的维护。

从人与自然的物质关系上看，生态服务既有使用价值，又有交换价值。前者是指人类从生态系统中获取的大量利益和好处，包括食品、水、林木、文化享受等能满足人们生产生活的物质属性；后者是指生态服务作为一种缺稀性的产品，在一定的制度技术条件下，能作为交换的物品，清洁空气和水、野生动物等这些稀缺性的“自然的服务”也具有货币价值。然而，开展生态系统服务的经济价值核算，是该领域研究的重点和难点问题。目前国内外诸多学者通常以效用价值理论为基础，运用显示偏好法和陈述偏好法，具体运用旅行费用法、条件价值法、机会成本法等开展生态系统价值评估，取得了诸多成果。近年来，又有学者使用新的模型方法用来评估生态系统服务的使用价值。例如，奥巴（Ooba，2010）运

---

① Costanza, R., 1997, “The value of the world's ecosystem services and natural capital”, nature, 387 (6630), pp. 253 – 260.

② Millennium Ecosystem Assessment, 2005, “Ecosystems and human well-being: synthesis”, Washington DC, Island Press.

③ 张彪. 基于人类需求的生态系统服务分类［J］. 中国人口·资源与环境，2010（6）：64 – 67.

④ Fisher, B., 2008, “Ecosystem services and economic theory: integration for policy-relevant research”, Ecological Applications, 18 (8), pp. 2050 – 2067.

用生物地球化学模型，模拟了森林中的生物量、水循环、碳氮循环和森林管理的过程，通过比较不同情境下的森林经济价值，来评价森林管理的效果。美国斯坦福大学及其合作者共同开发了生态系统服务和交易的综合评估模型，用来评估和比较不同土地利用情境下的生态系统服务的经济价值。① 然而，自然学科领域的学者关于生态服务使用价值核算结果往往高得离谱，让人难以接受，更无法作为交易的参考依据。② 因此，从自然科学科角度，对生态系统服务价值的测算侧重于技术分析，对政府公共决策具有参考意义。然而，随着市场机制在生态系统服务供给过程作用越来越大，生态系统服务价值评估工作显得越来越重要，生态系统服务功能的市场化配置属于生态学、管理学、经济学等跨学科研究的论题，单纯依靠自然学科领域的学者往往难以胜任此项任务，这就需要从社会关系的视角研究生态服务范畴。

（二）生态服务属于政府提供的基本公共服务范畴

随着人类对自然资源开发强度的增加，自然生态系统自我修复功能日益弱化，生态系统服务过程越来越需要人类自觉地对自身生产生活方式进行调节和修正。当今时代生态系统服务供给过程，既重视人与自然的关系，更加关注人与人的关系。正如国外学者所指出的，“没有环境保护的繁荣是推迟执行的灾难”；不开展保护环境，经济就会陷入“增长的极限”；只能通过保护环境优化发展，经济就会有“无限的增长”。因此，政府作为社会公共利益的代表，必须承担起加强环境保护，促使经济发展与环境保护平衡发展的公共责任。随着经济的快速发展，我国人均国内生产总值超过 1 万美元，已步入中等偏上收入国家阶段，老百姓更加重视与身体健康息息相关的环境问题，改善生态环境质量已成为人民群众的普遍要求。“生态服务”范畴被政府经济学或公共管理学等学科吸收后，被引申为生态（环境）公共服务，“基本的环境质量、不损害群众健康的环境质量是

---

① 李国平等．国外生态系统服务付费目标、要素与作用机理研究［J］．新疆师范大学学报，2015（1）．

② 例如，印度加尔各答农业大学达斯教授曾对一棵树的交换价值和使用价值进行比较测算。一棵树龄为 50 年的大树，通常按照有形产品——木材产出计算交换价值仅为 625 美元，市场售价往往只在 50 美元至 125 美元。如果按照无形的生态服务计算生态价值，包括产生氧气的价值约 3. 12 万美元；吸收有毒气体、防止大气污染价值约 6. 25 万美元；增加土壤肥力价值约 3. 12 万美元；涵养水源价值 3. 75 美元；为鸟类及其他动物提供繁衍场所价值 3. 125 美元；产生蛋白质价值 0. 25 万美元。除去花、果实和木材价值，总计创值约 19. 6 万美元。因此，一棵树作为木材出售的价格（交换价值）只有其生态服务价值（使用价值）的 0. 3%。需要指出的是，上述生态服务价值评估是用流量代替存量，按照重置成本法或替代成本法测算的。

一种公共产品，是一条底线，是政府应当提供的基本公共服务”。[①] 由政府来提供生态环境服务可以分担由于居民可及性风险、获得性风险、信息不对称风险等消费风险，以避免公共风险的扩散。[②]

本书将生态服务视为基本公共服务的范畴。公共服务是从政府理念和职能的角度使用的，属于政府履职的范畴。“公共服务是社会福利最大化的公共产品，隐含着的价值判断，就是什么东西应该由政府提供或者部分提供。”[③] 公共产品是从资源配置的角度使用的，它是私人物品的对应物。这里将生态服务划分为三类：（1）私人产品附属的生态服务。在实行土地私有制为主的资本主义国家，在私有林地、草原所提供的生态服务均属于私人性质产品。“美国大面积的私家花园可以视为一种公共产品，它们在一定程度上起到了公园的生态绿化作用”[④]。我国农村地区个体家庭种植农作物、果树所产生的水土涵养、空气净化、生物多样性保护等生态服务。这类产品或服务具有接近于私人产品的性质，在一定意义上具有消费上的竞争性和受益上的排他性。由于其所依附的实物性产品可直接进入经济系统，通过市场机制自主实现其经济价值与生态价值。尽管这类生态服务具有明显的正外部性，但是，生产者并未因其外部性而使自身受到损失，受益者也并不存在故意侵害行为。因此，对于这类生态服务供给不必进行补偿。政府可采取不干预的态度，由市场交易方式实现其实物性产品的社会价值。（2）纯公共产品性质的生态服务。即具有完全的非排他性和非竞争性，如国家公园区内的空气质量、生物多样性保护和臭氧层等。这类生态服务具有公益性质且耗资巨大，对区域、国家甚至全球范围生态系统都会产生重大影响，是由整个社会共同消费的产品，通常只能由政府来直接供给。对于具有正外部性的生态私人服务，政府可以采取生态购买、补助、免税等方式，鼓励社会提升生态产品的生产能力。另外，人迹罕至的无效林业区域，其生态公共服务功能的发挥主要是由自然力完成，而很少依赖或很少直接依赖投入，市场供求和政府的政策通常对这一区域没有任务影响，所以，无效林业区域不应该纳入生态公共服务供给补偿的范围。[⑤]（3）准公共产品性质的生态服务。此类生态服务具有公共产品的性质，具有不完全意义上的非竞争性或非排他性，介于纯生态公共产品与私人生态产品之间，易产生过

---

① 李克强在全国第七次环保大会上的讲话，中国新闻网 http：//www. chinanews. com/gn/2012/01 - 04/3580887. shtml。

② 岳军．基本公共服务均等化与公共财政制度创新［M］．北京：中国财政经济出版社，2011：39.

③ 竺乾威．公共行政学［M］．上海：复旦大学出版社，2003：4 - 5.

④ Rosen H S. Public Finance（Six Edition），McGrawHill Irwin，2002.

⑤ 刘飞．森林生态服务供给机制探析［J］．长安大学学报，2011（4）.

度消费和“搭便车”现象，产生“拥挤效应”和“过度使用”问题。[①] 例如，流域区内的涉水公共服务、垃圾收集、荒山治理、土壤恢复等。由于外部性的存在，准生态服务需要政府的适当介入，并通过多种组织形式由市场间接实现其社会价值。本课题所研究的生态服务，主要是针对准公共物品性质的生态服务。

（三）生态服务细分为生态工程性服务、生态产品功能性服务和生态环境管护性服务

生态环境是人类赖以生存环境的重要组成部分，面对日益严峻的全球生态危机，各国政府都将提供生态环境服务纳入基本公共范畴。所谓生态服务供给，是指政府作为社会公共利益代表者，促进保护环境与经济增长并重、环境保护和经济发展同步，综合运用法律、经济、技术和必要的行政手段，维持和改善生态系统功能，促进社会民生福利增进的过程。生态服务供给既包括对自然生态系统的维持，发挥自然生产力的能力，实现自然生态修复，又包括对人工生态系统的干预、进行城乡园林绿化、优化生态环境等内容。可见以改善人类生态环境为手段，增进人类福祉的生态服务供给过程是人类提供自身环境服务不可或缺的内容。生态服务划分为自然生态服务和人工生态服务。前者是自然形成的，没有凝结人类劳动，它所提供的服务完全是自然界的恩赐；而后者是人类为改善生态环境而建成的生态系统，包含着人类劳动，也是政府提供生态服务的重要领域。例如，对于一片树林，如果单纯视为有形的生态产品，进行砍伐可以用作木材或燃料，如果更重视树林涵养水源、防风固沙、调节气候等功能，那么那就发挥着无形的生态服务功能。从人与人的社会关系上看，人类对自然生态资源的开发、使用过程，也就意味着人类对自然生态服务功能的损害。在开发中保护，在保护中开发，妥善处理经济发展与环境保护的关系，是各国政府不可推卸的责任，也是政府应承担的基本公共职能。政府既可以依托国有企事业单位承担生态保护和环境治理职责，也可以开展生态服务购买、开展生态产权交易等多种方式，向全社会提供生态公共服务。

政府提供的生态公共服务，可以细为生态工程性服务、生态产品功能性服务和生态环境管护性服务。生态工程性服务主要指依靠大型工程建设提供的各种生态服务，包括排水、供水、防洪等设施建设。生态产品功能性服务就是人类通过劳动生产物质性产品所发挥的生态服务功能，包括植树造林、保护湿地，设立国家公园等。生态环境管护服务是人类通过技术手段减少大气、水、土壤污染，改善生态环境为目标的服务。由经济合作与发展组织（OECD）最早采用了列举式

① 黎元生，胡熠．建立政府向社会组织购买生态服务机制［J］．经济研究参考，2015（36）．

对环境服务加以界定。环境服务是指测评、防止、限制、改变环境中对水、空气和土地的损害的问题，以及与水、噪声、生态系统相关问题，包括净化技术，净化产品，减少环境危机和减少污染和资源滥用的服务。环境服务产业主要包括三类：（1）污染管理。包括环境能源设计，空气污染控制，环境监测、分析和评估，有关土地、地面水、地下水的环境防治，降低噪声和振动，废水管理，固体废物包括危险废物的回收、处理，废物再生和再循环。（2）净化技术和产品。包括净化环境服务和资源有效利用系统。（3）资源管理。包括替代能源服务活动以及用于维持生命的农业和林业服务活动。上述环境服务主要是针对生态环境改善而言。因此，环境服务强调的是人类自身采取各种工程技术手段，改善实现保护生态环境为重点和增进人类福利的目的，体现的是人与人之间的服务关系。

综上所述，生态服务有广义和狭义之分。广义的生态服务是指自然生态系统对人类提供的惠益，既包括自然力作用形成的生态系统服务，又包括人工生态环境所提供的服务。狭义的生态服务就是指人工生态环境所提供的服务，即人类依靠生产劳动改善生态环境向自身提供的生态福祉。在生态危机背景下，提供生态公共服务属于政府的基本公共服务范畴，可以细分为生态工程性服务、生态产品功能性服务和生态环境管护性服务。本书所用的生态服务，是从狭义而言。

二、流域生态服务

流域是由地表水及地下水分水线所包围的集水单元，包括山水林田湖草的生态有机体。它以水资源为介质，融合自然要素和社会要素组成复合型环境—经济系统，具有固碳释氧、涵养水源、净化空气、保育土壤、森林游憩、积累营养物质、沿海防护林、维持生物多样性等生态服务功能。张陆彪、郑海霞将流域生态服务功能归纳为产品提供（淡水、水产品、木材和碳贮存等）、调节功能（水调节、水土保持、水源涵养、废物净化等）、生物多样性保护（生境提供）和信息功能（景观、休闲娱乐等）。流域生态服务可以细分为陆地生态服务和水域生态服务，前者是后者的基础，后者又是前者的延伸。水域生态服务是流域生态服务的核心，陆地生态服务是水生态服务的基础。在陆地生态系统内，主要表现为陆地和水相互作用后所产生的功能，比如涵养水源、净化水质、保持水土、削洪、抵御旱涝及维护水生境等。① 水域生态服务功能依赖于水支持的生态系统本身的结构和生态特征，最根本是受水体自然属性特征要素的影响，这些要素包括水

① 张彪，王斌，杨丽韫，等．太湖流域水生态服务功能评估［M］．北京：中国环境科学出版社，2012：11.

量、水质、水深、流速和水温等因素。水质和水量是最受关注的直观影响因子，也是人类对水生态系统干扰最为显著的指标体现。通常可采用水量和水质作为评价淡水的生态服务功能的主要影响因子。流域生态服务主要包括与水有关的水资源服务和水生态服务，流域生态服务供给过程总是围绕流域的水量、水质、水生态和水安全为中心，进行生态建设和环境保护。

流域生态服务除了具有生态服务一般特征，还具有自身特殊的自然和经济属性。（1）具有多种自然和经济服务功能。流域水资源具有供水、灌溉、发电、航运、养殖、旅游等多种功能和用途。河流、湖泊和地下水生态系统是淡水储存和保持的最主要场所，供水是流域最基本的生态服务功能。人类生存所需要的淡水资源主要来自河流、湖泊和地下水生态系统。根据水体的不同水质状况，被用于生活饮用、工业用水、农业灌溉和城市生态环境用水等方面。而发电、航运、养殖等属于非消耗性用水，水资源可以循环利用。因此，水资源利用应当以流域自然单元进行全面规划和综合开发，追求经济服务功能必须不破坏自然生态功能。（2）具有极强的系统性和整体性。水资源以流域为单元进行空间分布，它是具有流动性的自然资源，其流向具有单向性和不可逆性。水资源具有多种形态。地表水、地下水、土壤水和大气水等各种水资源可以相互作用，不断运动转化，一种服务功能的提高必须导致另一种服务功能的降低。水资源具有“利害两重性”。水少则为旱，水多则成涝，流域水资源开发利用，既要兴水利，又要防水害。（3）水资源利用隐含着区际矛盾。一个流域通常跨越多个行政区域，流域水资源开发和利用中，上下游、左右岸、干支流之间容易引发利益冲突。因此，需要统筹兼顾上下游、左右岸和有关地区之间的利益，协调好流域区际生态利益，既不能以邻为壑，近水楼台先得月，将有限的水资源分光用尽，也不能只注重流域水资源的单一功能效益，忽视综合利用的效益。（4）水资源具有资源、资产和资本三重属性。水资源不仅是基础性的自然资源，经济性的战略资源和生态环境的要素，同时也是可交易的自然资产和市场化运作的资本。流域水资源的利用过程涉及蓄水、引水、用水、排污等诸多环节，牵涉多个主体的利益，因此，从流域水资源利用的全过程看，既要协调好不同利益主体之间的关系，又要处理好人与自然的关系，才能有效保护和管理流域水资源。

三、流域生态服务供给机制

流域生态服务过程，不仅包括人与自然的关系，体现流域自然生态系统给人类带来的恩惠或利益；而且包括人与人之间的关系，人类生产生活行为对流域生态系统服务功能的影响越来越明显。随着流域生态资源开发利用程度的提高和生态系统服务功能日益恶化，流域生态系统服务过程越来越需要人类自觉的干预，包括减少森林砍伐、治理水土流失、控制污染排放等生态建设和环境保护活动，政府作为社会公共利益的代表，成为维护流域生态系统服务功能、提供流域生态公共服务的责任主体。流域生态服务供给过程涉及中央与地方政府、企业、个体农民和社会组织等多元的利益主体，它们在流域水灾防治、水量分配、水质保护、水资源开发和水生态维护等领域具有不同目标导向、行为特征和利益冲突。因此，提升我国流域生态公共服务供给能力，迫切需要探索建立符合流域特性和适合国情的流域生态服务供给机制。

流域生态服务供给机制，是指为维持和改善流域生态系统服务功能，政府制定的有关资金筹集、生态保育、环境治理等制度安排。它包括流域生态服务“由谁供给、为谁供给、供给什么、怎么供给”等一系列基本内容：一是供给主客体及其相互关系。即要解决谁是供给主体、谁是供给对象。随着社会分工的深化，流域生态公共服务供给过程可以分解为提供和生产两个独立但又紧密相连的环节。提供是指政府征税和支出的决策，决定适当的类型服务及供给水平，并安排生产和监督生产。生产是指要素投入转换与产出。与此相应的，供给主体细分为提供者和生产者两者不同的角色。公共服务的提供者不等于生产者，提供者和生产者可以是同一单位或机构，也可以是不同的单位或机构。供给对象是指流域生态服务的受益主体。受益主体采取何种方式进行生态服务补偿，是妥善处理流域生态服务主客体关系的核心。二是供给什么。即要解决不同流域区内提供哪些生态服务以满足社会公众需要的问题。流域生态服务包括提供以水灾防治、水量分配、水质保护、水资源开发和水生态维护为中心的生态服务过程，这些生态服务具有区域性、复合性等多种特征，不同流域区的生态系统差异，决定了流域生态服务供给内容的差异性。三是供给方式。即要解决供给主体采取什么途径解决流域生态公共服务有效供给问题。由于流域生态服务提供者和生产者的不同组合而形成的不同供给方式，包括政府直接供给方式（政府作为提供者和生产者合一），公私合伙供给方式（政府提供、私人生产模式），市场供给方式（私人提供与私人生产）、自治化供给方式（小规模组织的自主供给）、网络化供给方式（政府、企业、社会组织合作）等。流域生态服务供给过程蕴含着多种供给方式的组合。四是供给制度。包括正式和非正式的制度安排，它是协调供给主体之间关系，以流域生态服务有效供给的制度基础。流域生态服务供给机制，属于是流域治理机制的内容，不同的流域治理机制蕴含着不同的管理方式和生态服务供给机制。可以运用制度经济学的方法，按照效果、效率、公正、适应性等的要求，构建评价指标体系，科学评价流域生态服务供给过程的效率和效益。

流域生态服务供给过程包括三个特征：（1）区域相对性。流域作为特殊的自然地理区域，流域生态服务的生产和消费过程具有极强的区域共享性，它不会因身份、职业、收入等因素的差异，而排除区域内任何消费者享受服务。靳乐山等根据流域植被和使用方式的差异，将流域生态服务功能按照服务的使用范围划分为：服务流域当地、流域下游、全国或者全球范围的功能。流域区内人民群众对生态服务需求是相同的，清新的空气、干净的水资源、优美的自然环境都是人类生存的基本条件，缺一不可，任何一个自然要素的缺失，都会影响人类生活的质量。流域区内由于经济社会发展水平和地理条件差异所造成的生态环境具有明显的不同，生态服务供给的“短板”就成为政府努力的方向。例如，西北地区居民就有荒漠化治理的生态需求，解决缺水和沙尘暴问题；东南地区居民对水污染防治需求更迫切。（2）不可分割性。人类是自然生态系统的一部分，人类的生存和发展离不开完整、系统的生态服务功能。流域生态服务所依附的自然要素，包括山水湖林田湖草是一个自然生命体，往往具有不可分割性，即消费者在对生态产品进行消费时，通常是作为一个整体的、综合性的消费过程，很难分割出其中单一的自然要素进行消费。不同的生态系统服务之间还存在复杂的生态学机制。森林中碳储存能力的增强可能导致水资源可利用量的减少，过度汲取地下水会导致农地的利用等。（3）具有公共品和私人品的复合特征。根据生态产品的产权归属，生态产品可以划分为私人产品和公共产品。例如，农民在自家承包地上种植的庄稼、林木，都是属于私人产品，但是它所附带提供的生态服务外部性、公共性。政府在生态脆弱地区种植的生态公益林，则属于公共产品。随着生态资源产权或生态产品的产权变更，生态服务的性质也会发生变化。例如，政府为了加强生态建设，通过购买方式获得集体农民的林地所有权，林地和林产品所有权由于集体让渡给国家，相应地森林生态服务就由私人产品转化为公共产品。同样，生态服务的公共品性质也可以转变为私人品。由于自然生态系统具有多种功能，并不是所有功能都具有公共品的性质。生态环境作为废弃物的接受者和自然资源的提供者时，是公有资源，但不是公共品。这种资源逐渐变得稀缺，最终可以通过引入稀缺价格和排他机制转变为私人品。生态环境作为公共消费品的供给者时，如作为美丽的风景、呼吸的空气或者生命支持系统的供给者时，环境才是公共品。① 现实经济生活中，由于生态资源使用者往往注重短期生态产品的实物性产出，而相对忽视其衍生的生态服务功能，往往会竭泽而渔，过度地开发生态资源，造成生态服务功能的弱化。

① 鲁传一．资源与环境经济学［M］．北京：清华大学出版社，2004：55.

第二章

流域生态服务供给机制创新的理论基础

流域是包括绿水青山的重要空间单元，是我国重要的生态宝库，也是人类家园和生态文明的血脉。自古以来人类依山傍水而居，人类社会亦因流域而繁荣兴旺。世界上四大古代文明古国（古埃及、古巴比伦、古印度、中国）都位于适宜耕作的温带，发源于水草丰裕的大江大河流域，受惠于大江大河的哺育。流域生态环境是流域区内各种自然要素形成的复合生态系统，包含森林、草原、湿地、河流、耕地等各种自然生态要素之间所形成的错综复杂的联系，表现出相互依存、能量转化和物质循环的和谐共生、动态平衡的规律；“人是自然存在物”，人类只不过是自然界生命的一部分，自然生态系统为人类提供生态福利、生态服务和生活空间；人与自然生态系统的关系也折射出生命共同体所承载的人与人之间的利益关系。因此，我国生态文明建设，要以流域为单元，走生态优先、绿色发展的可持续发展之路。[①]面向新时代，推进我国流域生态服务供给机制创新，需要遵循马克思主义关于人与自然关系的思想，深入贯彻习近平生态文明思想和流域生态治理方略，遵循自然规律、经济规律和社会发展规律，妥善处理流域生态治理中的各种利益关系，让流域自然系统生命得到充分尊重，维护河流生命健康，促进流域人水和谐。

第一节　马克思主义关于人与自然关系的思想

马克思、恩格斯关于资本主义生产关系和人类社会发展规律的研究成果中，

---

① 王浩．生态文明建设应基于生态流域的绿色发展［J］．经济参考报，2018－01－09.

虽然没有集中、专门且系统地对生态环境问题开展研究，但是他们关于人与自然之间关系的论述，大量散见于他们的自然观、实践观、社会观和历史观之中，成为其庞大、宏富思想体系中的重要组成部分。深入学习和把握马克思、恩格斯关于人与自然关系的思想，可以为新时代我国生态文明建设乃至全球人类生态命运共同体建设提供有益的指导意义。

一、马克思和恩格斯关于人与自然的思想

马克思、恩格斯在《英国工人阶级状况》《政治经济学批判大纲》（1843）《1844 年经济学哲学手稿》《关于费尔巴哈的提纲》《神圣家庭》《德意志意识形态》《自然辩证法》等著作中，从不同角度、不同层次上对生态问题进行深入的阐述。马克思和恩格斯运用辩证唯物主义和历史唯物主义的立场、观点和方法，科学分析了人类与自然、人类与生存环境以及人与社会环境三对相互关系，深入批判了资本主义社会人与自然的异化现实，深刻阐述了人与自然必须和谐共生发展的思想。

（一）人类与自然是生命共同体

马克思、恩格斯把历史划分为自然史和人类史，并在科学揭示人类社会发展规律和自然界发展规律基础上，深刻阐释了人与自然的相互关系。人与自然的关系，是人类最基本的社会关系，也是人类发展的永恒主题。一部人类文明的发展史，也就是一部人类发端于自然界并与自然界共生的关系史。自然是生命之母，人和人类社会是自然界发展到一定阶段的产物，其一经产生便与自然发生关系。人是自然界长期发展的产物，“人直接地是自然存在物”，而且是“有生命的自然存在物”[①]。人之所以能从动物中分离出来，关键在于劳动实践。劳动使人与自然分开，创造了人化自然；同时人又是通过劳动将自身与自然紧密联系一起，人是自然的一部分。因此，“被抽象地孤立地理解的、被固定为与人分离的自然界，对人来说也是无”。[②] 人与自然是生命共同体，表现为两个方面：一方面，“人靠自然界生活，自然不仅给人类提供了生活资料来源，如肥沃的土地、渔产丰富的江河湖海等，而且给人类提供了生产资料来源，如奔腾的瀑布、可以航行

① 马克思．1844 年经济学哲学手稿［M］．北京：人民出版社，2018：52.

② 马克思恩格斯全集（第 42 卷）［M］．北京：人民出版社，1979：178.

的河流、森林、金属、煤炭等等”。[①] 马克思认为，自然力、自然资源和自然条件等，都是决定劳动生产力的基础性要素，属于自然生产力范畴，它们不仅为社会生产力发展奠定了物质基础，而且直接影响到社会的发展。另一方面，人又要开发利用自然界。生产劳动是人类生存和发展的前提和基础，也是人与自然界结合的桥梁、纽带和中介。人为了满足自身的物质、精神和文化等各种需要，总是会充分地开发利用自然界资源。例如，开发矿产资源、开凿运河、修建铁路等，将自然作为劳动对象和劳动资料，形成了大量的“人化自然”。人类在同自然的互动中谋求生存和发展，人类善待自然，自然也会馈赠人类。但“如果说人靠科学和创造性天才征服了自然力，那么自然力也对人进行报复”。恩格斯在《自然辩证法》中总结历史教训时写道：“美索不达米亚、希腊、小亚细亚以及其他各地的居民，为了得到耕地，毁灭了森林，但是他们做梦也想不到，这些地方今天竟因此而成为不毛之地。”并进一步警示大家：“我们不要过分陶醉于我们人类对自然界的胜利。对于每一次这样的胜利，自然界都对我们进行报复。每一次胜利，起初确实取得了我们预期的成果，但是往后和再往后却发生完全不同的、出乎预料的影响，常常把最初的结果又消除了。”[②] 北美洲南部的土地，“地主用他们的奴隶和掠夺性的耕作制度耗尽了地力，以致在这些土地上只能生长云杉，而棉花的种植则不得不越来越往西移”[③]。马克思曾经引用比·特雷莫的话来警示世人，任何“不以伟大的自然规律为依据的人类计划，只会带来灾难”[④]。我国黄土高原曾经也是森林遍布、山清水秀的肥美之地，由于毁林开荒、过度滥伐使得黄河成为世界上水土流失最严重的流域；曾经繁华的楼兰古城，由于屯垦开荒、盲目灌溉，导致孔雀河改道而衰落。人类文明发展的历史表明，自然对于人类具有优先地位，人类必须尊重自然、顺应自然、保护自然。尊重自然要求人们对自然怀有敬畏之心、感恩之情、报恩之意，尊重自然界的创造和存在，不凌驾于自然之上[⑤]。顺应自然是人与自然相处的基本原则，要求人们顺应自然规律，按自然规律办事。顺应自然和尊重自然不是禁止人们改造和利用自然，而是要求人们在向自然界索取生存发展之需时，主动呵护自然、保护自然，避免生态灾难的发生。

① 马克思恩格斯文集（第5卷）[M]. 北京：人民出版社，2009：586.
② 马克思恩格斯文集（第9卷）[M]. 北京：人民出版社，2009：559－560.
③ 马克思恩格斯文集（第9卷）[M]. 北京：人民出版社，2009：184.
④ 马克思恩格斯全集（第3卷）[M]. 北京：人民出版社，1972：251.
⑤ 王雨辰. 习近平“生命共同体”的生态哲学阐释 [J]. 社会科学战线，2018（2）.

(二)人与自然关系受制于生产关系

马克思、恩格斯将人与自然的关系看作人类历史活动首先要面临的关系，并决定着人与人的关系。人与自然关系是极为紧密的，人类在开发利用自然的实践中形成了人与人之间的各种关系，进而形成了社会。任何人类从自然生态系统中获取资源进行物质生产活动，都是人与自然环境新陈代谢的过程，同时它又是在一定的生产力水平以及与之适应的社会关系中进行的。马克思恩格斯根据生产力发展水平和生产关系性质差异，将人类社会的不同发展阶段划分为原始社会、奴隶社会、封建社会、资本主义社会和共产主义社会。在原始社会，人们共同占有自然生态资源，均等享受自然界赋予的各种物质产品；在奴隶社会，奴隶主占有生产资料，奴隶只是会说话的工具，奴隶主占有极大部分的劳动成果，奴隶只能作为活的工具获得维持生存的生活资料；在封建社会，地主占有主要的生产资料和劳动工具，租种地的农民在交纳后获得少量的剩余产品；在资本主义社会，虽然部分自然资源可能归国家所有，但是，资本家追逐利润最大化的趋利本性，促使资本家“摧毁一切阻碍发展生产力、扩大需要、使生产多样化、利用和交换自然力量和精神力量的限制”①。在资本主义生产方式产生之前的农业文明时代，人类生产活动主要以手工工具为主，侧重于利用自然，对自然生态的破坏相对有限，仍在自然生态系统可承受和自我修复的范围之内。然而，随着近代资本主义生产方式的确立和工业革命的兴起，机械化、自动化等先进生产工具不断涌现，在剩余价值规律、竞争规律等共同作用下，人类对自然生态系统开发利用的广度和深度超过以往任何时代，在过去数百年中人类虽然创造了巨大的社会生产力，但不可避免地耗费了大量自然资源，并无所顾忌地向自然界排放废弃物，造成人与自然关系的对立，经济发展与环境保护的矛盾日益突出。马克思借助德国化学家李比希等人的“新陈代谢”概念，揭示了资本主义制度和生产方式破坏了人类与土地的物质变换，导致新陈代谢的断裂，即“在社会的以及由生活的自然规律所决定的物质交换的联系中造成一个无法弥补的裂缝”。② 恩格斯指出：“蒸汽力的资本主义应用就同时破坏了自己的运行条件，蒸汽机的第一需要和大工业中差不多一切生产部门的主要需要，都是比较纯洁的水。但是工厂城市把一切水都变成臭气冲天的污水。”③ 而且，“资本主义大工业不断地从城市迁往农村，因而不

---

① 马克思恩格斯全集（第46卷）（上）［M］. 北京：人民出版社，1979：393.

② 马克思. 资本论（第1卷）［M］. 北京：人民出版社，2004：579.

③ 马克思恩格斯全集（第44卷）［M］. 北京：人民出版社，2001：586.

断地造成新的大城市"，形成"恶性循环"。"资本主义农业的任何进步，都不仅是掠夺劳动者的技巧的进步，而是掠夺土地的技巧的进步，在一定时期提高土地肥力的任何进步，同时也是破坏土地肥力持久源泉的进步。"① 可见，由于资本主义剩余价值规律的作用，资本主义社会必然出现人和自然物质变换裂缝的现象，表现为地力枯绝、河流污染、森林减少、空气恶化等生态问题。1839 年 3 月，恩格斯匿名发表了《乌培河谷的来信》，描述了资本主义生产方式所带来的家乡乌培河谷的严重污染，"这条狭窄的河流……时而泛起它那红色的波浪，急速地奔过烟雾弥漫的工厂建筑和棉纱遍布的漂白工厂。然而它那鲜红的颜色并不是来自某个流血的战场……而只是流自许多使用鲜红色染料的染坊。"② 随着世界市场的形成和分工国际化，不平等的国际贸易秩序使得生态问题呈现出向全球扩散的发展趋势，最终引发全球性生态危机。例如，英国资本家由于"盲目的掠夺"造成"地力枯竭"，对英国田地施肥用的海鸟粪要从"遥远的国家"——南美洲秘鲁进口；所有的资本主义国家掠夺殖民地国家的资源和土地，用于支持自己国家的工业化，造成殖民地国家的生态危机。③ 可见，马克思所批判的以机器大生产、私有制和雇佣劳动为内容的资本主义生产方式是造成全球生态危机的根源。一旦"自然蜕变为工厂一样的社会组织"④，成为资本家谋取产业利润的工具和手段，自然界优先于人类的关系颠倒为人类向自然界过度索取的关系。马克思认为，只有建立在生产力高度发展的共产主义社会，才是新陈代谢良性循环的社会，达到"人的自然主义和自然的人道主义"的统一。"联合起来的生产者，将合理地调节他们和自然之间的物质变换，把它置于他们共同控制之下，而不让它作为一种盲目的力量来统治自己；靠消耗最小的力量，在最无愧于和最适合于他们的人类本性的条件下来进行这种物质交换。"⑤ 而单纯依靠不触及资本主义制度的环保运动和哲学批判是无法消除生态危机的，无法消除资本主义社会人与自然之间物质交换的断裂。

（三）发展生态生产力是促进人与自然和谐共生的根本要求

马克思、恩格斯将人类社会看作"自然—人—社会"的有机整体，因而马克思的生产力理论包含着深刻的生态因子。所谓生态生产力，是指建立在人与自然

① 马克思恩格斯全集（第 23 卷）[M]. 北京：人民出版社，1972：552 – 553.
② 马克思恩格斯全集（第 1 卷）[M]. 北京：人民出版社，1956：493.
③ 马克思恩格斯全集（第 23 卷）[M]. 北京：人民出版社，1972：769.
④ 福斯特. 生态危机与资本主义 [M]. 上海：上海译文出版社，2006：16.
⑤ 马克思恩格斯文集（第 7 卷）[M]. 北京：人民出版社，2009：928.

和谐共生基础上的生产能力，它是社会生产力和自然生产力的统一体。社会生产力水平与生产关系紧密相关，具体表现在一定经济社会条件下的劳动生产率，它是由多种因素决定的，“其中包括：工人的平均熟练程度，科学的发展水平和它在工艺上应用的程度，生产过程的社会结合，生产资料的规模和效能，以及自然条件。”① 自然生产力是自然界不需要人参与便具有的生产能力，它包含自然力和生产力两个层面。前者是自然生产力的前提和基础；后者是自然生产力的主体和核心。自然界的各种生命生存繁衍，必须以适宜的阳光、空气、水等自然力作用作为必要前提和物质基础，全部生命活动也是以此作为主要条件。自然生产力是以自然界自身的生产能力为核心，动植物的产生是自然力的集合，也是对自然界发展的质变，这种质变实现了自然力到自然生产力的飞跃。马克思认为，在资本主义生产方式下，“劳动的自然生产力，即劳动在无机界发现的生产力，和劳动的社会生产力一样，表现为资本的生产力。”② 长期以来，人们仅仅将生产力理解为社会生产力，即人们征服自然、改造自然，获得物质资料的能力，忽视自然生产力。显然，传统生产力理论将人与自然对立起来，忽视了两者和谐协调、共生共存的一面。生态生产力是指人们在合理利用自然、保护自然的条件下，获取物质资料的能力。例如，依赖于自然资源开发利用的大农业部门，其生产过程也就表现出经济再生产和自然再生产过程的统一。一方面它是人们将生产要素投入生产过程转化为商品的过程；另一方面它又是人们从自然界获取生产资料并向自然界排放废弃物的过程。人们获得物质资料的效率高低，既受社会生产力的影响，又受自然生产力的影响。马克思以农业生产为例进行分析，指出：“在农业（采矿业也是一样），问题不只是劳动的社会生产率，而且还有劳动的自然条件决定的自然生产率。可能这种情况：在农业中，社会生产力的增长仅仅补偿或补偿不了自然力的减少，这种补偿总是只能起暂时的作用，所以，尽管技术发展，产品还是不会便宜，只是产品的价格不致上涨得更高而已。”③ 因此，在以自然资源开发利用为主导的物质生产部门，自然生产力比社会生产力更为根本，更加重要。自从工业革命以来，资本主义生产方式虽然大大提高了社会生产力，但它以获取资本最大利润为目标导向的经营活动同时也大大破坏了自然生产力。地力枯竭、河流污染、森林稀少、空气污染等实质是自然生产力的破坏，进而影响社会生产力的发展。可见，“保护生态环境就是保护生产力，改善生态环境就是发展

① 马克思．资本论（第1卷）[M]．北京：人民出版社，2004：53.

② 马克思恩格斯全集（第26卷）[M]．北京：人民出版社，1972：12.

③ 马克思．资本论（第3卷）[M]．北京：人民出版社，2004：867.

生产力。”这是基于人与自然关系深入思考所得出的科学结论。

在人类文明发展史上，人与自然关系也表现出地理区域上的差异性和多样性。马克思、恩格斯晚年进一步将生态环境纳入人类文明起源和人类文明多样化的研究视野。他们认为，人类文明多样性，在于各自存在不同的特殊生态环境。“两个半球的自然资源不一样；东半球拥有一切适于驯养的动物和除一种以外的大部分谷物；西半球则只有一种适于种植的作物但却是最好的一种（玉蜀黍）。这就给美洲的土著造成了在这一时期的优越地位。”① “由于自然条件的这种差异，两个半球上的居民，从此以后，便各自循着自己独特的道路发展，而标示各个界标在两个半球也就各不相同了。”②

二、马克思主义关于人与自然关系思想的中国化表达

中华民族在几千年的农耕文明实践中孕育着丰富的生态文化，历来崇尚“人与自然和谐共生”的理念。《易经》倡导“天地人和”观，儒家倡导“天人合一”“与天地参”，都显示出先贤们崇尚自然的精神风骨、包罗万生的广阔胸怀。《吕氏春秋》中说：“竭泽而渔，岂不获得？而明年无鱼；焚薮而田，岂不获得？而明年无兽。”《孟子》有云：“不违农时，谷不可胜食也；数罟不入洿池，鱼鳖不可胜食也；斧斤以时入山林，材木不可胜用也。”这些关于对自然要取之以时、取之有时，反对竭泽而渔的思想，是一种朴素的绿色发展观，具有重要的现实指导意义。中国共产党继承和发扬中华民族的生态智慧，遵循马克思和恩格斯关于人与自然关系的思想，立足于社会主义现代化建设的伟大实践，努力在更高的层次上重构人与自然的和谐状态。中华人民共和国成立以来，中国共产党始终根据不同的时代特征和国家建设的中心任务，积极探索符合我国国情的生态环境保护和发展规律，形成了一系列关于社会主义生态文明建设的重要思想。

中华人民共和国成立之初，各项事业百废待兴，以毛泽东同志为核心的党的第一代领导集体从治国安邦的战略高度，大力推进江河流域水患治理，植树造林，兴修水利，重视节约资源和开发再生资源，不断探索规律、认识规律、掌握规律，在曲折探索中前行。他们关于生态建设的论述主要散见在各自著作、讲话和政策决定中，虽然没有形成完整的生态建设思想，却包含相对丰富的内涵和重要实践意义，成为中国化马克思主义生态观的起点和萌芽，成为中国共产党人关

① 马克思恩格斯全集（第45卷）［M］. 北京：人民出版社，1985：15.

② 马克思恩格斯全集（第4卷）［M］. 北京：人民出版社，1995：20－22.

于生态实践和生态理论发展的先驱。

以邓小平同志为核心的党的第二代领导集体着眼于社会主义现代化建设的战略高度，积极借鉴国际可持续发展理念，立足于社会主义初级阶段的现实国情，在改革开放和社会主义现代化建设过程中深刻认识到“环境污染是大问题”，将环境保护确立为一项基本国策，提出要“要充分发挥林业的多种效益”“植树造林、绿化祖国”，确保生态环境的整体安全；强调厉行资源节约，转变经济增长方式，加强环境保护法制建设，参与国际环境合作等，深化了中国共产党对社会主义条件下进行生态建设的有益探索，并将生态环境建设纳入了社会主义现代化建设的重要内容。

以江泽民同志为核心的党的第三代领导集体明确提出要可持续发展的战略。强调落实环境保护基本国策的重要性，要求各级党政领导必须把加强环境保护作为社会发展的一项重大任务，始终重视人口、资源、环境工作，重视人与自然的和谐与协调，坚持走可持续发展道路，提出“保护环境的实质就是保护生产力”的重要论断①，强调必须把生态保护纳入整个经济社会发展的战略规划当中，从根源上和整体上对生态问题进行统筹考虑，从发展层面来思考和理解生态保护，实施西部大开发战略、退耕还林工程等系列生态环境保护的重大战略决策部署，这些实践都包含着丰富而深刻的生态文明思想。

以胡锦涛同志为核心的党的第四代领导集体准确把握国内外形势新变化、新特点，创造性地提出了科学发展观的战略思想，2005 年国务院印发《关于落实科学发展观加强环境保护的决定》提出“要把环境保护摆在更加重要的战略位置”，开始将节能减排降耗作为国民经济和社会发展的约束性指标，把建设资源节约型、环境友好型社会作为经济发展的重大战略任务。在党的十七大报告中，“建设生态文明”写入党章，这就使得节约资源和保护环境成为基本国策和全党意志，进入了国家政治经济生活的主干线、主战场。

党的十八大以来，以习近平同志为核心的党中央将生态文明建设纳入“五位一体”的总体布局和“四个全面”战略布局的重要内容，开展一系列根本性、开创性、长远性的工作，提出一系列新理念、新思想、新战略，推动了我国生态环境保护从实践到认识发生历史性、转折性、全局性变化，明确了新时代我国生态文明建设工作的目标、原则、任务和要求等，深刻回答了我国“为什么建设生态文明、建设什么样的生态文明、怎样建设生态明”等重大理论和实践问题，形成了完整系统的生态文明思想，成为习近平新时代中国特色社会主义思想的重要

① 江泽民文选（第 1 卷）［M］. 北京：人民出版社：534.

组成部分。在2018年5月召开的全国生态环境保护大会上，习近平总书记作出了我国生态文明建设处于“三期叠加”的重大战略判断，强调了新时代推进生态文明建设必须遵循“六个原则”，指出了构建生态文明体系“五大重点”，大会正式确立了习近平生态文明思想，它的核心要义主要包括以下八个方面的内容。其中，生态历史观是基础和前提，生态价值观是核心和根本，生态发展观是方向指引，生态民生观是价值导向，生态整体观是基本方法，生态法治观是制度保障，生态共治观是治理途径，生态共赢观是终极目标，共同构成了一个有机整体。(1) 深刻认识“生态兴则文明兴、生态衰则生态衰”的历史观。人类既是生态环境的消费者，又是生态环境的塑造者。从世界各大文明古国的兴衰历史看，自然生态环境的变迁决定着人类文明的兴衰演替。人类顺应自然规律者则兴旺，叛逆自然规律者则衰亡。习近平总书记曾明确指出：“你善待环境，环境是友好的；你污染环境，环境总有一天会翻脸，会毫不留情地报复你。这是自然界的规律，不以人的意志为转移”①。人类对自然界的破坏最终会伤及人类自身，这是无法抗拒的自然规律。因此，生态文明建设是中华民族永续发展的根本大计。(2) 遵循“人与自然和谐共生”的生态价值观。习近平生态文明思想坚持以马克思主义为指导，根植于中华文明丰富的生态智慧和文化土壤，立足于社会主义现代化的时代特征，警示人们要在更高层次上重构人与自然的和谐状态。坚持节约优先、保护优先、自然恢复为主的方针，像保护眼睛一样保护生态环境，像对待生命一样对待生态环境，让自然生态美景永驻人间，还自然以宁静、和谐、美丽。(3) 坚持“绿水青山就是金山银山”理念的生态发展观。面对经济发展与环境保护之间的矛盾，习近平提出了“绿水青山就是金山银山”的科学论断，“绿水青山既是自然财富、生态财富，又是社会财富、经济财富”②。要加快构建以生态产业化和产业生态化为核心的生态经济体系，将自然生态优势转化为经济社会优势，“努力把绿水青山蕴含的生态产品价值转化为金山银山”③。要深入贯彻创新、协调、绿色、开放、共享的发展理念，坚定不移走生态优先、绿色发展之路，加快形成节约资源和环境保护的空间格局、产业结构、生产方式、生活方式，给自然生态留下休养生息的时间和空间。(4) 将良好生态环境视为民生福祉的生态民生观。“生态环境是关系党的使命宗旨的重大政治问题，也是关系

① 听习近平讲植树节的意义，人民网，2017-03-21.

② 2018年5月，习近平总书记在全国生态环境保护大会上的讲话。

③ 2018年4月26日，在深入推动长江经济带发展座谈会上的讲话。

民生的重大社会问题”。[①] 强调“良好生态环境是最公平的公共产品，是最普惠的民生福祉”。要坚持生态惠民、生态利民、生态为民，要把解决突出生态环境问题作为民生优先领域，重点解决损害群众健康的突出环境问题，不断满足人民群众日益增长的优美生态环境需要。“打赢蓝天保卫战，还老百姓蓝天白云、繁星闪烁；深入实施水污染防治行动计划，还给老百姓清水绿岸、鱼翔浅底的景象；全面落实土壤污染防治行动，让老百姓吃得放心、住得安心；持续开展农村人居环境整治行动，为老百姓留住鸟语花香田园风光……”[②]（5）把握“山水林田湖草是生命共同体”的生态整体观。针对我国生态环境治理体制机制“碎片化”的弊端，习近平同志强调要大力推进生态文明领域国家治理体系和治理能力现代化，指出：“山水林田湖草是一个生命共同体”，而且“人与自然也是生命共同体”，生动描述了“人—田—水—山—土—树”之间的生态依赖和物质循环关系，科学揭示了各个自然要素之间以及自然要素和人类社会要素之间通过物质变换构成的生态系统的性质和面貌。[③] 因此，要坚持山水林田路统一规划，统筹兼顾、整体施策、多措并举，全方位、全地域、全过程开展生态文明建设。（6）用最严密法治保护生态环境的生态法治观。没有规矩，不成方圆。“只有实行最严格的制度、最严密的法治，才能为生态文明建设提供可靠保障”。[④] 要加快划定并严守生态保护红线、环境质量底线、资源利用上线三条红线。重点加快完善经济社会发展考核评价体系，建立生态环境责任追究制度，建立健全资源生态环境管理制度，让制度成为刚性的约束和不可触碰的高压线，绝不能让制度规定成为没有牙齿的老虎。（7）全社会共同参与建设美丽中国的全民共治观。生态服务是基本公共产品，与每个人息息相关，每个人既是生态服务的消费者，也是生态服务的供给者。要加强生态文明宣传教育，引导全社会形成共同的生态价值观，推动形成简约适度、绿色低碳、文明健康的生活方式和消费模式，形成全社会共同参与的良好风尚。[⑤]（8）共谋全球生态文明建设的生态共赢观。“建设生态文明关乎人类未来。”中国积极参与制定全球气候变化的应对策略，这既是中国主动承担起的大国责任，也是对推动构建人类命运共同体作出的重要贡献。中国正以负责任的态度和坚定行动，成为全球生态文明建设的重要参与者、贡献者、引领者。2016 年 5 月，联合国环境大会（UNEA）发布了《绿水青山就是金山银山：

---

①② 2018 年 5 月，习近平总书记在全国生态环境保护大会上的讲话。

③ 张云飞．深入学习贯彻习近平生态文明思想，中国社会科学网，2018 年 5 月 21 日。

④ 习近平关于全面建成小康社会论述摘编［M］．北京：中央文献出版社，2016：164－165.

⑤ 李干杰．以习近平生态文明思想为指导努力营造打好污染防治攻坚战的良好舆论氛围［J］．环境保护，2018（12）.

中国生态文明战略与行动》，表明以“绿水青山就是金山银山”为导向的中国生态文明战略为世界可持续发展理念提升提供了“中国方案”和“中国版本”。

习近平生态文明思想博大精深，立意高远，视野广阔，内涵丰富。从闽、浙两省的生态省建设到美丽中国建设，凸显了习近平生态文明思想的萌芽孕育、形成发展和丰富完善的内在逻辑。从宏观全局和历史进程，深刻揭示了人类社会发展进程中经济发展与环境保护的一般规律，是习近平新时代中国特色社会主义思想的重要组成部分，它是生态价值观、认识论、实践论和方法论的总集成，为开创我国绿色发展的新局面提供了强大的理论支撑和实践指导，并成为我们推动生态文明和美丽中国建设的根本遵循。深入学习、认真贯彻习近平生态文明思想和全国生态环境保护大会精神，坚定不移沿着生态优先、绿色发展的可持续发展之路，推动经济高质量发展，努力实现生态环境“高颜值”和经济社会“高素质”，加快实现我国社会主义现代化。

党的十九报告将由以往人与自然和谐“相处”提升为人与自然和谐“共生”，将“命运共同体”概念扩展到处理人与自然关系上，提出“人与自然是生命共同体”的理念，这是我们党对新时代人与自然关系的最新理解和阐释，既表明人们在思想上对人与自然关系认识的深化，同时也蕴含着当今时代生态文明建设的紧迫性。人与自然是休戚与共的生命共同体，人对自然的伤害最终会伤及人类自身，这是无法抗拒的规律。“人因自然而生，人与自然是一种共生关系，对自然的伤害最终会伤及人类自身。只有尊重自然规律，才能有效防止在开发利用自然上走弯路。”① 长期以来人类过度开发利用自然界的行为，导致人与自然关系已陷入辅车相依、唇亡齿寒的边缘，自然生态系统的承受能力和自我修复能力已经接近临界边缘，任何人类的破坏行为都必将带来无法想象的后果。人类唯有敬畏自然、尊重自然、顺应自然、保护自然，实施生态优先，绿色发展之路，才能为自身以及子孙后代赢得宝贵的生存空间。

第二节　习近平流域生态文明建设方略

习近平指出，“人与水的关系很重要”②。水是生命之源、生活之基、生产之要。人离不开水，但水患又是人类的心腹大患，河川之危、水源之危是生存环境

① 习近平谈治国理政（第二卷）[M]. 北京：外文出版社，2017：394.

② 2018 年 4 月 25 日习近平视察长江时发表谈话，央广网，2018 - 4 - 25.

之危、民族存续之危。水多、水少、水脏、水土流失都会引发自然灾害，人类是在与自然共处、共生和斗争的进程中不断进步。和谐是人水共处平衡的表现，但达成人水和谐共生，需要人类开展很多斗争。中国是自然灾害频发的国家，中华民族正是在同自然灾害做斗争中发展起来的伟大民族。当今时代，水患仍然是中华民族面对的最严重的自然灾害之一。因此，流域生态治理，归根到底是要以治水为中心，促进人水和谐，变害为利、造福人民。习近平同志坚持以马克思主义为指导，继承和发扬中国共产党领导治水兴水的历史经验，运用科学思维方式，针对不同流域生态环境特点，因地制宜探索流域生态文明建设方略。在福建，习近平同志强调要把林业作为生态环境建设的主体；实行最严格的审批关，大力推进全省企业达标排放和闽江、九龙江流域水环境治理；先后 10 次关心、调研木兰溪的治理工作，实施科学治水，根治木兰溪水患。[①] 在浙江习近平同志倡导“绿水青山就是金山银山”的理念，推动“811”环境污染整治行动，对全省八大水系和 11 个省级环境保护重点监管区实行环境污染整治，以流域为单元推进全省生态文明建设。在中央工作以来，他提出了“节水优先、空间均衡、系统治理、两手发力”的新时期水利事业工作方针，把推进长江经济带建设作为“国家一项重大区域发展战略”加以谋划，提出了一系列推动长江经济带高质量发展的目标、原则、重点和策略等，深刻回答了在新的历史条件下我国流域生态文明建设的重大理论和现实问题，具有深远的理论价值和实践指导意义，成为新时期我国治水兴利的根本遵循。

一、强调流域生态环境保护优先

习近平同志高度重视马克思主义经典著作的学习，善于将马克思主义自然生态观与流域水情实际紧密结合，在不同时间、不同场合反复强调生态环境对于人类生存与发展的基础性作用。他指出：“现在看青山绿水没有价值，长远看这是无价之宝，将来的价值更是无法估量”[②]。“我曾在西部生活过多年，深知环境恶化的灾害”，“拥有秀美山川而不知道珍惜，无疑是暴殄天物!”[③] 他把绿水青山看作最大的财富，“既是自然财富、生态财富，又是社会财富、经济财富。”[④] 强

① 福建莆田木兰溪接力治理 20 年：变害为利，造福人民，央广网，2018 - 9 - 21.

② 习近平同志 2002 年 6 月 26 日在三明调研视察灾情时的讲话。

③ 习近平同志 2002 年 8 月 25 日在《福建生态省建设总体规划纲要》论证会上的讲话。

④ 习近平同志 2018 年 5 月在全国生态环境保护大会上的讲话。

调要“牢固树立保护生态环境就是保护生产力、改善生态环境就是发展生产力的观念，走资源开发与生态保护相结合的路子。”① 针对长期以来现实生活中通行的经济优先原则，他强调以流域为单元实行“生态优先、绿色发展”的原则。生态优先也就是“生态合理性优先”的简称，即人类经济活动追求生态合理性要优先于经济与技术的合理性，人类经济活动要遵循自然规律优先经济社会发展规律，人类经济活动追求的目标要确保生态效益优先于经济效益和社会效益。在实践中，要根据不同流域的自然地理特性，贯彻“节约优先、保护优先和以生态修复为主的方针”。习近平同志强调在资源上把节约放在首位，在环境上把保护放在首位，在生态上以自然恢复为主，这三个方面形成一个统一的有机整体，构成了我国流域生态文明建设的方向和重点。在福建，习近平同志强调“要加强闽江上游的植被保护和生态林建设”②，要“做好江河流域生态林工程、生物多样性工程，生物多样性工程要与保护野生动物相结合”③。要求山区“实行山水林田路统一规划，综合治理”④。强调“任何形式的开发利用都要在保护生态的前提下进行，使八闽大地更加山清水秀，使经济社会在资源的永续利用中良性发展”。⑤ 近年来，面对长江流域产业结构布局不合理、区域发展不平衡、生态环境状况严峻等现状，他强调“必须从中华民族长远利益考虑，坚持新发展理念，把修复长江生态环境摆在压倒性位置，共抓大保护、不搞大开发，积极探索生态优先、绿色发展的新路子。”旨在解决长江流域生态环境长期欠账尤其是水质恶化的问题。习近平指出：“不搞大开发不是不要开发，而是不搞破坏性开发”。他借用兵法来比喻：“发展也要讲兵法，兵无常势。有所为是发展，有所不为也是发展，要因时而异。”⑥ 坚持这一战略定位，是保护中华民族赖以生存发展生命线的根本要求，是顺应社会主要矛盾变化、满足人民群众对优美生活环境向往的需要，也是尊重自然规律、经济规律和社会规律的具体表现。“不谋万世者，不足谋一时；不谋全局者，不足谋一域”。习近平强调以全局视野、长远眼光看问题，坚持生态优先把修复长江生态环境摆在压倒性位置，把实施重大生态修复工程作为优先选项，“实施好长江防护林体系建设、水土流失及岩溶地区石漠化治理、退耕还林还草、水土保持、河湖和湿地生态保护修复等工程，增强水源涵

① 习近平同志 1999 年 3 月 5 日在三明调研时的讲话。

② 习近平同志 1999 年 3 月 27 日在顺昌调研时的讲话。

③ 习近平同志 2002 年 8 月 21 日在南平市委常委民主生活会上的讲话。

④ 习近平同志 1998 年 10 月 20 日至 23 日在南平调研结束时的讲话。

⑤ 习近平同志 2002 年 7 月 3 日在福建省环保大会上的讲话。

⑥ 王红玲．习近平长江经济带发展重要战略思想研究［J］．湖北省社会主义学院，2018（3）．

养、水土保持等生态功能。"[①] 坚持生态优先、绿色发展的战略定位，这是尊重自然规律、经济规律和社会规律，推动流域经济高质量发展的具体表现。

二、坚持流域经济绿色发展

坚持"绿水青山就是金山银水"理念，是新时代流域经济绿色发展的根本指南。习近平指出，推动长江经济带绿色发展之路，"关键是要处理好绿水青山和金山银山的关系。这不仅是实现可持续发展的内在要求，而且是推进现代化建设的重大原则"[②]。他指出："我们既要绿水青山，也要金山银山。宁要绿水青山，不要金山银山，而且绿水青山就是金山银山"[③]。这里包含三层含义：（1）"既要绿水青山，也要金山银山"，科学阐明了经济发展与环境保护的辩证统一关系，它们都是人类追求可持续发展的重要目标，两者不可分割、不可偏废。（2）"宁要绿水青山，不要金山银山"，强调如果经济发展与环境保护发生冲突矛盾时，必须毫不犹豫地摒弃"经济优先于环保"的落后观念，坚持生态效益优先于经济效益，绝不可再走绿水青山换金山银山的老路。（3）"绿水青山就是金山银山"，阐述了生态环境是生产力的重要构成因素，也是影响高质量发展的内在变量。"让生态环境成为有价值的资源，与土地、技术等要素一样，成为现代经济体系高质量发展的生产要素。"[④]

流域生态资源兼有经济服务功能和生态服务功能。长期以来，为了满足人民群众的物质生活需要，我国侧重于流域经济服务功能的开发，相对忽视流域生态系统功能的保护，导致流域生态环境恶化。以长江流域为例，沿江围网养殖"竿连竿"、过度捕捞没放过"鱼子鱼孙"、非法码头占用大量岸线、排污管道直通长江，造成流域生态环境不堪重负。面对严峻的长江流域生态环境，习近平强调，"共抓大保护、不搞大开发"，首先是要下个禁令，是要设立'生态禁区'，我们搞的开发必须是绿色的、可持续的，涉及长江的一切经济活动都要以不破坏生态环境为前提。在"生态环境只能优化、不能恶化"上求共识，坚持走绿色低碳循环发展道路。否则，一说大开发，便一哄而上，抢码头、采砂石、开工厂、排污水，又陷入了破坏生态再去治理的恶性循环。"先开发后管理""先污染后

---

① 在深入推动长江经济带发展座谈会上的讲话（2018 年 4 月 26 日），新华网，2018 -6 -13.

② 习近平．在深入推动长江经济带发展座谈会上的讲话（2018 年 4 月 26 日），新华网，2018 -6 -13.

③ 2013 年 9 月在哈萨克斯坦纳扎尔巴耶夫大学发表演讲。

④ 任勇．加快构建生态文明体系［J］．求是，2018（13）：40. 41.

治理”不是发展规律，而是各国流域开发血的教训。

流域是具有相对独立性的产汇流水循环空间，也是人类生产和生活活动的重要单元，更是生态文明建设的重要载体。[①] 一个功能完备的流域空间，不仅包括高效益的生产空间，舒适宜居的生活空间，而且包括足额的生态空间。促进流域人水和谐共生，就是要将流域作为绿色发展的统筹单元，以流域资源与环境承载能力为基础，以自然规律为准则，以可持续发展、人与自然和谐为目标，建设生产发展、生活富裕、生态良好的文明社会。习近平同志指出，“加快形成绿色发展方式，是解决污染问题的根本之策。重点是调结构、优布局、强产业、全链条”[②]。从经济学意义上来说，“绿水青山”是不具备流动性的山水林田湖等生态要素，而“金山银山”则代表能产生经济价值、带来正的外部性的公共产品。将“绿水青山”转化为“金山银山”，根本路径包括两个方面：一是产业绿色化和绿色产业化，即通过产业发展绿色化实现产业可持续性发展，通过绿色产业化实现生态保护可持续性。正如习近平同志所指的：“生态环境优势转化为生态农业、生态工业、生态旅游等生态经济的优势，那么绿水青山也就变成了金山银山。”[③] 产业生态化和生态产业化，如同一枚硬币的两面，是生态经济体系不可或缺的两大部分。前者要求按照生态化的理念，改造提升三次产业，加快传统产业绿色转型升级，降低污染排放负荷；后者要求按照社会化和市场化理念，开展生态资本化经营，推动生态要素向生产要素、生态财富向物质财富转变，促进生态与经济良性循环发展。习近平同志在不同场合，反复强调要发挥自然、生态、旅游资源优势，指出“发展经济绝不能牺牲环境，一定要在保护环境的前提上讲发展”[④]。要“把生态优势、资源优势转化为经济优势、产业优势”[⑤]。习近平同志指出：要“念好‘山海经’，要画好‘山水画’，做好山地综合开发这篇大文章”[⑥]，发展生态农业、特色农业。“大农业是朝着多功能、开放式、综合性方向发展的立体农业”[⑦]。要“稳定粮食，山海田一起抓，发展乡镇企业，农、林、牧、副、渔全面发展”[⑧]。“要提倡适度规模经营，注重生态效益、经济效益和社会效益的

① 王浩．生态文明建设应基于生态流域的绿色发展［J］．经济参考报 2018 －01 －25.

② 2018 年 5 月在全国生态环境保护大会上的讲话。

③ 郭占恒．“绿水青山就是金山银山”的重大理论和实践意义——写在习近平提出“绿水青山就是金山银山”十周年之际［J］．杭州日报，2015 －05 －19（A6）.

④ 习近平同志 1999 年 3 月 26 日在南平市邵武调研的讲话。

⑤ 2002 年 4 月 9 日在南平市调研时的讲话。

⑥ 1997 年 4 月 13 日在三明市调研时的谈话。

⑦ 习近平．摆脱贫困［M］．福建人民出版社第二版，2013：178.

⑧ 习近平．摆脱贫困［M］．福建人民出版社第二版，2013：6.

统一”[①]。他指出“森林是水库、钱库、粮库”，“生态环境是林业及其发展的基础，是江河溪流的上游水土保持、植被保护很重要。”强调生态公益林和商品林分类经营，“林业发展要解决生态系统和产业系统相辅相成发展的问题”[②]。生态产业化经营，目的是要“把绿山青山蕴含的生态产品价值转化为金山银山”[③]。不仅要以提供优质生态产品和服务为中心，通过市场化、多元化的生态补偿，实现生态产品价值，而且还要在不影响生态系统服务功能的前提下，将生态资源优势转化为经济发展优势，发展生态农业、生态工业和生态旅游业，将生态资源价值转移到物质产品和旅游服务中去，提升区域产业竞争力。二是要满足人对于公共产品的需求，合理开发利用山水林田湖等生态要素，充分发挥其作为公共产品的正的外部效益，通过流域生态补偿机制，实现生态服务的经济价值。绿色减贫的根本立足点是为了在保护生态环境的过程中增加人民收入。如果单纯是为了恢复生态环境，人民没有从中得到实惠，那么，绿色建设就变成了无源之水、无本之木，就无法实现可持续发展[④]。因此，将精准扶贫与绿色发展有机结合，消除贫困、改善民生、实现共同富裕，是社会主义的本质要求，也是中国共产党员的价值追求。

三、突出流域生态功能系统治理

流域不仅是水循环和人类社会经济活动的重要单元，也是大气、土壤和生物的循环空间。海河流域的严重水污染、黄河断流等现象，都是因为人类社会经济活动影响超过了流域资源环境承载力所带来的严重后果。南方部分沿江城市空气质量不好、有的城市夏天出现高温天气，这些都与城市所处的流域地貌位置以及由于建设规划不合理导致的局部大气循环不畅有关。从流域自然生态系统看，它是一个相互依存、紧密联系的有机链条。水是流域生态系统中最为活跃的因素，流域生态系统管理的核心就是协调好流域区内的陆地生态系统和水生态系统之间的相互作用，管理好水量、水质和径流过程。流域水土流失、水污染、水环境恶化等生态问题，不能被视为单纯自然力外界的作用，而且首先与陆地生态系统中人类不合理生产生活方式、过度的经济规模有关。例如，氮、磷物质是陆地生态

---

① 习近平．摆脱贫困［M］．福建人民出版社第二版，2013：179.

② 习近平同志1999年3月27日在顺昌调研时的讲话。

③ 习近平．在深入推动长江经济带发展座谈会上的讲话（2018年4月26日），新华网，2018-6-13.

④ 陈伟伟，张琦，李冠杰．中国绿色减贫思考与建议［J］．经济研究参考，2015（10）.

系统中农业生产不可或缺的营养物质，由于不合理的人为活动，氮、磷流失到水体中，就会形成河流富营养化现象。通过保护流域自然植被，调整农业生产方式，有助于较大程度地将大量氮、磷保留下陆地生态系统之中，减少水体的富营养化进程。习近平指出："山水林田湖草是一个生命共同体，人的命脉在田，田的命脉在水，水的命脉在山，山的命脉在土，土的命脉在树。自然资源用途管制和生态修复必须遵循自然规律，如果种树的只管种树、治水的只管治水、护田的单纯护田，很容易顾此失彼，最终造成生态的系统性破坏"①。习近平同志针对长期以来我国在流域治水问题上"头疼医头、脚疼医脚"的思维缺陷，强调要"从生态系统整体性和长江流域系统性着眼，统筹山水林田湖草等生态要素"②，注重各项措施的整体性和关联性。因此，"治水也要统筹自然生态的各要素，不能就水论水。要用系统论的思想方法看问题，生态系统是一个有机生命躯体，应该统筹治水与治山、治水与治林、治山和治林等"③。需要全面统筹左右岸、上下游、陆上水上、地表地下、河流海洋、水生态与水资源、污染防治与生态保护，达到系统治理的最佳效果。"依照新发展理念的整体性和关联性进行系统设计，做到相互促进，齐头并进，不能单打独斗，顾此失彼，不能偏执一方，畸轻畸重"④。

加强流域生态系统功能综合治理，必须强化流域空间管控。按照流域生产生活生态"三生共赢"的要求，明确"三区（生态、农业、城镇三类空间）三线（生态保护红线、永久基本农田和城镇开发边界三条控制线）"的空间规划，加强生态海绵型流域建设。坚持底线思维，严格控制城镇开发边界，保障合理的生态空间和农业空间，让流域区内的水、土、气、生（生物）保持的良好健康状况。严格资源能源和环境红线管控，不仅要赋予自然足够的空间，而且还要维持可持续利用的能源资源。以生态海绵型流域建设为导向，立足全流域统筹规划、各行政区分工实施的思路，谋划流域生态文明建设的空间地图，划定流域"三区三线"和资源环境管控范围，并将具体的责任分解落实到流域区内的各个行政区域，实现网络化管理。⑤

---

① 习近平．关于《中共中央关于全面深化改革若干重大问题的决定》的说明［J］．求是，2013（11）．

② 习近平．在深入推动长江经济带发展座谈会上的讲话（2018 年 4 月 26 日），新华网，2018－6－13.

③ 习近平同志 2014 年 3 月 14 日在中央财经领导小组第五次会议上的讲话。

④ 习近平谈治国理政．第 2 卷［M］．北京：外文出版社有限责任公司，2017：221.

⑤ 王浩．生态文明建设应基于生态流域的绿色发展［N］．经济参考报，2018－1－25.

马克思指出："人的本质是人的真正的共同体"[①]。流域生态命运共同体，不仅表现为流域区内各种自然生态要素之间，而且表现为人与自然之间以及社会群体之间形成的共生共存关系，流域生命共同体在本质上是区域社会群体利益共同体。它是人类生态命运共同体在流域空间尺度内的具体表现。流域生态治理还要妥善协调流域区各种社会群体间利益。维持流域健康生命，促进流域人与自然和谐发展，必须要协调好不同社会群体之间、当代人与后代人之间在自然资源开发、分担生态保护责任、维持自身生存与发展的利益关系，倡导环境代内公平和代际公平，建立流域生态保护的成本共担、利益共享、效益共赢的合作关系。他十分重视提升企业社会责任，在闽江源头调研圣农实业公司时指出："公司从生态中得到的实惠越多，越要注重生态保护"；"保护不好闽江源头，一场疫情就可能彻底毁灭'龙头'企业，进而殃及成千上万的农民"针对各行政区各自为政，各行其是，沿江港口码头分布过密造成闲置的现象，习近平同志指出"长江经济带不是独立单元，涉及11个省份，要树立一盘棋思想，全面协调协作。"[②] 局部地区"冲动"会祸及整个水系，要"但存方寸地，留与子孙耕"。"推动长江经济带发展再上新台阶，关键是在实际行动中形成'一盘棋'"[③]。统筹谋划水、路、港、岸、产、城和生物、湿地、环境，以行政互通、产业互联、功能互补推动中下游协同发展、东中西部互动合作。要以供给侧结构性改革为突破口，摒弃传统以生产要素投入为主导的经济增长方式，推动长江经济带发展动力转换，实现"腾笼换鸟"、凤凰涅槃，建设现代化经济体系。要运用系统论的思维，推动长江经济带作为流域经济，实现上下游、左右岸错位发展、协调发展、有机融合。唯此，才能将长江经济带打造成为有机融合的高效经济体、实现高质量发展的"黄金经济带"。

四、实行最严格制度保护流域生态环境

习近平同志在福建工作期间，就强调要实行最严格制度保护流域生态环境。他把环境质量纳入民生福祉的重要内容，指出"加快发展不仅要为人民群众提供日益丰富的物质产品，而且要全面提高生活质量。环境质量作为生活质量的重要组成部分，必须与经济增长相适应。""如果经济增长了，人们手中的钱多了，但

---

① 马克思恩格斯全集第一卷［M］. 北京：人民出版社，2002：395.

② 习近平乘船考察长江，中国日报网，2018－04－26.

③ 习近平．在深入推动长江经济带发展座谈会上的讲话（2018年4月26日），新华网，2018－6－13.

呼吸的空气是不新鲜的、喝的水是不干净的，健康状况不断下降，那样的经济增长并不是人民群众所希望的”他深入贯彻可持续发展战略，把生态环境优势看作区域经济发展优势的主要表现，指出“现在的经济竞争力，主要表现在环境竞争力上，表现在环境保护这个做得怎么样”（2000 年 5 月 10 日在福建省重点工业污染企业达标暨闽江、九龙江流域水环境综合整治工作会议的讲话）。面对经济高速发展带来不容乐观的环境问题，他牢固树立生态红线理念，大力推进福建企业达标排放和重点流域水环境整治，严肃查处一批环境违法企业和个人。强调要严格审批关，坚决杜绝污染严重、效益低下、能耗物耗高的“夕阳工业”。习近平同志指出“在审批环节，一定要抓住，不能以牺牲环境为代价来换取经济发展。这是我们现在最为严格的一条标准。各级审批部门，不要开任何特殊的口子。无论引进的是什么项目，只要是污染环境的，我们一律是拒绝的。这一条是不能动摇的，在 21 世纪应该高标准地从严执行。”① 当前我国江河流域立法进程滞后，流域上下游统分结合、整体联动的工作机制尚不健全，市场化、多元化的生态补偿机制建设进展缓慢，生态环境硬约束机制尚未建立，流域生态环境协同治理较弱，难以有效适应全流域完整性管理的要求，导致全国流域废水排污总量依然增长、局部流域水污染加剧等突出问题，这虽然与我国工业化中后期的发展阶段紧密相关，但也与体制不完善、机制不健全、执法不严不无关系。习近平同志指出，森林、湖泊、湿地是天然水库，具有涵养水量、蓄洪防涝、净化水质和空气的功能。然而，全国面积大于 10 平方千米的湖泊已有 200 多个萎缩；全国因围垦消失的天然湖泊有近 1000 个；全国每年 1.6 万亿立方米的降水直接入海、无法利用。“水稀缺，一个重要原因是涵养水源的生态空间大面积减少，盛水的‘盆’越来越小，降水存不下、留不住。”② 他指出：“湖泊湿地被滥占的一个重要原因是产权不到位、管理者不到位……产权不清、权责不明，保护就会落空，水权和排污权交易等节水控污的具体措施就难以广泛施行。”③ 他强调“水是公共产品，政府既不能缺位，更不能手软，该管的要管，还要管严、管好。水治理是政府的主要职责，首要要做好的是通过改革创新，建立健全一系列制度。”④“要着眼全局，增强各项措施的关联性和耦合性；要在关键领域和方式上实现重点突破、引领全局，做到全局和局部相配套、治本和治标相结合、渐进和突破相

① 2000 年 5 月 10 日习近平在福建省重点工业污染企业达标暨闽江、九龙江流域水环境综合整治工作会议的讲话。

② 习近平在中央财经领导小组第五次会议的讲话，资料来源：《世界环境日话生态：习总书记情系“山水林田湖”》，央视网，2016－06－05.

③④ 习近平同志 2014 年 3 月 14 日在中央财经领导小组第五次会议上的讲话。

衔接”[①]。唯有创新体制机制，“实行最严格的生态环境保护制度”推动流域生态文明建设再上新台阶。

2015 年，中共中央、国务院印发的《生态文明体制改革总体方案》明确提出了我国生态文明制度的“四梁八柱”建设的目标任务。到 2020 年，构建起由自然资源资产产权制度、国土空间开发保护制度、空间规划体系、资源总量管理和全面节约制度、资源有偿使用和生态补偿制度、环境治理体系、环境治理和生态保护市场体系、生态文明绩效评价考核和责任追究制度等八项制度构成的产权清晰、多元参与、激励约束并重、系统完整的生态文明制度体系。这些制度改革为实行最严格的制度保护流域生态环境，推进流域生态环境治理体系和治理能力现代化，发挥重要的推动作用。

习近平指出，政府、企业等各类经济主体要“把不损害生态环境作为发展的底线”[②]。“在生态环境保护上，就是要不能越雷池一步，否则就应该受到惩罚”。[③] 从政府层面看，要发挥政府官员绩效考评的指挥棒作用，严格执行流域生态文明考核评价体系和环境污染责任追究制度。划定生态红线保护，这是政府落实用最严格制度治理生态环境的有效技术方案。“要牢固树立生态红线的观念。”“要加快划定并严守生态保护红线、环境质量底线、资源利用上线三条红线”[④]。要强化河长制的责任落实，推进流域“一张图”式的综合管理体制改革。根据流域“三区三线”的划定，将分区评估结果纳入自然资产审计、干部任用考核等工作。把流域生态文明建设指标进行细分，纳入各行政区经济社会发展评价体系，建立体现流域生态文明要求的目标体系、考核办法、奖惩机制，使之成为推进大江大河流域生态文明建设的重要导向和约束。从企业层面看，以流域水环境容量为基础，实行严格的流域水污染物排放总量控制，倒逼企业加快开展技术创新，推进生态环境破坏的外部成本内部化。加强流域水环境执法机构队伍建设，提高流域水污染防治的技术手段，强化行政区域政府主体责任和企业治理责任。坚持依法依规、客观公正、科学认定、权责一致、终身追究的原则，针对决策、执行、监管中的责任，明确各级领导干部责任追究

① 中共中央宣传部．习近平总书记系列重要讲话读本［M］．北京：学习出版社、人民出版社，2014：129.

② 中共中央宣传部．习近平总书记系列重要讲话读本［M］．北京：学习出版社、人民出版社，2016：233.

③ 中共中央宣传部．习近平总书记系列重要讲话读本［M］．北京：学习出版社、人民出版社，2016：237.

④ 习近平在中共中央政治局第六次集体学习时强调坚持节约资源和保护环境基本国策努力走向社会主义生态文明新时代［N］．人民日报，2013－05－25.

情形。强化环境保护“党政同责”和“一岗双责”要求，对问题突出的地方追究有关单位和个人责任。对领导干部实行自然资源资产离任审计，建立健全生态环境损害评估和赔偿制度，落实损害责任终身追究制度。对造成生态环境损害负有责任的领导干部，必须严肃追责。祁连山不仅是中国西部重要生态安全屏障，而且是黄河流域重要水源产流地，更是中国生物多样性保护优先区域。2014 年国务院在批准调整祁连山保护区划界后，甘肃省仍然违规在核心区或缓冲区审批通过采矿权 9 宗、探矿权 5 宗，造成地表植被破坏、水土流失加剧等突出问题，这是严重的发展理念的偏差。中央政府通过环保督察制，严肃问责祁连山自然保护区生态破坏事件，再次向世人表明党中央保护生态环境的坚强决心。

第三节　流域生态服务供给机制复合体理论

从公共服务供给理论的源流看，学术史上先后经历了政府供给、市场供给、志愿性供给、自治化供给和网络化供给等五个理论。与此相对应，从运行机理来看，流域生态服务供给机制可以划分为政府科层供给、市场供给、志愿性供给、自治性供给和网络化供给等五种形态，我国流域生态服务供给过程就是一个多种供给机制并存的复合体。所谓“机制复合体”，是指治理某一特定问题领域的一系列部分重叠且非等级制的制度组合①。“机制复合体”的运行模式将有别于单一机制的运行模式，不同供给机制既不同的适用空间，同时表现为彼此之间的并存、互动和融合特征。关注多种机制间的互动及其对全球环境治理机制有效性，是当前欧美研究国际环境治理机制的新视角。② 这里将国际环境治理中的机制复合体理论引入流域生态环境治理的分析视野，试图深入分析我国流域生态服务多种供给机制之间的复杂关系，努力探索我国流域生态服务供给创新方向。基于流域生态系统的复杂性、生态服务性质的多样性和参与主体的多元性等特点，我国流域生态服务供给机制创新的目标导向，就是要在传统单一的科层供给机制基础上引入市场机制、志愿性机制，最终形成以网络供给机制为主体、多种供给机制的复合体，这既符合“多中心治理”理论，也是基于当前我国流域管理制度

① Kal Raustiala & David Victor, The Regime, Complex for Plant Genetic Resources, International Organization, Vol. 58, No, 2, 2004, pp. 227 – 310.

② 仇华飞，张邦娣．欧美学者国际环境治理机制研究的新视角 [J]．国外社会科学，2014 (5).

"碎片化"的现实选择。

一、流域生态服务供给机制的类型与特征

流域是由地表水及地下水分水线所包围的集水区域，包含森林、草原、湿地、河流、耕地等水陆两域的自然生态系统。流域生态服务供给过程包含人与自然、人与人之间的双重关系。一方面是流域自然生态系统为人类生存和发展提供各种物质资料，反映自然界对人类的恩赐；另一方面是政府向全社会提供以水量、水质、水生态、水安全为中心的水陆两域生态环境服务，体现各级政府必须承担的生态公共服务职能和角色。流域生态服务供给机制是指为维持和改善流域生态系统服务功能，政府制定的有关资金筹集、生态保育、环境治理等制度安排，包括以下基本内容：一是供给主体及其相互关系。各级政府是区域内生态公共服务供给的责任主体。政府既可以直接提供各类生态服务，也可以委托国有企业和私人部门提供，实行生态服务提供者和生产者的分离。奥斯特罗姆认为，提供者是指在征税和支出上具有决策权，能够决定生态服务供给类型和水平、并安排生产和监督生产的各级政府。生产者是指将要素投入转化为产出的执行者，包括各类企事业单位和社会组织。与此相应的，供给主体细分为提供者和生产者两者不同的角色。二是供给方式。根据政府、企业和社会公众在流域生态服务供给中职能和分工不同，流域生态服务蕴含着多种供给方式的组合，具体划分为科层供给（政府作为提供者和生产者合一）、市场供给（私人提供和生产合一）、公私合伙供给方式（政府提供、私人生产）、志愿性供给（公益组织提供和生产合一）和网络化供给（政府、企业、社会组织协同供给）等。三是供给制度。不同的供给方式需要具备不同的制度技术条件。科层供给主要依赖于政府的行政权威和强制性的政策工具；市场供给有赖于完善的要素市场体系和明晰的自然资源资产权制度；志愿性供给有赖于公民素质的提升、生态环保意识的觉醒。我国以建设服务型政府为导向的政府职能转变，以及互联网、物联网等现代信息技术快速发展和广泛运用，为流域生态服务网络化供给提供了坚实的制度和技术条件。按照供给机制运行特征的差异，流域生态服务供给机制主要有以下类型（如表2－1所示）：

表 2－1　　五种类型的流域生态服务供给机制特征比较

内容	科层化供给	市场化供给	志愿性供给	自治化供给	网络化供给
决策主体	政府部门及其附属企事业单位	经济组织	公益性组织 自愿性个人	集体组织 社区组织	政府、企业、社会组织
决策动机	公共利益	经济利益	社会公益	互惠互利 合作共赢	公私合作
决策机制	单中心决策	自主决策 分散经营	自主决策	集体商议 民主决策	多中心决策
资金来源	政府部门	消费者	社会资金、志愿者	利益相关者	多元化
信息结构	信息封闭不对称	信息透明	信息透明	信息相对透明	信息相对透明
激励机制	官员的政绩考评机制	企业利益最大化	社会福利最大化	集体利益最大化	优势互补
约束机制	行政权威	市场需求	舆论监督	民主监督	契约合同
典型措施	行政控制型约束性措施，具体包括：行政问责制；排污收费（税）；行政性处罚（罚款、限期治理、警告、停产停业、吊销证书和行政处分）；投入品征税（化肥税、农药税）	市场型或经济型激励性措施，具体包括：政府生态购买；排污权交易；环境第三方专业治理；押金——退款	鼓励志愿性的环保公益活动，包括捐赠、义务植树等劳动	鼓励自主性治理的措施：农村重大事务村民自治，实行“一事一议”“以奖代贴”	激励约束相容的政策措施：（1）建立事权与财权匹配的中央与地方政府分工机制；（2）区际政府协商与横向生态补偿；（3）公私伙伴治理的激励约束相融的财税、金融和产业政策

（一）政府科层供给机制

政府科层供给机制是政府除了制定生态环境保护规划、政策法规，引导和规制企业生产经营行为达到改善流域生态环境外，还通过直接财政拨款，设立采取增设管理机构和人员编制、下设附属企事业单位等方式，直接提供流域生态服务，政府扮演着生态服务提供者（规划者）和生产者的双重职能。政府直接供给机制的最显著优势是有利于发挥政府的行政权威，采取强制性的控制手段，更趋于通过其强有力的组织效率，从全流域统一管理的角度推进自然经济社会协调发展。当流域生态服务功能出现多元主体利益矛盾和冲突时，政府自身拥有解决问题的有效机制；科层制通过体制内的激励和约束机制，减弱了行政机构均不受对方控制时正常谈判中的侵犯性态度倾向。美国“罗斯福工程”[①]、加拿大的“绿色计划”、日本的“治山计划”、法国的“林业生态工程”等，都是欧美日发达国家政府科层提供生态公共服务的典范。我国的三北防护林建设、南水北调和三峡水库等大型水利工程、以国家公园为主体自然保护地体系的建设，都是政府部门直接参与或者通过国有企业直接供给的方式。当然，政府直接供给机制的优势也受到组织规模和交易限度、运用激励和控制工具的有效性等组织形式的限制，用科层制监督和激励设置的办法来解决团队的两难困境并不那么简单。政府直接供给通常需要不断增设管理机构和人员编制、下设附属企事业单位，导致财政支出负担和可能诱发腐败行为的产生。然而，政府以命令—控制性措施强制生产企业进行排污总量控制时，将面临巨大的监督成本，尤其是它难以解决点多面广的农业面源污染问题。

（二）市场供给机制

市场供给机制是将价格、供求和竞争等市场机制引入流域生态服务供给过程，并发挥市场对生态环境资源配置的决定性作用，引导经济主体在追求私人经济利益的同时实现生态公共服务的有效供给。流域区内的森林、草原、水源等生态产品，兼有公共产品和私人产品的复合性质，为生态服务市场化供给提供了可能。流域区域内优质的水源、丰富的森林资源、无污染的土壤和农产品都是人类赖以生存的生态产品，其所附属生态服务功能具有非排他性和非竞争性的特征。因此，生态产品兼有公共产品和私人产品的复合性质，为生态公共服务私人供给提供了可能。旺德（Wunder）认为，理想的生态系统服务付费（PES）是一种市场化的保护机制，需要满足五个条件：自愿交易行为；定义明确的生态系统服务；至少有一个服务购买者；至少有一个服务提供者；当且仅当服务提供者保证提供生态系统服务。[②] 流域生态服务供给的市场化机制，按照市场治理结构的差异，可以细分为私人交易市场、政府购买市场和第三方规制市场等。私人交易市场是指流域生态服务的受益方与提供方之间开展的直接交易，包括直接购买土地及其开发权、服务的异地受益者与提供生态服务的土地所有者之间的直接偿付体

---

① 为了遏制过度放牧和开垦造成的土地沙化、黑风暴高频爆发等生态问题，1934 年，美国总统罗斯福宣布实施“大草原各州林业工程”，又称“罗斯福工程”。工程贯穿美国中部，跨 6 个州，南北长约 1851 千米，东西宽 160 千米，建设范围约 1851.5 万公顷，规划用 8 年时间（1935～1942 年）造林 30 万公顷。工程规模在当时震惊世界，美国政府投入了大量的人力、物力和财力。到 1942 年，共植树 2.17 亿株，此后，由于经费紧张等原因，大规模造林工程暂时终止，但仍保持一定的造林速度，到 20 世纪 80 年代，人工营造的防护林带总长度 16 万公里，面积 65 万公顷。“罗斯福工程”实施后，黑风暴在美国彻底消失了，这一工程在国际上产生了巨大影响，从而极大地刺激了世界各国通过造林来治理生态的积极性。

② Wunder，S.，2005，“Payments for environmental services：some nuts and bolts”，CIFOR Jakarta.

系等。企业和个体农民在发展绿色生态农业，进行生态资源资产化经营获得经营收益同时，也额外地提供了生态公共服务。因此，政府创设生态标签，鼓励绿色生产和消费，推动流域上游生态产业发展。第三方规制市场是以政府设立的市场中介组织为平台，创设区域、企业之间碳汇交易、水权（排污权、取水权）交易以及市场化生态补偿都是典型的第三方规制的市场供给机制。由企业间自主开展水权交易的开放式市场体系。政府购买市场是指由上下游地方政府之间围绕区际水资源分配、排污权削减和碳汇开展的交易行为，以及政府向个体农民实施市场化的生态受益补偿。市场型供给机制具有交易规则明确、可操作性强、交易成本低等优势，但需要以生态资源产权清晰和水权交易能够量化作为制度技术前提，尤其是第三方规制的排污权市场，无论是市场经济高度发达的美国，还是我国尝试性的探索，交易规模均比较小。[①] 2014 年国家发展和改革委员会发布的新一轮退耕还林还草的政策，从原来的行政强制型运作向尊重农民意愿的准市场化方式演进，标志着生态服务购买已由理论探讨转变为实践操作阶段，通过市场化经济补偿，利用农户追求最大利益的理性选择获得具有正外部性的林草生态价值。因此，加快完善多层次的生态服务市场交易体系，是深化社会主义市场经济体制改革的题中应有之义。

（三）志愿性供给机制

志愿性供给机制是指由具有社会公益品德的志愿性事业组织和个人以志愿求公益为价值导向，向社会提供的环保公共服务行为。志愿性机制供给机制的动力，源于那些具有高尚品德、利他倾向明显的群体、组织和个人。志愿性供给主体，通常并非是生态公共服务供给直接利益相关者，如政府、企业和社区组织，而是完全出于公益的其他组织和个人。生态公共服务供给过程存在着不可市场交易且政府无力提供的公益性行为，可以由环保 NGO 组织来弥补政府和市场“双失灵”的空间。例如，受财力限制，政府难以承担的偏远农村地区环保知识的普及、农业生产废弃物的回收、大规模的植树造林、不文明行为的道德劝诫等公益活动，都可以成为志愿性供给机制发挥作用的空间。良好生态环境是最公平的公共产品，也是最普惠的民生福祉。每个公民作为生态公共服务的享有者，理应成为生态公共服务供给的参与者。

国内外的志愿性环保服务组织都可能通过募集环保公益资金、开展环保公益宣传、参与环保公益诉讼、影响公共决策等方式，提供生态公共服务。受《义务植树法》和我国生态环保政策的宣传引导，各地涌现热心于生态环境事业的民间

① 胡熠．我国流域区际生态利益协调机制创新的目标模式［J］．中国行政管理，2013（5）．

组织和志愿性个体。例如，在怒江水利开发公共决策辩论中，我国环境 NGO 发挥了重要作用；内蒙古阿拉善盟额济纳旗原书记苏和退休后和老伴在渺无人烟的沙漠中安家 10 余年，义务造林 200 多公顷，使昔日满眼黄沙的不毛之地，变成了如今一眼望不到头的梭梭林，成为阿拉善盟面积最大的人工梭梭林之一。[①] 云南省原保山地委书记杨善洲退休后回家乡带领群众历尽艰辛植树造林，建成了约 3733 公顷的大亮山林场，造出一片绿色家园。贵州省人大常委会副主任龙贤昭退休后回家乡创办“省州县联办岩寨示范林场”，绿化荒山，带领群众致富。志愿性供给生态服务可能存在于各个国家的不同经济发展阶段，但是由于志愿性供给机制具有公益性、自愿性等特点，通常会受到组织和个人的经济能力、公益品德等诸多方面的制约，志愿性供给运行存在着诸多风险和不确定性，在任何时期、任何国家中都不占主要地位，只能是辅助性的供给方式。积极发展组织化的志愿性供给机制是各国政府第三部门成长的重要方向。当前我国志愿性环境服务供给表现出环保组织规模小、志愿供给能力有限等特征，只能在局部领域扮演辅助角色。

（四）自治供给机制

自治供给机制是指具有同质性的小规模社群成员（社区）内部通过自主协商而制定一系列规则和应有的监督机制而提供生态服务的方式。它不仅突破了传统政府或市场供给的思维模式，而且丰富集体行动理论的内涵，即个体理性有可能带来集体的理性和共同行动。例如，阿尔卑斯山的草地、日本的公用山地、西班牙韦尔塔和菲律宾桑赫拉的灌溉系统都是长期存在的自主治理公共池塘资源的成功经验。我国福建省泰宁县的集体农民自觉保护珍稀植物红豆杉；周宁县城西五千米处的浦源村村民为饮用水安全，在村中流过的溪中养殖鲤鱼，世代相传保护水资源，形成著名的鲤鱼溪景区；西部有的少数民族将视森林为神灵，禁止砍伐树木，有效地保护当地的生态环境，这些都是我国流域生态公共服务自治型供给的案例。当然，自治型供给机制不仅仅局限于传统乡村的生态环境供给，而且可以扩展到流域区际政府的伙伴合作关系。例如，美国俄亥俄河流域水治理是由 8 个州际政府自主协议形成的，我国的《泛珠三角环境保护合作协议》，也是基于“9 +2”政府间自主治理的取得的成果。

当前，自治化供给理论在我国农村自然资源管理和环境服务供给中具有广泛的适用空间。我国农村土地、林地等自然资源所有权归集体所有，个体农民只有承包经营使用权，农村生态环境服务供给是典型的公私混合供给的公共产品。由

① 吴勇．把绿色种进大漠［M］. 人民日报，2014 -04 -30.

于外部性的存在，加之集体经济组织的涣散，环境公共服务供给不足，“公地悲剧”现象相当突出。我国农村地区点多面广的池塘、草地、树林、山地、灌溉基础设施等公共资源，既要发挥政府、社会和市场三者之间的互动，又要重视长期以来被忽视的宗族等自组织的作用，需要发挥社群组织在乡村资源管理和环境供给中的积极作用，充分利用传统风俗等非正式制度安排和良好的社会资本关系，培育自主治理机制，弥补生态环境保护中的市场失灵、政府失灵以及志愿失灵等。

（五）网络化供给机制

网络化供给机制是指流域区内多元主体基于信任、协商、合作共同提供生态公共服务的行为。网络化供给是旨在“通过多元、合作、协商、伙伴关系、确立认同和共同的目标等方式实施对公共事务的管理，其实质是建立在市场原则、公共利益和认同之上的合作”。[①] 流域自然生态系统具有极强的整体性和关联度，上下游、左右岸、干支流、陆地水上等各地区间相互影响，相互制约，流域生态服务作为区域内上下游政府、企业、公众等多元利益主体共享的公共产品，需要建立利益相关者之间“成本共担、利益共享”的共治机制。流域生态服务网络化供给结构，既包括不同层级政府纵向分工合作的网络关系，又包括流域区际之间、公私合作之间的网络关系，是垂直的纵向结构和横向的水平结构有机统一体。网络化供给能够为多元利益主体的合作提供清晰的框架，包括明确的角色定位和责任分工机制，合作过程的信任、沟通等协调机制，明确的资源整合机制以及最后的效果评价机制，从而保证多方实现优势互补而避免劣势叠加，在保证合作稳定性和长期性的基础上实现利益共享。当前我国正积极在传统的科层供给机制基础上，引入政府、企业和社会组织等多元主体共治的网络化供给机制。

不同于科层、市场、自治和志愿性供给机制的是，组织间网络是利益相关者形成的多边伙伴关系，彼此之间拥有相互信任、长远合作以及共同遵守的行为规范，基于建立在交易互惠基础上，能够实现比单纯的市场机制与科层机制更小的交易成本。组织间网络机制比市场交易机制更稳固，比科层供给机制更柔性[②]，比自治化供给机制具有更完善的组织制度，比志愿性供给机制具有更加共同的利益目标。尽管网络被视为市场和科层制的一种可供选择的替代性治理机制，具有其他两种机制不具有的优势，但网络很有可能因导致市场失灵和科层制失败的原

① 俞可平．治理与善治［M］．北京：社会科学文献出版社，2000：56.

② Park, Seung Ho, Managing an interorganizational network: A framework of the institutional mechanism for network control, Organization Studies, Berlin, 1996, Vol. 17.

因而失效，如网络因为参与者在追求私人利益动机的机会主义行为导致的交易灾难和协调过程中的官僚主义成本而失败，网络也面临着为集体目标协调行为中的管理复杂性而导致的高额官僚成本。[①] 而且网络机制的基础比较脆弱，网络的核心机制是基于长期合作和信任而形成的“社会资本”。不确定性因素以及机会主义倾向等的作用下，往往非常脆弱，如果没有具体有效的相关制度，不足以维持持久的合作。[②] 我国在闽江流域开展全流域综合性生态保护补偿机制，表现出政府主导型网络化供给的雏形（具体内容详见第八章）。

二、流域生态服务多元供给机制的并存与互动

（一）生态服务多样性决定多元供给机制并存

“没有哪种管理公共池塘资源的办法是永远有效的。不同的管理资源的方式适合不同的环境，例如，不同的文化或不同地理特征的自然资源”。[③] 科层制、市场化、志愿性和网络化等各种不同供给机制，并非都是放之四海而皆准的“灵丹妙药”，它们具有各自发挥作用的制度技术条件，以及相应的决策、执行和激励约束机制（见表2－1）。根据流域生态服务的性质，可以将它划分为私人产品、纯公共产品和准公共产品三类。通常具有竞争性、排他性特性的私人产品一般由市场来提供，如个体家庭种植农作物主要提供粮食作为，获得经济利益或者满足自身需要，同时农作物兼有多种生态服务功能，这类生态服务是物质性生态产品的附属功能，接近于私人产品的性质，具有明确资源产权边界，可直接进入经济系统，通过市场机制自主实现其经济价值与生态价值。非竞争性、非排他性的纯公共产品一般由科层供给，如区域性大气和水环境的治理。准公共产品的消费又可细分为拥挤和不拥挤两类情形，凡是不拥挤的生态服务，只能由科层提供；凡是拥挤的生态服务，由于消费者过度消费容易诱发负的外部性，在技术上有效实现排他性的条件下，应当由市场供给。然而，当今科学技术的迅猛发展，社会经济结构的深刻变化，使得现有的科层和市场机制难以适应这一复杂和快速的时代变革，网络化供给机制更能在公共服务运行方案中给公民更多的选择权，

---

① Park，Seung Ho，Managing an interorganizational network：A framework of the institutional mechanism for network control，Organization Studies，Berlin，1996，Vol（17）.

② 埃莉诺·奥斯特罗姆，等．公共资源的未来——超载市场失灵和政府管制［M］．郭冠清，译．北京：人民大学出版社，2015：10.

③ 斯蒂芬·戈德史密斯，威廉·D．埃格斯．网络化治理：公共部门的新形态［M］．北京：北京大学出版社，2008：56.

成为生态服务供给的重要方式。“在许多情况下，政府通过网络模式创造出的公共价值会比通过层级模式创造的公共价值还要多。”① 当然，组织间网络机制发挥作用的空间也不是无限的，当相关利益主体缺乏足够的信任机制和有效的沟通协调手段时，组织间网络机制同样存在失效的空间，可见，“无论是网络还是社会的供给机制，都不是调节经济的万能药方，如果不把其他的供给机制考虑在内，只靠其中一种，都不能解决问题”。②

（二）不同类型的供给机制具有其相应的适用空间

“我们断言，对所有的绩效标准来说，没有任何制度安排能表现得比其他制度安排都出色，所以，对问题的权衡永远是必要的，没有十全十美的制度存在。”③ 没有哪种管理公共池塘资源的办法是永远有效的。不同的管理资源的方式适合不同的环境，例如，不同的文化或不同特理特征的自然资源。④ 所以五种不同的供给机制并非放之四海而皆准的“灵丹妙药”，在不同的流域生态环境、经济社会发展阶段、经济市场化程度和民主制度发展不同程度的国情，不同的供给机制具有其适用的空间。例如，在市场制度不完善、民主政治发育滞后和国民文化素质较低的国家，科层型机制通常具有更广泛的适用空间。实践证明：一些经济过渡体和非洲部分落后地区，在保护个人财产权的基本规范并不存在的前提下，试图私有化自然资源的方法，带来猖獗的腐败，以致任人唯亲的统治精英抓住自身对资源的权利，并为他们自己、他们的政党和部落联盟谋求利益。在现代市场经济制度比较完善、公众民主参与意识强的国家，由于流域公共池塘资源特性，科层机制和市场机制发挥作用的空间也是相对有限，也会出现市场失灵或者政府失灵的现象。欧洲国家曾经实行由政府直接管制的公共渔业政策，尽管从地方到国家层次都设计规则限制过度捕鱼，仍导致渔业资源的枯竭。在许多发展中国家，流域森林资源和灌溉系统的国有化政策代替长期存在和错综复杂的用以处理资源稀缺和冲突的习惯规则，结果导致效率低下。可见，倡导自治型和志愿型供给机制，也可以发挥重要辅助作用，弥补科层和市场的“双失灵”区域。可

① 斯蒂芬·戈德史密斯，威廉·D. 埃格斯. 网络化治理：公共部门的新形态［M］. 北京：北京大学出版社，2008：19.

② J. 罗杰斯·霍林斯沃斯，罗伯特·博耶. 经济协调与社会生产体制［M］. 载其主编. 当代资本主义——制度的移植，许耀桐，等，译，重庆：重庆出版社，2001：154.

③ 埃莉诺·奥斯特罗姆，等. 制度激励与可持续发展［M］. 陈幽泓，等译. 上海：上海三联书店，2000：26.

④ 埃莉诺·奥斯特罗姆，等. 公共资源的未来——超载市场失灵和政府管制［M］. 郭冠清，译. 北京：人民大学出版社，2015：10.

见，不同供给机制在流域生态服务供给中均有发挥作用的空间，在实践中它们表现相互替代、相互融合和补充的并存状态。当今时代科学技术飞速发展，社会结构发生深刻变化，人们价值观趋于多元化，单一科层制或者市场机制根本不能满足这一复杂和快速变革的时代需求，政府、企业和第三部门等多元主体基于信任基础上的网络型供给机制更能在公共服务运行方案中给公民更多的选择权。“在许多情况下，政府通过网络模式创造出的公共价值会比通过层级模式创造的公共价值还要多。”[①] 当然，组织间网络机制有效空间不是无限的。正如存在市场失灵和政府失灵一样，组织间网络机制同样存在失效的空间，它并不能解决公共事务管理的所有问题，“无论是网络还是社会的供给机制，都不是调节经济的万能药方，如果不把其他的供给机制考虑在内，只靠其中一种，都不能解决问题”。[②]

（三）生态服务供给机制选择要兼顾诸多因素

科层制、市场化、志愿性、自主性和网络化五种供给机制作为资源配置的有效形式，存在着相互替代或者互补关系。根据交易经济学的观点，交易成本较低的供给方式具有较高的组织效率。通常影响交易成本高低主要有不确定性、交易频率和资产专用性三个因素。不确定性是由于交易者的有限理性和机会主义倾向所引起的；交易频率是指一定时期内的交易次数，分为偶然和经常两种情况；资产专用性程度则细分为非专用、中等专用和高度专用三种情况。在流域生态服务供给过程中，大范围实施封山育林、建设大型防洪设施以及设立大面积国家公园等公益性项目，存在着不确定性低、交易频率低和资产专用性强等特征，科层机制更能有效地降低交易费用；发展生态休闲旅游、开展流域水资源开发利用等经营性项目，则表现出不确定性高、交易频率高和资产专用性低等特征，市场机制具有更低的成本优势；当利益相关者合作意识强，社会资本积累较多时，网络机制更具有组织优势，能有效地降低组织成本。当然，生态服务供给方式选择不能仅仅简单化为交易成本最小化的经济因素，还要兼顾公共性、安全性的政治考量以及生态服务的性质，综合考虑诸多因素，包括所提供物品和服务质量是否易于监督、用户的偏好是否一致、是否符合公共利益。[③] 如果生态产品和服务的政治

---

① 斯蒂芬·戈德史密斯，威廉·D. 埃格斯. 网络化治理：公共部门的新形态［M］. 北京：北京大学出版社，2008：56.

② J. 罗杰斯·霍林斯沃斯，罗伯特·博耶. 经济协调与社会生产体制. 载其主编. 当代资本主义——制度的移植［M］. 许耀桐，等译，重庆：重庆出版社，2001：154.

③ “World Development Report，Building Institutions for Markets”. Available at http：//econ. World. Org. 2004.

学倾向公共利益，易于制定考核标准加以监督，那么，生态产品和服务市场供给成本将明显低于政府直接供给成本，公共服务外包等市场供给机制才是理想的选择。至于那些人迹罕至江河源头的原始森林，通常被称为无效林区，其生态服务功能主要是由自然力完成，而很少需要人力的投入，市场机制和政府政策对这一区域失效。

三、流域生态服务供给机制创新的路径

传统科层供给机制的“碎片化”并不必然导致流域生态环境治理的失序。奥兰·扬（Oran Young）等学者认为，治理体系中既存在失效的互动也存在有效的互动，使“碎片化”治理有效运转的关键是对其进行整合和引导。[①] “机制互动成为一种普遍现象，构成全球环境治理的一个重要的决定因素。”[②] 奥兰·扬及克里斯丁·罗森戴尔（Kristin Rosendal）等将传统的环境治理互动机制分类为结构式、纵横向以及协调和冲突等多个维度，并指出某项制度能够与其他制度发生嵌入（embedding）、镶嵌（nesting）、聚集（clustering）、重叠（overlapping）的关系，对某一制度的分析如果脱离其他制度，那么可能造成很大的分析漏洞。[③] 在我国流域生态服务供给创新实践中，科层、市场、志愿性、自治化等不同供给机制既有不同的适用空间，同时表现为多种供给机制之间不同类型的互动，各个行为主体在机制复合体中相互融入和彼此沟通所形成的网络化嵌构过程。嵌入式互动强调某种机制根植于其他机制中或者强调两种供给机制之间的依附共生关系。例如，在流域生态服务供给实践中，网络化供给机制既不等同于强调“自上而下”的权力等级式科层供给机制，也不等同于强调“平等互利”的市场供给机制，更不等同于“自下而上”基于利他趋向的志愿性供给机制，它侧重描述政府、企业和社会组织多元力量相互协作机制。然而，网络化供给机制又离不开科层、市场和志愿性供给机制。镶嵌式互动意味着在大范围的某一机制中包含着某个较小领域的机制。例如，在以政府主导型网络化供给机制为主体框架下，强调政府承担流域生态服务供给的主导责任，并厘清政府与市场的职能边界，完善生

---

① Oran R. Young, L. A. King and H. Schroeder, “Institutions and Environmental Change: Principal Findings, Applications, and Research Frontiers”, Students Quarterly Journal, Vol. 16, No. 4, 2010, pp. 1188 – 1189.

② Sebastian Oberthur & Thomas Gehring, Institutional Interaction in Global Environmental Synergy Conflict among and EU Policies, MA: MIT Press, 2006.

③ Oran Yung, lnstitutional Iinkages in Internatinal Society, Global Governance, Vol. 2, No. 1, 1992, PP. 1 – 2.

态服务交易的制度技术条件，加快推进排污权、取水权、碳汇等市场化交易机制。聚集式互动是指一系列机制的集合，例如在某一流域治理实践中，同时包括科层、市场和自主治理等多元供给机制。重叠式互动是指某种机制与其他机制之间存在重叠式的规则，例如，流域生态服务供给过程的政府购买机制，是市场机制和科层机制的有机结合，既要遵循市场运行的规则，又要符合政府财政管理的科层制度，在实践中形成了"准市场"或"准政府"的交易模式。由于流域生态服务供给过程涉及问题复杂性、利益多元化、行动多样性、集体行动困境等造成了许多不同的问题，单纯依靠于某一机制难以有效解决所有问题。

我国流域生态服务供给过程是发生在广阔的自然地理空间和多个行政区内，它具有区域性、公共性、不可分割性等特征。涉及的公共部门（各级政府）、私营企业（企业、农户）、第三部门（环保NGO）等多元主体之间存在着不同的利益目标导向，企业和农民要"票子"（收入增长）、地方政府要"面子"（政绩考核）、中央政府要"被子"（生态保护），多元主体之间既有共同的利益结合点，更有彼此的利益分歧和冲突。只有实现企业（农民）经济利益与国家生态利益的兼容，才能为流域生态建设与环境保护凝聚正能量，实现流域经济发展与生态环境保护的良性互动。因此，单纯依靠传统的科层供给机制，难以解决复杂、动态、多元的利益矛盾。生态产品和服务的复杂性使得其产权界定面临着高额的制度成本，模糊不清的生态环境产权关系使得市场机制的作用空间有限。零星分散的生态环保组织所发挥的志愿性环境服务供给机制，也只能在自身力所能及的有限范围内发挥补充性的作用。20世纪90年代以来，随着互联网技术广泛运用而日渐兴起的网络治理，象征着世界上改变公共管理部门形态的四种有影响的发展趋势正在合流。"它将第三方政府高水平的公私合作特性与协同政府充沛的网络管理能力结合起来，然后再利用技术将网络连接到一起，并在服务运行方案中给予公民更多的选择权。"① 网络治理遵循分权导向、社会导向、服务导向和市场导向四大理念，强调上下级政府之间、政府与企业、第三部门之间基于信任基础上的合作，为流域生态服务供给机制改革提出了更具实践操作性的方案。在传统的科层供给机制基础上引入网络化供给机制，并将科层、市场和志愿性机制的功能融合在组织间网络之中，形成以政府主导型网络化供给为核心、多元复合的生态服务供给体系，既能保证科层制、市场化和志愿性供给机制在各自区间发挥作用，又能强调多元主体之间通过协商、约定、沟通等途径，实现跨区域、跨部门联合提供流域生态服务，实现多种协调机制相互配合、优势互补。

① Provan Keith G. and Kenis Patrick, 2008, pp. 229 – 252.

当前我国流域生态服务供给是以政府供给机制（1 区）为主，市场供给机制（2 区）的作用空间不断扩大，自治化供给和志愿性供给（3 区）在有限的空间范围内发挥作用，政企合作（4 区）、政府—社会合作（5 区）、企业—社会合作（6 区）等伙伴机制蓬勃发展，公共—私营—社会网络供给机制（7 区）初现端倪。党的十九大报告指出，应加快生态文明体制改革，建设美丽中国，构建政府为主导、企业为主体、社会组织和公众共同参与的生态环境共治体系。这就为我国流域生态服务供给机制创新指明了方向，即要在充分发挥“有为政府”“有效市场”的基础上，鼓励志愿性供给，推动伙伴供给机制，逐步构建以政府主导型网络供给机制为主、“一主多元”的机制复合体。如表 2－2 所示，政府部门（1 区）要着眼于生态系统整体性和流域系统性要求，推动生态环境体制机制改革。在新一轮的政府机构改革中，我国按照做实“一个贯通”和“五个打通”①，组建生态环境部，推进纵向政府、横向政府之间的网络合作关系。企业部门（2 区）要着眼于完善生态服务市场交易的制度技术体系，建立产权明晰、公平规范的生态产品和服务交易机制。社会组织（3 区）要着眼于加强生态文化教育，形成全社会共同的生态价值观，培养环境 NGO；完善流域环境监管制度，建立公众参与环境决策的有效渠道，完善信息公开制度，落实公众生态环境监督的主体地位。在此基础上，积极推进政府、企业和社会组织的机制互动、融合（如图 2－1 所示），开展多种形式的伙伴治理机制（4 区、5 区、6 区），逐步建立政府引领、企业施治、市场驱动、公众参与的体制机制，形成政府—企业—社会包容性合作伙伴关系（7 区），推进流域生态环境治理体系和治理能力现代化。

表 2－2　　流域生态服务供给机制复合体

区间	区间性质	机制类型	改革导向	典型案例
1 区	政府部门：主要包括中央政府、流域上下游地方政府	科层供给机制	适应生态系统整体性和流域系统性要求，调整政府职能部门	推广河长制；组建生态环境部；开展环保督察等

① “一个贯通”就是，污染防治与生态保护的协调联动贯通，做到治污减排与生态增容两手并重、同向发力，统筹推动实现生态环境质量总体改善的目标。“五个打通”就是：一是打通了地上和地下，主要表现为整合国土资源部的监督防止地下水污染职责；二是打通了岸上和水里，主要表现为整合水利部的编制水功能区划、排污口设置管理、流域水环境保护职责；三是打通了陆地和海洋，主要表现为整合国家海洋局的海洋环境保护职责；四是打通了城市和农村，主要表现为整合农业部的监督指导农业面源污染治理职责；五是打通了一氧化碳和二氧化碳，统一了大气污染防治和气候变化应对，主要表现为整合发展改革委的应对气候变化和减排职责。资料详见《中国环境报》2018 年 9 月 12 日。

续表

区间	区间性质	机制类型	改革导向	典型案例
2 区	企业部门：主要包括生态服务供求的微观经济主体	市场供给机制	明晰流域生态服务产权关系，完善市场交易机制和中介服务体系	我国各省实行的排污权交易、碳汇交易、取水权交易等市场
3 区	社会组织：主要包括志愿性环保组织、公益性基金	志愿性供给机制	加强生态文化教育，增强公众参与机制	鼓励成立环境 NGO，开展环境公益信托等
4 区	政企合作伙伴关系（PPP）	伙伴供给机制	引导社会资本参与流域生态环境治理	流域农业面源污染第三方治理、开展 PPP 模式
5 区	政府—社会合作伙伴关系	伙伴供给机制	政府通过政策引导，鼓励社区环境自治	推动农村垃圾收费治理；开展公益环境宣传
6 区	企业—社会合作伙伴关系	伙伴供给机制	鼓励企业承担社会责任，通过捐赠等方式支持第三部门	阿里爸爸集团成立以环境保护为主的公益基金，支持环保公益类组织发展
7 区	政府—企业—社会包容性合作伙伴关系	网络化供给机制	构建流域分层供给机制、政企合作机制、伙伴合作机制，促进流域综合治理和可持续发展	政府、企业和公众三者共治的各种表现形式，包括 4 区、5 区、6 区等具体形式

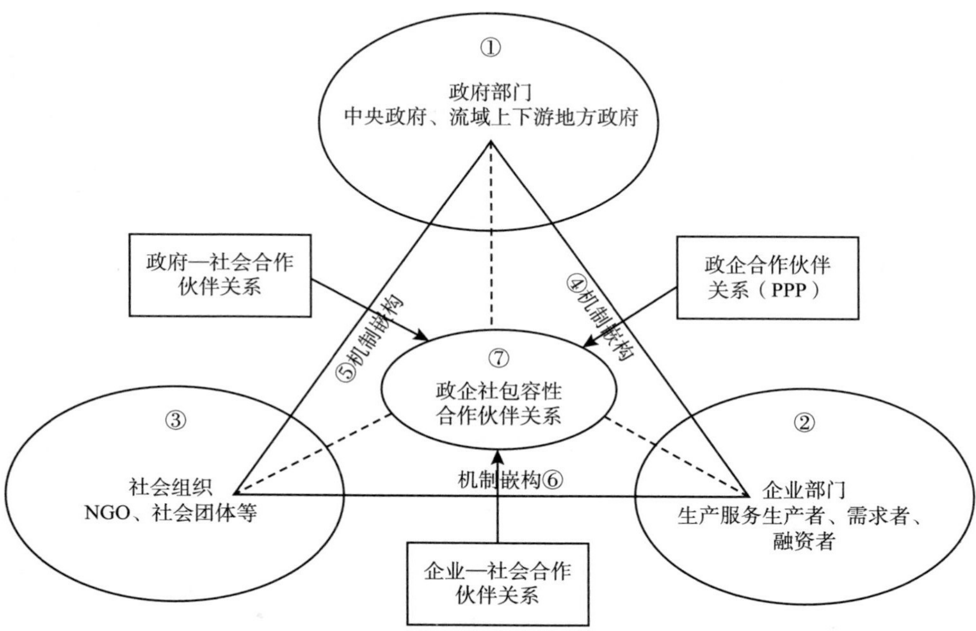

图 2－1　流域生态服务供给机制嵌构示意图

流域生态服务供给机制创新的现实依据

流域生态服务供给包含人与自然、人与人两个维度，前者表现为流域自然系统给人类带来的恩赐，后者表现为流域区政府为社会承担的基本公共服务范畴。流域自然生态系统兼有经济综合开发和生态系统服务两类不同性质的功能。长期以来，我国在自然资源管理上侧重于自然资源开发和资源资本化经营，相对忽视其生态服务功能的维护。在计划经济体制下长期形成的“产品高价、资源低价和环境无价”的价格体系下，各种经济主体通过对无偿或者低价占有自然资源而获得超额利润，同时导致自然资源无序过度开发，生态环境长期超载负荷循环，甚至引发了诸多区域性、复合性且难以修复逆转的环境污染，影响着人类经济社会的永续发展。随着我国社会主义市场经济体制的不断完善和改革开放的深入发展，生态环境资源商品化经营、资本化运作的趋势日益明显，提供包括生态环境服务在内的基本公共服务已成为政府的重要职能。政府侧重于生态环境管理的职能也要转变为以提供生态环境服务为中心的公共服务职能，流域生态服务供给也将由政府科层制为主逐步向网络化为主的供给机制。

第一节　我国流域生态服务供给机制的历史演进

在计划经济体制下，我国政府主要采取行政手段配置各类资源。中央政府在七大流域建立了统一的流域管理机构，依托大型国有企业和农村集体经济组织，开展水利工程建设，开发水电资源和水土保持服务，流域生态服务供给机制呈现出管理体系“碎片化”、供给方式行政化、供给决策集中化和成本分摊隐蔽性等特点。经济体制改革以后，政府在强化环境规制的同时，逐步引入生态服务供给市场化机制，培育环保服务市场交易主体，创设市场交易制度，探索多层次的市场交易方式。当前我国流域生态服务供给呈现出“半市场化”特征，存在着生态资源产权模糊不清、技术支撑条件缺失、价格机制不健全、配套政策不完善等问题。

一、计划体制下流域生态服务供给机制

（一）流域生态管理体系的“碎片化”

在传统计划经济体制下，我国确立了流域科层治理体制和以命令控制为特征的流域生态管理体系，形成了流域水资源统一管理与分级、分部门管理相结合的制度。流域水资源管理是以水利部门为主体进行分级管理；流域水污染防治体制从无到有、从弱到强，现已形成了以国家、省、市、县、乡五级环境保护管理机构为主体，以各有关行业和部门的环境管理机构为辅的环境管理组织体系。① 这种以行政等级制为基础的环境管理体系与水利部门、流域机构等相结合，形成了复杂的以流域水资源保护和水污染防治为中心的科层治理结构。由于流域水资源和水环境保护，又离不开森林保护、水土保持等相关部门的支持。除水利和环保主管部门外，流域治理还涉及建设、农业、国土、交通、林业、发改委、财政、经贸委等诸多部门。同时，全国人大及其地方各级政府可以从法律法规制定和执法检查方面影响流域水环境管理。因此，在传统体制下，我国流域水管理体制的主要问题是水资源管理与水污染控制的分离；国家与地方部门的条块分割；以及行政区划将一个完整的流域人为分开，导致部门之间权责利交叉多，形成了“九龙治水”的“碎片化”管理体系。

（二）生态服务供给方式的行政化

在传统计划经济体制下，政府依托人民公社等集体组织，引导群众投工投劳方式，借助行政行为调动民间力量参与建设，兴建了大量的流域水利工程和生态防护林工程，以改善流域生态环境。这一时期公共服务供给最显著特征是大量使用劳动力，劳动对资本的替代达到了无与伦比的程度。主要表现为由政府动员并

---

① 水环境保护、水污染防治和水环境管理三者是有区别的，水环境管理是水环境保护的一个组成部分，主要是一种管理体制的安排，而且主要体现在政府对水环境保护和水污染防治的管理。在论文中，上述三者不作严格区分，将水污染防治体制基本等同于水环境管理体制。

组织劳动力承担灌溉、防洪、水土改良等劳动密集型公共工程。这种政府动员、群众参与的行政化供给方式一直延续到20世纪90年代初，其实质是由农村集体组织和农民分摊了生态建设的成本，政府无偿调拨劳动力则大大节约生态服务供给中的财政支出成本。以“八五”期间为例，根据“三北”地区各地综合经济指标，按物价不变指数折算，国家“三北”专项资金全部用于造林补助，平均造林投入仅为75元/公顷，不足造林苗木成本的1/10，群众投资投工投劳折合工程第一阶段总投资中的2/3。① 随着我国社会主义市场经济体制的确立，基于追求比较收益的动机，大量农村剩余劳动力转移到城市，政府行政动员的政策效应逐步削弱。流域生态工程建设越来越多通过委托国家或集体性质的公共组织来承担建设任务，这些组织往往为了维护单位或个人的利益，存在虚增工程成本或者忽视工程质量的现象，造成了生态服务供给的低效率。

（三）流域生态服务供给成本分摊的隐蔽性

在计划经济体制下，国家充分发挥社会主义制度的优势性，集中力量办大事，实施统一的农业税收制度和农产品统购统销制度，对国内城乡之间实行“一平二调”的统筹分配政策。由于存在着工农产品的价格“剪刀差”，城乡之间的物质交换隐含着非平等交易。1952～1990年，我国工业化建设从农业部门中净调动了近万亿元的剩余，占同期国民收入全部积累额的22.4%，平均每年高达近250亿元。若按每个农业劳动力平均计算，人民公社时期每位劳力年均向国家提供的剩余多达80余元。② 可见，广大人民群众尤其是农村集体农民，为我国工业化原始积累承担着大量的物质成本。在农村人民公社内部，公共服务供给是以集体共同劳动为形式实现供给成本的分摊，劳动过程又是以评工记分方式计算劳动报酬。由于人力成本在技术的不可分性，工分制难以准确反映每个劳动者所提供劳动的数量和质量，监督者很难让偷懒者的机会主义行为而受到惩罚。因此，人力成本分摊机制隐含“搭便车”行为，在大规模的农田水利建设的大会战中，一些社员往往会利用集体劳动中的监督不足而偷懒，藐视公平的集体劳动却造成生产过程供给的低效率。

中华人民共和国成立以来，我国始终把治水兴水放在极其重要的战略地位，以水利建设为中心，确保水安全为导向，加强流域水资源开发和防洪建设，建设一

---

① 中国社会科学院环境与发展研究中心．中国环境与发展评论（第一卷）［M］．北京：社会科学文献出版社，2001.

② 李溦．农业剩余与工业化资本积累［M］．昆明：云南人民出版社，1993：348.

批大型水利、水保工程和市政公用设施等，普通提高了大江大河的防洪能力，初步解决了大部分江河常遇的水害，并实现了由防洪到以防洪为中心进行水资源综合开发的历史性转变。据统计，自1949年以来，修建了5万多座水电站，其中大中型水电站230多座，已经建成的百万千瓦以上的电站就有18座。建立各种拦河坝8万多座，成为世界上筑坝最多的国家。2015年全国水电总装机容量达3.2亿千瓦，年发电量达到万亿瓦时，占全球水电装机容量的四分之一，稳居世界第一位。

二、流域生态服务供给机制渐进市场化取向

随着我国经济体制由计划经济体制向市场经济体制的转变，科层机制调节范围不断缩小，市场机制的作用空间不断扩大，逐步由林林总总的商品市场拓展延伸到土地、劳动力、技术等要素市场，自然资源开发利用、生态建设和环境保护等领域也不断运用市场手段进行经济利益的调节，总体上逐步沿着渐进市场化方向演进。流域生态公共服务供给方式也由单纯的科层供给机制向政府主导、市场调节两种机制并存的方向演进。

（一）培育生态服务供给的市场主体

企业是市场经济体制最基本的经济单位，也是培育生态环保服务供给市场化机制的基础和中心环节。在农村生态建设领域，随着家庭联产承包制和集体林权制度改革的推行，个体家庭成为农业、林业生产经营的微观经济主体，相应地成为农村地区生态建设的参与主体，个体农民种植经济作物，发展林产业，在获得经济收入的同时也改善农村生态环境。在环境污染治理领域，20世纪八九十年代，企业污染治理主要实行“谁污染、谁治理”的政策，市场化程度较低。第三次全国环境保护会议（1989）提出“环境保护目标责任制”“城市环境综合整治定量考核”“污染物排放许可证制”“污染集中控制”“污染限期治理制度”五项制度。随着我国经济的快速发展，环境污染治理日益成为新兴产业，得到政府的大力鼓励和支持。“十五”和“十一五”时期是以政府投资为主驱动的“1.0时代”，政策扶植和财政资金投入是该时期环保行业发展最核心的驱动力量。政府出台了诸多相关鼓励政策，包括国家计委（2001）发布的《关于促进和引导民间投资的若干意见》明确鼓励和引导民间资本以独资、合作、联营、特许经营等方式参与污水回收、垃圾处理等工作。国家发展和改革委员会（2006）出台政策对钢铁、水泥等行业的投资和贷款加以控制，利用市场手段促使企业改变产品结构。“十二五”时期，我国环保产业处于以市场化为主要特征的“2.0时代”，政府通

过改变环保项目融资模式、排污费改环境税和建设环境监测体系等手段，不断推进市场化改革。[①] 党的十八届三中全会强调“建立系统完整的生态文明制度体系”，提出完善资源有偿使用制度和生态补偿制度，坚持使用资源付费和谁污染环境、谁破坏生态谁付费原则，出台了鼓励环保领域 PPP、开展特许经营等诸多政策，引入社会资本参与生态环保项目已成为公私合作的重要领域。

（二）探索生态服务供给的市场交易方式

按照市场结构的差异，流域生态服务市场化主要有政府购买服务市场、政府规制的市场和私人间交易市场；从市场化程度看，私人间交易的市场化程度最高，政府规制市场处于中间状态，政府购买服务市场属于准市场（准政府）模式，是市场化最低。当前政府购买生态服务市场是当前我国生态服务市场化供给的主体部分。政府通过运用合同外包、特许经营、经济补助等政策工具，并根据生态服务项目的具体性质加以运用，推进生态公共服务的有效供给。水利、环保等流域基础设施和公用事业都是可以采取特许经营方式提供。合同外包是由政府以合同方式将原本由自身承担的生态公共服务职能委托给社会机构，并按照合同付费的公私合作关系。“所谓特许经营，是指政府采用竞争方式依法授权中华人民共和国境内外的法人或者其他组织，通过协议明确权利义务和风险分担，约定其在一定期限和范围内投资建设运营基础设施和公用事业并获得收益，提供公共产品或者公共服务。”[②] 在特许经营模式下，基础设施和公共服务的消费者，是付费的基本主体，在适当的情况下，也可能包含政府的补贴。合同外包则是政府将原来由自身承担业务如环境监测、环境宣传等，委托给第三方完成，政府按照合同承担付费责任。由于生态服务具有公共产品和私人产品的混合性质，政府通过向生态服务生产提供补贴，包括资金补贴、优惠贷款、无偿赠款、减免税等，旨在减少生态服务供给过程的私人成本，提高私人供给生态服务的积极性。

（三）优化生态服务市场化供给的制度环境

建立公平的市场准入制度、规范的中介服务制度和有效的市场监管制度，是推进生态服务供给市场化的基本制度保障。我国在流域生态服务科层供给机制中嵌入市场化供给机制，主要依靠政策来推进。（1）市场准入制度更趋公平。随着我国改革开放的持续推进，城市供排水处理、大型水利建设等引入外资参与竞争

---

① 2017 年中国环保产业现状分析．中国产业信息网．

② 中华人民共和国建设部．基础设施和公用事业特许经营管理办法．

的比例越来越多，多种所有制经济成分平等竞争的市场格局基本形成。尤其是近年来，我国以自由贸易试验区为突破口，逐步推广对外资企业实行国民待遇、负面清单、事中事后监管等政策，国际化的营商环境日益改善。(2) 中介服务体系不断完善。近年来，我国已形成了区域性森林碳汇、排污权、取水权等生态产品产权交易体系，与之相配套的中介服务机构不断完善。市场中介组织为开展生态服务价值评估、提供交易咨询服务和产权变更等发挥重要的桥梁和纽带作用。(3) 市场监督日渐成熟。有效的监督制度是顺利推进市场公平竞争的关键性因素。随着社会主义市场经济体制的不断完善，尤其是反腐败工作的持续推进，审计制度、舆论监督、责任追究等民主监督机制得到明显加强。尤其是不断完善体现生态文明导向的政府绩效和领导干部创新管理的考核制度，实行领导干部自然资产离任审计制度、生态环境损害责任终身追究制等，有效强化生态产品的生产和供给过程。党的十八届四中全会审议通过了《中共中央关于全面推进依法治国若干重大问题的决定》进一步明确“用严格的法律制度保护生活环境”。“健全以公平为核心原则的产权保护制度，加强对各种所有制经济组织和自然人财产权的保护，清理有违公平的法律法规条款。”这些政策都有利于优化生态服务市场化供给的制度环境。

三、流域生态服务供给机制“半市场化”特征

当前我国正处于体制转轨时期，流域生态服务供给领域表现了科层机制与市场机制并存、互动、融合的“半市场化”特征，影响着生态服务供给的效率。主要表现在：

（一）流域生态服务市场交易的产权制度模糊不清

可交易的产权制度是经济活动的基石，“清楚的权利界定是市场交易的先决条件。”① 流域供水、排水、水土保持等各种生态服务市场化供给是以流域区内土地、森林、草地等生态资源产权制度明晰为前提和基础的。按照生态资源产权市场化交易的制度要求，改革生态资源产权制度，必须创设如下制度条件：(1) 生态资源产权具有明确而严格的界定，生态资源的一切权利具有明确的行为主体、责任主体和利益主体。明确界定环境资源产权，不仅包括自物权即所有权

① Ronald Coase. The Federal Communications Commission [J]. Journal of Law and Economics, 1959 (10): 39.

的界定，而且包括他物权，如使用权、地役权、抵押权等权利的界定。(2) 生态资源产权具备排他性。排他性是指产权主体独立自主地以特定方式使用稀缺资源的权利。这种权利的行使，既可以是产权拥有者决定谁来使用稀缺资源，又可以通过资源的实际使用而体现。(3) 生态资源产权含有可让渡性。即产权拥有者可将产权再安排给其他人的权利。以农用地为例，农地产权不仅表现为完整农地产权的交易或转让，同时意味着构成农地产权的各项权利，诸如空间权、地下权、地役权等，以及设定在农地上的它项权利都能单独地进行交易和转让。(4) 生态资源产权初始界定的条件下，建立规范化的合约，用于产权的分解、组合、转让、交换。合约的实施，受法律约束。(5) 生态资源产权的界定和实施具有充分的法律保障。只有清晰界定了流域内自然资源的产权归属，尤其是明确界定农村集体组织、个体农民作为生态资源产权主体的法律地位，并有完善的制度来保证产权的行使和相关利益的实现，才能激发私人提供某种生态产品或生态服务的动力，实现生态服务的市场化供给，使生态环境得到保护和持续利用。

当前我国生态服务市场化供给的产权制度模糊不清。生态资源所有权界定不清。尽管我国《宪法》以及《物权法》第4、46、48条明确规定，“矿藏、水流、海域属于国家所有。”“森林、山岭、草原、荒地、滩涂等自然资源，属于国家所有，但法律规定属于集体所有的除外。”“国家、集体、私人的物权和其他权利人的物权受法律保护，任何单位和个人不得侵犯。”所有国土空间、各类生态资源所有者不够明晰，没有厘清国家所有国家直接行使所有权、国家所有地方政府行使所有权、集体所有集体行使所有权、集体所有个人行使承包权等各种权利的边界。[①] 生态资源所有权主体代表不到位、所有权权益得不到落实，使得生态服务供求双方无法明确界定，各种生态产品产权主体的权利、义务与责任无法协调统一，难以形成有效的激励机制，大大降低市场主体主动提供生态服务的积极性，不利于市场上资金的投入和交易成本的降低。自然资源资产国家所有者的权利与自然资源行政管理者的权力没有得到合理明确的区分，都是由同一部门执行两种不同的角色，导致注重自然资源的物质形态管理，而忽视自然资源资产的保值增值。目前我国实行的流域源头生态补偿、森林生态效益补助、退耕还林工程等，大多数都是行政化而非市场化、强制性而自愿性的，而不是真正意义的生态服务购买。因而，政府行政权干预集体农民的农（林）地经营权现象屡见不鲜。地方政府通过商品林森林限伐的政策保护生态服务供给，实质是侵犯集体农民林

① 杨伟明．建立系统完整的生态文明制度体系［EB/OL］. http：//cpc. people. com. cn/n/2013/1123/c64102 -23633666. html，2013 -11 -23.

地经营权和林木收益权。

（二）流域生态服务市场交易的技术支撑薄弱

流域生态服务具有典型的区域性公共产品特征，其服务功能存在于广阔的时空中，清洁水源、清新空气具有极强流动性的特征，使得消费者不必付出任何代价就能自由享受生态治理带来的利益，造成生态服务供给的社会收益远大于私人成本。因此，有效解决流域生态服务所有者的独立体与消费者的不确定性的矛盾，是实现流域生态服务供给市场化，尤其是私人间市场交易的核心问题。流域区际的排污权、取水权交易，流域森林生态服务补偿，流域水土保持生态补偿等各种市场化供给都具有大量的环境价值评估和监测数量。近年来，国内外生态学、地理学等诸多领域的学者，如欧阳志云（2004）、张彪、王斌（2009）等开展流域陆域和水域生态系统服务价值的评估工作，但是上述流域生态服务价值评估只是广义意义上的价值评估，停留在学术理论层面，难以成为指导市场交易的依据。流域生态服务的形成既具有自然界的恩赐，又有人类劳动的凝结。只有全面反映生态环境市场价值变化的绿色 GDP 的核算体系，才能成为流域生态服务市场供给的技术支撑。因此，要加快培养自然资源资产核算领域的专业人才，建立统一规范、可操作性强的生态系统服务价值评估标准和计量方法，是生态服务供给市场化过程中亟待解决的重要问题。

（三）流域生态服务市场发育水平较低

当前我国流域生态服务市场发育表现出不平衡、不充分的特点。从内容上看，供给市场化主要运用在防洪水利工程、城市供水、污水处理等领域，采取服务外包、特许经营等准市场形式以及流域行政区际之间的排污权、取水权交易等，生态服务私人间交易只是零星地发生；而大多数的流域生态产品和服务没有纳入市场交易范围，价值实现难以完成“商品到货币的惊险跳跃”。从空间布局看，流域生态服务市场化供给的空间不均衡。在区域经济比较发达、市场环境相对规范的沿海地区和大中城市，流域生态服务供给市场化较高。城市的供水、排水和污染处理等诸多市政公用服务事业，市场准入存在“玻璃门”现象。近年来国家大力推动生态环境领域的政府和社会资本合作（PPP），其中“社会资本”最初只是界定为“除国有企业以外的其他所有制企业”，但是在实践中，政府职能部门为防范风险，设立较高的市场准入“门槛”，多数民间资本难以符合条件，最终造成许多 PPP 项目变成由国有企业承担，既没有达到引入民间资本参与生态环境治理的预期目标，反而增加了国有企业的资产负债率，加大金融风险。目前我国大江大河流域治理工程、城市污水处理工程大多还是以国家财政直接投入或国有企业经营为主，近年来福建省开展水利 PPP 项目的社会资本方均是地方国有企业。森林碳汇市场供大于求、交易规模小。2017 年福建全省碳汇存量已达到 400 多万吨，同时尚有许多碳汇项目等待“排队等签发”入市，而省内碳市场每年对碳汇需求量在 100 万吨左右。因此，既要培养区域性市场和国内市场，扩大二氧化碳控排行业范围，增加控排企业数量，培育碳汇市场的需求主体；同时要积极拓展国际碳汇交易市场，扩大我国在国际碳汇交易市场的份额。

（四）流域生态服务价格形成机制仍由政府主导

生态环境服务属于政府承担的基本的公共服务范畴，既要充分发挥价格、供求、竞争等市场规律的调节作用，建立体现生态产品价值的生态环境服务价格体系，又要强化政府的微观规制、宏观调控等重要职能。无论是在流域生态补偿中形成的政府买方垄断市场，还是市政公用事业特许经营形成的污水处理市场，以及由政府作为第三方规制市场（碳汇、排污权交易市场等），生态服务交易价格的形成，只能由市场机制和政府机制共同的结果。生态产品不同于完全竞争市场结构上一般商品，市场机制在生态环境资源配置中难以发挥决定性的作用。生态服务价格形成机制存在着“两难困境”。如果单纯由市场机制来调节价格，生态服务消费的非排他性和非竞争性，容易诱发“搭便车”行为而导致市场失灵，生态环境服务生产难以获得合理的市场回报而供给不足，生态环境可能遭受进一步破坏；如果单纯由政府来确定生态服务交易价格，则出现政府“越位”行为，由政府根据自身财政实力确定的流域生态补偿标准，明显低于生态产品的生产成本。水、电等资源价格标准涉及老百姓民生福利，环境税征收标准涉及企业生产经营成本，这些自然资源价格目前大多数仍实行政府管控，按照“保本微利”模式由国有企业经营，导致市场竞争不充分，技术进步动力不强。在重点区位商品赎买、森林生态效益补偿实践中，政府向农民购买生态服务，也是属于典型的买方垄断市场，补偿标准是属政府根据财政实力来定价的。这种半市场化特征是由于渐进式改革模式所决定的，存在诸多制度技术因素。因此，如何完善生态服务价格的形成机制，是我国流域生态服务供给市场化的重要内容。

第二节　我国流域生态服务供给过程的机制失灵

流域生态服务具有典型的公共池塘资源特征。所谓“公共池塘资源，是指那些难以排他、但可为个人分别享用的资源，例如水资源、渔业资源、森林资源等。"[①] 它作为一个公共产品，具有产权不确定性、公开获取性、供给关联性和非排他性等特点。[②] 这些生态资源的开发利用存在着空间布局的广泛性、开发主体的复杂性和时空范围的不确定性等特征，流域生态资源的所有者难以需要建立有效的管理规则、实施严格的监督，排除他人的使用和占用。当前我国流域水资源过度使用、水污染和水土流失加剧、森林过伐砍伐等生态安全危机的形成，除了与气候、地质条件等不利的自然因素以及人类的不当开发有关外，还有深层度的制度缺陷造成的科层和市场机制"双失灵"现象。

一、流域生态服务科层供给机制失灵

科层供给机制失灵，是指政府依靠行政组织资源在提供流域生态服务过程中表现出的低效率甚至无效率现象。无论是传统计划体制下，还是改革开放以来的体制转轨时期，我国流域生态服务供给过程中，都存在着科层机制供给失灵的现象。

（一）政府知识和能力不足

流域生态建设的投资规模大、周期长和见效慢，而流域水环境破坏又具有很强的隐蔽性、滞后性和分散性等特征。由于存在科学知识不足、有限理性和政府官员偏好等多种因素的制约，政府部门对生态建设的经济规律和自然规律的认识和把握也只能达到"相对真理"。在中央与地方各级政府、各部门之间信息传递过程中可能存在的信息漏损、失真、时滞等现象，都会增加信息汇集、辨认、和处理的难度，甚至引起政策制定的扭曲和偏差，使政策效果偏离政策的目标。各级政府作为有限理性的"经济人"，难以有效地对流域生态服务供给过程涉及的多学科知识进行深入细致的把握。例如，为了改变我国东北、西北和华北地区生态环境恶化的趋势，政府在实施"三北"防护林工程建设中，偏重人工林建设，忽视原始林管护；林木过度采伐、草地过度农垦和过牧，导致原有的植被在营造人工防护林的同时遭到空前的破坏。在半干旱地区、干旱地区过量种植杨树等植物，植被蒸腾作用反导致水分流失加剧，地下水大幅度下降；林分结构不合理，存活率不高，实际有效造林面积远远低于统计数据等。政府采取行政垄断方式直

① 奥斯特罗姆．公共事物的治理之道［M］．上海：上海三联书店，2000：6.

② 曼瑟尔·奥尔森．集体行动的逻辑［M］．陈郁，等译，上海：上海三联书店，1995：10.

接供给生态服务，大多不计成本，即使计算成本，也很难做到准确，加之相关职能部门争取财政资金的内在冲动，往往面临着管护成本高等诸多问题。同时，由于生态服务供给包括规划、种植、管护等复杂的服务过程，他们可以利用所处的垄断地位隐瞒其活动的真实成本信息，所以无法评价其运行效率，也难以对他们进行充分的监督和制约。

（二）政府政策目标自相矛盾

我国政府在流域生态服务供给过程中扮演着多种角色，包括国有自然资源的管理者、生态公共服务的供给者、区域经济发展的推动者和社会秩序的管理者等多个复杂角色，因而政府对流域资源开发和利用包括政治稳定、经济增长和生态保护等多元化的目标评价。正是由于这些执政目标的多元性，进而也蕴含着多元目标之间的矛盾和冲突。长期以来，中央政府对地方政府的业绩考核偏重于区域 GDP 的增长，相对忽视区域生态建设和环境保护的成效。行政区的 GDP 较快增长，既能增加地方财政收入，改善当地就业和民生福利；又能为地方政府主要官员升迁增加政治资本，博取上级领导的关注和重视。正是因为地方政府自身存在着多元化的角色、目标和利益的冲突，许多地方政府非但没有用心治理生态环境，甚至利用手中的公权力肆意侵犯集体农民的资源产权，破坏流域生态环境。各级政府既是环境执法的裁判员，又是环境违法的运动员。尽管政府出台了大量生态建设和环境保护的政策法规，但是当环境政策法规与生态资源开发利用相矛盾时，地方政府通常以牺牲生态环境代价来换取短期经济利益，导致局部区域环境质量非但没有改善，在某些方面反而有所下降，对于整个社会危害日益严重且长久。当生态环境事故发生后，政府侧重于对涉事企业和居民的环境责任追究，对自身规划不科学、执法不到位等问题追究则较少。这一窘况只是在近年来中央加大环保督察力度的背景下才有所改善。

（三）政府官员的腐败行为

当前我国流域生态服务供给过程的科层和市场供给机制的功能边界相对模糊。供水、排水、水土保持等同一种生态服务，既可以由政府直接供给，也可以外包给企业，又可以让企业自己解决问题。按照斯蒂格利茨的说法，政府对公共服务供给的垄断是“真正的自然垄断”，政府直接供给生态服务过程中的官僚主义、寻租、腐败问题屡见不鲜。在流域生态服务通过公私合作方式引入竞争机制的过程，政府官员“公仆人”和“自私人”的双重人性假设，推动政府官员与企业家之间“勾肩搭背”式交往，增加了自身权力寻租和主动设租的概率，容易导致腐败问题产生。例如，在生态工程建设、生态环境治理等服务外包过程中，政府官员利用手中的权力，有可能与参与竞标的企业达成私人协议，帮助某些资质较差的企业获得特许经营权，导致生态环境服务质量达不到预期要求。在环境执法领域，为了财税收入，地方政府执法不严现象依然普遍存在，有的甚至充当纳税大户超标排污的“保护伞”，导致原本由企业承担的环境成本转嫁给全社会来共同承担，造成生态环境恶化加剧，严重危害老百姓健康。

二、流域生态服务市场供给失灵

所谓市场失灵，是指通过市场供求、价格、竞争等机制难以有效实现资源优化配置。市场失灵可分为条件性市场失灵和源生性市场失灵两种，前者是指现实的市场条件不符合纯粹的市场经济所必需的条件假定；后者是指即使具备市场机制发挥作用的制度技术条件，但市场调节功能达到不到以预期的政策目标。当前我国流域生态服务供给中的市场失灵，既包括由于生态公共服务的外部性、消费的非排他性和非竞争性以及信息不完全和不确定性所形成的条件性市场失灵，又包括由于市场化改革不彻底、市场制度不完善引发的市场机制在若干环节和相当程度上失灵。

（一）难以实现生态服务外部效益内部化

庇古在其《福利经济学》中指出：“经济外部性的存在，是因为当 A 对 B 提供劳务时，往往使其他人获得利益或受到损害，可是 A 并未从受益那里取得报酬，也不必向受损者支付任何补偿。”可见，外部性是指经济主体在生产经营活动中给其他主体带来额外的好处，或造成的负面影响，而当事人并不能为此获益或承担责任。外部性分为正外部性、负外部性两种类型。流域生态服务具有经济效益和生态效益的双重性功能。经济主体对自然生态资源的开发利用行为，在获得经济利益的同时，可能产生水土流失、水污染等对社会产生的负的生态效益。相反，经济主体对流域生态环境保护行为，如上游地区进行植树造林、封山育林，对整个流域区内产生正的生态效益，但在经济上可能产生负的效益。因此，流域生态环境的公共池塘资源特征，加之产权模糊不清，决定了依靠自发的市场机制，不能实现帕累托改进，流域水污染的受害主体难以获得经济赔偿，流域生态保护的贡献主体也难以获得经济补偿。实现流域生态公共服务供给过程中的外部效益内在化，必须引入政府的干预，建立经济、行政、法律等相对完善的制度。

（二）难以消除生态服务消费“搭便车”现象

流域区内的森林、土地、矿产资源等各种自然资源作为经济发展所不可缺少的要素资源，是可进行产权分割和分配的、可以通过招标、拍卖等竞争性手段进行定价和交易，从而实现自然资源的合理开发利用。但是，流域区内这些自然资源所附属生态服务功能作为人类生存发展所不可或缺的环境资源时，又是不可分割、难以通过市场交易的。由于生态服务消费的非排他性和非竞争性，以反映供求变化为基础的价格机制难以发挥作用，消费者可以免费获得生态环境服务，私人提供生态服务难以获得合理的利润回报，导致市场机制调节的失效，即造成市场失灵。在追求经济利益最大化的动机驱使下，如果没有政府激励和约束相融的管制性措施，各种经济主体只会考虑流域自然资源开发所带来物质性产品收益，往往倾向于过度使用公共资源，而无暇顾及提供生态服务功能。当所有的经济主体都采取同样的策略，即都只追求流域生态资源的经济服务功能而忽视生态服务功能的保护，其结果是形成了一个次优的均衡（纳什均衡），导致了社会整体福利的损失。例如，一个流域的水资源总量、水环境容量和自净能力是相对稳定的，在保证足够的流域生态用水的前提下，流域所提供的水资源消费和水环境服务的边际成本为零。即每增加一个单位的水环境资源的供给，并不需要相应增加一个单位的成本，水资源的过度消耗、废弃物的过量排污达到一定限度，超过流域生态用水额度和水环境自净能力即拥挤点时，边际拥挤成本大于零，就会引起流域水生态环境的破坏。可见，“公共地悲剧”是公共资源消费的非排他性和消耗性所引发的必然结果。正如亚里士多德所说的：“凡是属于最多数人的公共事物常常是最少受人照顾的事物，人们关怀着自己的所有，而忽视公共的事物；对于公共的一切，他至多只留心到其中对他个人多少有些相关的事物。”①

（三）流域生态产品的价格扭曲造成资源错配

长期以来，出于控制通货膨胀等因素考虑，我国实行资源和环境低价政策，土地、饮用水、电力、油气等关系国计民生的重要生产生活资料实行政府管制价格，价格未能真实反映供求关系和资源稀缺程度，价格调节的激励和约束功能不足，进而造成资源过度消费和浪费现象。以水资源价格为例，国务院文件明确规定城市水价包括水资源费、水利工程供水价格、城市供水价格和污水处理费四部分构成。然而，在现实中由于不少城市污水收费标准明显偏低，

① 亚里士多德著．政治学［M］．吴寿彭，译．上海：商务印书馆，1983：48.

有的甚至没有建立污水收费制度，导致城市供水行业出现全行业亏损的状况，城市水价只有国际水价的三分之一。2015 年，我国水资源费仅为 0.1 ~ 0.5 元/吨，基本低于取水成本的 0.4 ~ 1.6 元/吨；工业污水处理成本仅为 0.8 ~ 1.3 元/吨，远远低于真实处理成本（5 ~ 10 元/吨）；[①] 从目前水价看，我国居民用水价格只相当于美国和巴西水价的一半，相当于香港和日本水价的十分之一，总体价格偏低。这种财政补贴和环境红利补贴企业的行为，使得生态环境价格严重偏离其实际价值，大量的资源被错配使用，既降低了生态资源的配置效率，又造成生态环境的恶化。

三、流域生态服务供给机制“双失灵”的破解之道

当前，我国流域生态服务供给机制是在科层机制基础上引入市场机制而形成的“双轨”制，流域生态服务供给过程科层和市场机制的“双失灵”现象，既有公共产品特品所决定的，也有体制转轨特殊阶段造成的。我国流域生态服务供给体制的“碎片化”特征，不仅表现为上下游各行政区之间权责利边界模糊，而且还表现为行政区内部水资源管理与水污染防治分离等缺陷，进而诱发江河流域被乱占乱建、乱排乱倒、乱采砂、乱截流等问题，严重影响河流健康生命。各级政府采取“命令 + 控制式”政策，如关停并转、排污收费、排污许可证制、总量控制等，对工业点源污染进行有效治理，近年来江河流域内城市和工业点源污染得到有效控制，但科层治理机制对点多面广的农业面源污染存在失灵的现象。由于流域生态环境的整体性保护不足，“碎片化”特征明显，长江、黄河等生态系统退化趋势得到仍未扼制。污染物的排放量大，风险隐患多，尤其是缺乏从源头控制农业面源污染的限定性生产技术标准，缺少针对农业面源污染综合防治的环境经济政策；原则性规定多，配套性细则规定少，可操作性不强，责任追究机制不完善。农业面源污染有所加强，呈现污染范围广、污染源种类多和污染危害大等特点，成为我国流域水污染的最主要来源。饮用水安全保障的压力大，缺水城市达 300 多座，受影响人口在 1 亿以上；2014 年，全国水库水源地水质有 11% 不达标，湖泊水源地水约 70% 不达标，地下水水源地水质约 60% 不达标，农村有 1 亿多人饮水不安全。重点区域的发展和保护的矛盾十分突出，在部分地区和流域，水污染已经呈现出从支流向干流延伸、从城市向农村蔓延、从地表向地下

---

① 葛察忠，杜艳春，吴嗣骏．加快环境成本内部化，推动供给侧结构性改革［J］．环境保护，2016（18）．

渗透、从陆地向海洋发展的趋势。实践证明：科层和市场“双失灵”现象难以有效抑制我国流域水污染加剧的趋势，推进流域生态服务供给机制改革势在必行。要按照社会主义市场经济体制的客观要求，厘清政府、企业和社会组织在流域生态服务供给中的角色定位，进一步规范和完善科层供给、市场供给、自主供给等机制，明确各种供给机制的适合条件，促进多种供给在流域生态服务供给的合理分工、有效互补和融合。

（一）理顺流域生态环境管理体制

流域管理体制涉及中央到地方各级政府的纵向管理体制和流域上中下游的横向管理体制，它是一个的制度体系。河长制改革侧重于从纵向管理体制改革的深化，流域横向生态补偿侧重于从横向管理体制改革的深化。要按照生态系统整体性的要求，实行生态环境保护大部门制。落实党政主体责任，全面加强党对生态环境保护工作的领导。明晰各级政府流域管理的职能分工，各部门遵循“法无授权不可为、法定职责必须为”的原则，明晰涉及流域生态管理相关职能部门的责任清单、权力清单和任务清单。减少行政审批项目，简化审批程序，推动事前审批向事中、事后监管转变，建立权责明确、公平公正、透明高效、法制保障的市场监管格局，地方政府在强化流域管理过程中提升区域生态服务水平。健全环境保护督察机制，强化考核问责。强化政府权责的统一，有权就有责，有责就要担当。要改变过去在生态建设中财政投入效果软化、领导责任软化的缺陷，强化职能部门和行政区领导的责任清单及其失职追究机制。

（二）建立流域生态环境保护经济政策体系

近年来，我国主要运用强执法、大督查方式，即基于命令—控制手段来控制流域水污染，这些措施具有“出手重、见效快”的特点，但问题也比较突出，治标不治本，经济成本高、社会代价大。出台的环保政策，强制性、约束性的“大棒”政策多；经济性、激励性的“胡萝卜”政策少。要研究基于市场机制，用较低的经济成本来控制污染，特别是运用价格、税收、投入、金融四大环境经济激励机制，推动流域生态环境建设。（1）完善生态环境价格政策。政府要根据环境服务成本和合理盈利为标准，制定相应的价格，实行使用者付费，实现环境成本内化。以城市污水处理费为例，2005 年，国家出台相关政策要求城市生活污水处理费不低于 0.8 元/吨，当时没有考虑到氨氮的去除费用，更没有涵盖污泥安全处置费用。因此，要加快完善污水处理收费政策，各地要按规定将污水处理收费标准尽快调整到位，原则上应补偿到污水处理和污泥处置设施正常运营并合理盈利。污泥的处置成本为0.2～0.3元/吨，据此污水处理费用应在1.0～1.1元/吨。考虑到有些地方出水标准提高，其处理成本应在2.0元/吨左右。（2）推进环境税制改革。在增值税方面，2015年7月1日起，为配合增值税改革，此前享受免征或即征即退的污水、垃圾处理、资源综合利用等企业也开始缴纳增值税，导致全行来平均利润率下降，加之环保行业增值税进项税额抵扣较少，且政策执行非常复杂，政策中虽然规定了即征即退，但事实上却加重了企业税负负担，怎么合理补偿，需要进一步研究。2018年1月1日正式实施的新环保法规定"依照法律规定征收环境保护税的，不再征收排污费"，即由原来的排污费改为排费税，旨在引导污染者和生态破坏者承担必要的环境损害修复成本。2018年6月16日《中共中央国务院关于全面加强生态环境保护　坚决打好污染防治攻坚战的意见》指出"研究对从事污染防治的第三方企业比照高新技术企业实行所得税优惠政策"。据此，如果将原先25%的税率下调至15%，有利于激励第三方治理龙头企业的发展。从长远看，还应将消费税、资源税等现有税制进行绿色化改良，包括把污染产品税纳入消费税征收范围，调整资源税税率以体现生态破坏成本等。[①]（3）规范生态环境投入政策。国际衡量一个生态环境服务水平主要有五个指标：环境保护投资占GDP的比重、森林面积占国土面积的比例（森林覆盖率）、固体废物综合利用率、废水排放达标率、城市垃圾无害化处理率。据世界银行测算，当一个国家（地区）环境污染治理投入占GDP比例为1%～1.5%时，基本能控制环境污染恶化趋势；当占比达到2%～3%时，环境质量可以有所改善。[②] 据统计，2012～2016年我国环境污染治理投入占GDP比重呈现逐年下降态势，年均值为1.412%；节级环保财政支出占财政支出比重大体维持在2.5左右%[③]。在财政、企业和社会投入三大块中，虽然财政投入占比小但带动作用显著，具有"四两拨千斤"的功效。因此，努力确保财政对环保投入逐年提高，且每年新增幅度应高于财政增长幅度；财政投入环保的重点应从用于设施建设到用于补贴运营，撬动更多社会资本投入。根据日本等国家的经验，环保设施建设投入占项目主体设施投入的比例应在5%～7%，特别是对于重化工等"三高"行业，这应该是个底线。要根据我国"三同时"、环评、排污许可等制度，要求企业新建和改扩建项目，同步建设治污设施，且确保企业的环保投入足额到位。在大环保概念下生态环境改善的投入主要靠社会资本参与，培育和壮大环保产业。

① 葛察忠，龙凤，等．基于绿色发展理念的《环境保护税法》解析［J］．环境保护，2017（2－3）．

② 宋文献，罗剑朝．我国生态环境保护和治理的财政政策选择［J］．生态经济，2004（9）：36－37．

③ 中国统计年鉴2017，中华人民共和国统计局网站。

(4) 完善生态环境融资政策。着力解决环保企业融资难融资贵，确保环保企业融资血脉畅通。相比其他行业，生态环保企业普遍缺少土地、厂房等大量固定资产，难以向商业银行抵押贷款，建议推动金融机构扩大环保企业抵押质押品范围，从有形资产扩展到更多无形资产，包括收费权、企业间收费合同，以及环保知识产权应可作为质押品。进一步增加环保企业绿色债券优惠政策力度，当前“浅绿”企业发债较多，得着实惠，而深绿的环保企业只有零星案例，且规模较小，甚至出现发债失败。虽然政策明确鼓励环保企业上市，但多年来缺乏操作性措施。建议参照扶贫政策，对污染严重的地区，给予上市公司硬性指标。引导各级政府设立环保基金，作为杠杆撬动社会资本，为企业融资进行担保和贴息，而不是投入具体的项目。

（三）积极探索多样化的流域生态服务市场交易方式

按照流域生态服务市场化交易的制度技术要求，建立可交易的生态要素产权制度，培养流域生态服务市场化交易的主客体，积极培育市场中介服务组织，探索多元的生态产品价值实现方式。加快探索研究森林、草原、湿地、水流、滩涂、荒地等各类生态要素产权主体的界定办法，明晰国家所有和集体所有之间、不同集体所有者以及国家所有、不同层级政府行使所有权的边界。厘清生态要素产权主体占有、使用、收益、处分等责权利关系，明确生态要素国家所有权的管理权能，完善以不动产统一登记为基础的生态要素确权登记平台，稳步推进生态要素的确权、登记和颁证工作。只有在明晰生态要素产权关系的基础上，进一步有效开展森林碳汇服务、水文服务、生物多样性服务、景观服务等生态产品交易活动。按照实施主体和运作机制的差异，积极探索流域生态服务交易方式。(1) 公共支付补偿。它是指各级政府向特定主体开展购买生态公共服务，具有准政府或准市场的性质。目前我国公益林管护面积达 1.2 亿公顷，其中超过三分之一面积属于集体和个人所有的林地。政府实施的生态公益林补助政策具有定向性、行政化和强制性特征的制度安排，森林生态产品价值实现程度偏低。从长远看，由政府全面主导逐渐向政府主导的市场化生态补偿机制是大势所趋。按照公平性、自愿性和科学性的原则，实行长期租赁、合同管理，是农民比较接受的公私合作方式，也是国际上的通行做法。要推广使用示范文本，加强合同档案管理，明确规定林业经营者的相关责任，促进森林资源可持续经营。近年来，中央政府实行的第三批退耕还林还草、各地试行的重点区位商品林赎买等生态保护项目已经按照市场化方式运作，补偿标准已接近农民种植作物或林木经营的机会成本。例如，2017 年我国退耕还林中央补助标准为 2.4 万元/公顷，[①] 退耕还林项目每公顷平均补贴额已经高于美国的土地休耕保护项目（CRP）。[②]（2）生态产权市场交易。流域生态服务具有涵养水源、固碳释氧、维护生物多样性、景观游憩等多功能性，这就为创设多层次的生态产权交易体系提供了可能。将碳排放权、排污权、取水权、用能权四大生态产权分配纳入法律调整的范围，以替代当前由环保部门“颁证确权”的方式，并赋予生态产权主体可自由交易的市场性权利。鉴于流域生态服务的区域性、公共性、外溢性等特征，需要加快建立不同层次生态服务区际成本共担、效益共享的利益补偿，通过创设区域“虚拟”市场或者依靠财政转移支付，实现流域生态服务供给成本的区际分摊机制，建立区域之间、企业之间生态产权公平分配与交易机制，提高生态产品价值的市场化实现程度。（3）贸易计划与保护银行。尽管《京都议定书》规定“发达国家购买碳减排额，推动全球减排”的政策面临着暂时的困难，但是国际间碳汇交易机制仍然是国际社会共同推动的事业。积极加强生态环保领域的国际合作，有利于拓展生态产品价值实现的市场空间。通过由许可证、配额或其他产权形式构成的交易市场，可以为我国生态环境保护提供境外资金来源。目前我国已有 1500 多个项目在国际清洁发展机制（CDM）、减少毁林排放机制（REDD）等平台注册，碳汇交易规模不断扩大。贵州省还依托大数据平台探索单株碳汇精准扶贫试点，将贫困户种植的树，编上身份证号码，科学测算碳汇量，纳入全省单株碳汇精准扶贫平台，面向全球致力于低碳发展的个人、企事业和社会团队进行销售，并将社会各界对贫困户的碳汇购买资金，全额返给贫困户，推动绿色发展与精准扶贫有机结合。同时，应当借鉴国际经验，创设保护银行、栖息地银行和物种银行等新模式，探索新的生态产权交易机制。（4）捆绑物质性产品销售。完善“互联网+”生态产业模式，发掘区域特色文化，积极发展农业新业态和旅游新经济融合发展。开展生态产业化经营辅导和技术援助，加强生态产品科学规划设计，健全生态产品和服务的技术支持体系，推进传统产业的改造升级，加强特色农产品“三品一标”认证工作，提升物质性产品的品质和附加值，充分释放区域生态环境价值。

流域生态服务供给机制“双失灵”，需要推进我国流域生态服务供给机制创新，这一过程是在信息不完全、不充分的情况下设计尽可能有效的制度，旨在着

① 全国绿化委员会办公室．2017 年中国国土绿化公报［EB/OL］．中国林业网。

② UCHIDA E，XU J，XU Z，et al. Are the poor beneting form China's land conservation program?［J］. Environment and Development Economics，2007，12（4）：593－620.

力解决降低交易成本、建立激励约束相融机制两大问题。流域生态服务供给无论哪种供给方式，都包含着信息搜寻、传播和扩散等交易成本。外部化（市场）、内部化（科层组织）及其两种的嵌合，是可以替代的组织形式，哪种组织的交易成本越低，其公共服务供给的效率越高。无论哪种机制，都要使得各个参与者在追求个人利益的同时能够达到设计者所设定的社会整体目标。具体包括三个条件。首先，目标在技术可行性范围内；其次，它符合个体的有限理性；最后，个体自利行为有利于制度目标的实现。因此，机制创新的目标导向是实现个人利益和社会利益一致性的激励约束机制。

第三节　我国流域生态服务供给机制创新的目标模式

改革开放以来，我国在科层供给机制基础上，不断探索和完善流域生态服务供给市场化机制。尤其是党的十八大以来，密集出台了一系列生态文明体制改革的重大举措。从政府纵向关系看，全面推行河长制，实行生态环保大部门制，不定期开展环保督察等；从政府横向关系看，鼓励流域区际合作，探索市场化、多元化的流域生态补偿机制；从公私合作看，推行流域水环境第三方治理，鼓励公众参与，出台费改税、调整资源价格、发行绿色债券等方式。这些改革措施总体上体现了我国流域生态服务供给机制创新，是以“机制复合体”的目标导向，在规范科层机制、提升市场功能和鼓励志愿性行为的基础上，引入多样化的伙伴合作机制，最终构建政府、企业、公众多元参与的网络化供给机制。根据普劳凡和凯尼斯（Praovan & Kenis，2008）的分类，网络治理结构可细分为共享型、领导型和行政型三种结构形态。[①] 共享型治理结构由于缺乏权威的核心主体，难以协调复杂的流域生态利益关系；行政型治理结构也只是囿于政府部门间的网络结构；而政府领导型网络结构既能够发挥政府作为核心成员和关键行动者的作用，又能引导企业、社会组织与政府之间建立多样化的公私合作关系，网络关系具有高集中度和低紧密度特征，最具稳定性，是最适合我国流域自然生态系统的特性和现实国情的网络治理结构。在流域生态服务供给过程中，政府主导型网络结构，具体包括流域横向纵向政府间网络、政府部门间网络和公私合作网络三个紧密相连的子系统。

① 颜良恭．新制度论、政策网络与民主管理［M］//徐湘林．民主、政治秩序与社会变革．北京：中信出版社，2003：78.

一、我国流域生态服务网络化供给机制的基本框架

流域生态服务政府领导型网络结构，不只是依靠政府的权威而是合作网络的权威，依赖于多元主体以具体的目标任务为导向形成的灵活、复杂的网络关系，依赖于政府、企业、社会组织等多元主体基于信任基础上的合作，其运行的基本框架是流域生态服务的分层级供给、流域区际伙伴供给和行政区政企社伙伴供给的有机统一。信任、规范和网络关系等社会资本的累积，是构建流域生态服务协调网络型机制的社会基础，因此，推进我国流域生态服务供给机制由科层型为主导向网络型为主导转变，需要将中央与地方政府之间由从科层制的垂直治理结构向扁平化的网络治理结构转变，由命令—控制为主的强制性约束向激励约束相融的政策体系转变，由单中心的决策秩序向多中心的决策秩序转变；需要将流域利益相关者的非合作零和博弈格局转变为竞争合作并存的伙伴治理关系，在行政区内部将政府单边的科层治理机制转变为政府、企业和社会组织多元主体参与的伙伴治理机制。网络中任意一个组织的不良绩效或任意两个组织之间的关系破裂，都可能危害到网络的整体绩效。

（一）流域生态服务分层级供给

按照流域面积涉及国（区际）范围的大小，通常流域可以划分为国际河流、全国性河流、跨省际河流、跨市不跨省河流、跨县不跨市河流、县域内小河流等。欧洲的多瑙河、非洲的尼日尔河和尼罗河、亚洲的澜沧江—湄公河、雅鲁藏布江—布拉马普特拉河等都是世界上国际性河流。一个跨国际大流域在各国又可以按照水系等级分成数个跨省（州）际流域，跨省（州）际流域又可以分成更小的流域。因此，跨越多个国界的国际性大江大河，不仅存在着上下游、左右岸国家之间在河流航行、水资源开发与利用、跨境水污染控制以及生物多样性维护等多领域的国际矛盾和冲突，而且在上下游不同国家内部也表现出多种不同层级行政区生态利益之间矛盾和冲突。例如，长江干流自西而东，流经青、藏、滇、川、渝、鄂、湘、赣、皖、苏、沪 11 个省（市、自治区），其中自江源至湖北宜昌称上游，宜昌至江西湖口称中游，江西湖口以下为下游。长江上游位于相对落后的中西部省份，却承担着生态建设和环境保护的重任，长江中下游地区各个省市则是我国相对发达的沿海地区，具有对水资源经济利用的地理优势，却承担相对较轻的生态保护职责。流域生态服务分层级供给，是指要按照流域不同等级，分别由不同层级政府承担流域水资源开发、水安全防控、水环境治理和水土保护

等统一管理职能，实现流域等级与行政区等级相匹配。流域生态服务分层级供给的关注的中心问题是治理层级的划分，这种层级之间不是基于行政等级而形成的纵向科层关系，而是基于信任和合作而形成的网络关系。中央政府是国有自然资源资产的所有者代表，也是国家公共事务的管理者，由于存在信息不对称和自身能力的不足，只将流域管理的部分权利和职能分包给各个行政区，采取以流域为单元、各行政区分包治理的形式，在此基础完善流域政府间网络结构。虽然地方政府具有自主决策对辖区内流域水资源综合开发的权利，但是它必须遵照中央政府环境经济政策框架和流域的统一规划，即要在维持流域生态要素完整性的前提下，按照流域水环境功能区划，合理布局上下游行政区际之间水资源综合开发项目，才能更好地发挥水资源的综合效益。① 目前我国所有河流实行河长制，就是既要强调“河长”负责统筹全流域水资源、水环境、水生态统一规划和管理，又强化流域干支流属地管理原则，明确了各级地方党政领导的流域治理包干制。对于跨省际大江大河虽然只设立省级以下“河段长”，并没有设立全流域的河长，黄河、长江等江河干流被切割为多段管理，但是，中央政府牵头承担起了大江大河生态环境保护的统一规划、省际统筹协调机制等工作，明确流域纵向政府间分工。因此，要在河长制的框架下，统筹考虑流域生态系统服务功能重要程度、生态系统服务效应外溢性、是否跨省级行政区和管理效率等因素，明确不同等级流域分别由中央政府、省级政府、市级政府等不同层级承担流域生态服务供给的主体责任，包括统一制定流域生态环境保护规划、开展生态管护资金筹集、实施流域环境监测监察统一执法、确保流域区际交界断面水质达标等。充分发挥全国七大流域管理机构在河长制实施中的“指导、协调、监督、监测”四大功能，加快在重要区域性流域探索开展按流域设置环境监管和行政执法机构试点，强化流域的统一管理。

（二）流域生态服务区际合作供给

流域政府间网络关系，不仅要明确不同规模流域的多中心治理主体，而且要在流域区内建立稳定的流域政府间横向合作关系。按照“成本共担、效益共享、共同但有差别”的原则，建立流域生态服务供给成本的区际分摊及其协商机制。区域经济学鼻祖埃德加·胡佛指出，生产要素的不完全流动性、不完全可分性以及产品与服务的不完全流动性，这是区域经济空间分异发展的现实基础。生产要素包含自然资源和社会经济资源，自然资源的位置确定之后，或者不能被移动，如土地、森林、矿山、草原等；或者很难移动，如水资源等。社会经济资源，如

① 胡熠．我国流域区际生态利益协调机制创新的目标模式［J］．中国行政管理，2013（5）．

资金、技术和人口等，虽然能移动，但是有成本的。例如，我国长江流域横跨东中西三大自然阶梯和经济地带，存在自然资源分布重心偏西、经济要素分布偏东的“双重错位”现象。[①] 因此，将各种生产要素有机结合起来，必须考虑到空间上聚集效益和规模经济效益。根据要素资源禀赋的差异，布局适宜的生态、生产和生活空间，形成产业集聚区和城市人口集聚区，这是区域经济空间分异发展的客观趋势。通常，大江大河上游地区大多是重要的生态功能区和生态环境敏感脆弱地区，属于禁止开发或限制开发区域，生态空间占比（生态受保护地区面积占行政区域面积比例）比较高，生产空间占比比较小。大江大河中下游地区大中城镇集聚区大多是被列为重点开发或优化开发区域，区域城镇化和生产发展空间占比较大，土地对区域经济增长发展提供良好的支撑。流域上游地区独特的自然地理和生态环境孕育了丰富的气候资源、生物资源、矿产资源和水资源，在气候调节、水源涵养、水土保持、生物多样性保护和生态隔离净化等方面具有重要功能、发挥着关键作用。因此，从国家生态安全的战略高度看，严格按照国土主体功能用途管制规则，加强对上游地区自然资产进行保护，不能随便改变用途，但这也同时意味着不仅需要巨大的资金投入，而且包含着土地开发权、经济发展权损失。上游地区生态保护和建设所带来的生态产品，包括有形的生态产品和无形的生态服务。有形的生态产品如优质的水资源、绿色健康的农产品、风光无限的旅游胜地，这些都可以能够带来直接的经济收益，通过货币收益的形式直接表现出来。无形的生态服务虽然有极大的生态价值，但通常由于外部性和消费的非排他性的存在，难以通过产品价格等市场机制在受益地区之间进行合理的分配。由于流域水资源流向具有单向性和不可逆性，流域生态资源开发利用所引发的正负外部性也具有单向性和不可逆性，“上游花钱保护、下游免费受益”，“上游超标排污、下游难免遭殃”，就生动地反映了流域上下游的不对称地位。流域区际政府间的博弈分析表明，如果没有一个机制约束，双方就会陷入非合作的博弈，最终难以达到帕累托最优，因而需要建立流域区际生态服务的激励约束机制。[②] 当然，建立流域横向生态补偿机制，不仅是生态建设和环境保护的经济问题，而且涉及城乡区域公平的政治问题和民生福祉的社会问题。

（三）流域生态服务政企社合作供给

构建流域生态服务政府领导型网络供给结构，有赖于流域各行政区内部建立

① 张文合．流域经济区划的理论与方法［J］．天府新论，1991（6）．

② 韩凌芬，黎元生，等．基于博弈论视角的闽江流域生态补偿机制分析［J］．中国水利，2009（11）．

多样化的政企社伙伴关系，将政府职能从原来的“划桨”改为“掌舵”，打破传统政府单边治理机制，“构建政府为主导、企业为主体、社会组织和公众共同参与的环境治理体系”①，通过多元合作优势提升生态服务供给效率。笔者将流域生态公共服务供给划分为生态工程建设、生态产品生产和生态环境治理三个方面：（1）流域水利设施建设中的政企社合作。“公私合作伙伴关系不仅只是伙伴关系的一种‘模式’，而应该是确保以有目的方式全面考虑并评估所有风险的过程。”② 流域水利设施建设具有投资规模大、资产专用性强等特点，水利设施服务具有公共性、外部性、规模经济等特征，水利设施建设和运营过程的不确定性所隐含巨大的风险，需要开展投融资创新。在风险不能识别和控制的情况下，政府的承诺或担保是社会资本参与水利设施建设的唯一风险控制办法。如果风险能够被有效识别和分解，就可以由公私部门建立伙伴关系，实行利益共享和风险共担机制。在 PPP 中，风险分担特征的显著标志就表现在公共部门会为了让对方尽可能小地承担风险而自己尽量承担大的风险，双方都会尽可能地考虑双方风险的最有应对和最佳分担，将整体风险最小化。③ 因此，推进政企合作制的制度创新，属于帕累托最优改进的渐进式制度创新，它集中体现在投融资方式创新上。政企合作具有伙伴关系、利益共享和风险共担三大特征。伙伴关系是所有 PPP 项目成功实施的前提和基础。利益共享和风险共担是 PPP 项目持续发展的保障。（2）流域生态产品生产的政企社合作。流域区的森林、草原、湿地等生态产品，既是自然资源，又是环境要素，它们属于国家所有或者集体农民所有，是典型公有性质的自然财富和经济财富。长期以来，我们比较注重生态产品的自然资源属性，强调自然资源开发利用以满足人民群众的物质生活的需求；随着人民生活水平的提高，我们要更加重视生态产品的环境要素属性，保护生态环境，更快更好地满足人民群众日益增长对优质生态环境的需求。政府要采取经济补助、政府购买、服务外包等公私合作形式，有效提供生态公共服务，同时要依法保障生态产品所有权在经济上的实现，避免以往过度重视自然资源开发导致追求经济增长与环境发展之间的矛盾。当前各地政府正积极拓展生态产品和服务领域的政企合作关系，在城市供水、污水处理、公园绿地建设、公益林管护等诸多领域外包委托给符合资助要求的企业营运，运用市场机制，提高优质生态产品的供给效率，当然，生

---

① 习近平．决胜全面建成小康社会　夺取新时代中国特色社会主义伟大胜利［N］．人民日报 2017－10－28.

② 达霖·格里姆塞，莫文·K. 刘易斯，济邦咨询公司，译．公私合作伙伴关系：基础设施供给和项目融资的全球革命［M］．中国人民大学出版社，2008：7.

③ 贾康，孙洁．公私伙伴关系 PPP 的概念、起源、特征与功能［J］．财政研究，2009（10）.

态产品生产领域的政企合作比较松散，它主要表现生态服务供给中责权利的分配和激励约束机制问题，通常不涉及水利设施建设中的项目融资风险分担等问题。从这一意义说，“公私合作制的本质在于公共部门不是购买一项资产，而是按规定的条款和条件购买一整套服务。”[①]（3）流域生态环境治理的政企社合作。生态环境治理具有极强的专业性，无论是排污企业和政府都难以承担日益复杂多样的环境治理困境，积极发展流域生态环境第三方治理，通过环境服务外包，引导流域生态环境治理走向市场化、专业化和社会化，这是我国生态环境治理领域公私合作制度的创新形式。“当政府面对日益复杂的公共问题，而处理问题的技术又变得越来越精密复杂的时候，政府利用第三方提供公共服务的模式也会变得越来越复杂。”[②]“作为一种独特的合作治理类型，第三方治理以两个或多个实体之间的正式契约关系为基础。”[③]它推动了生态环境治理从强制型权威走向诱导型权威、从指令性管理走向契约式合作。第三方治理的核心是解决委托方（政府或排污企业）与受托方（专业化企业）之间契约履行、监督及激励、惩罚成本问题，并利用有效的治理制度安排促进政府与第三方进行合作治理，创造公共价值。

推进流域生态服务政企社合作机制，需要采取诸多有效举措。（1）明晰政府生态公共服务供给的权力清单、责任清单和购买清单。当前我国仍处于体制转轨时期，科层机制仍发挥主导作用，容易出现过度行政化趋向。例如，为保护生态环境，地方政府对重要生态区位商品林实行限伐政策，但由于对农民经济损失补偿不到位，诱发林农上访等问题，其实质是行政权对农民林木产权的侵犯；同时为了推动农村垃圾治理，不少基层政府又承担本应由农民分担的农村垃圾处理费用。因此，要进一步明确地方政府及其职能部门在生态环境治理中的责权利，按照“法定职能必须为、法无禁止即可为”的原则，厘清政府与市场的边界，纠正在生态环保领域中政府行为“缺位”“错位”“越位”等现象。（2）探索多样化的政企社合作机制。在科层供给（国有化）和市场供给（民营化）之间，存在着混合所有制、合同外包、特许经营、经济补贴等多样化的政企社合作的关系，不同的政企伙伴关系模式具有各自特点和适用条件。要根据流域生态服务的不同性质，采取单一项目或者区域整体性“捆绑”的政企合作模式。针对不同的

---

① 达霖·格里姆塞，莫文·K. 刘易斯，济邦咨询公司，译. 公私合作伙伴关系：基础设施供给和项目融资的全球革命，中国人民大学出版社，2008：5.

② 斯蒂芬. 戈德史密斯，威廉·D. 埃格斯. 网络化治理：公共部门的新形态［M］. 孙迎春，译. 北京：北京大学出版社，2008：18.

③ John M. Bryson，Barbara C. Crosby and Melissa Middleton Stone，“Designing and Implementing Cross - Sector Collaborations：Needed and Challenging”，Public Administration Review，vol. 75. no. ss5，2015.

政企合作模式，采取多样化的投融资方式。支持金融机构为参与流域防洪排涝、水土治理等准公益性项目建设的社会资本提供优惠信贷，提高社会资本参与流域生态工程建设的积极性。（3）建立利益共享、风险共担机制。“政策网络是公、私行动者之间水平的自我协调的理想制度架构，换言之，公、私行动者形成网络来交换彼此互整的资源，以实现共同的利益。”① 要加快环境公共政策制定、实施过程中的公众参与机制，健全公私合作的法律规范。政府部门既要督促社会资本按照规定标准进行公共物品生产，也要确保自身依据社会资本服务供给质量按时足额支付相应费用，谨防地方政府在运用公私合作机制实现其职能时偏离公益服务之根本，借此来逃避政府的责任。

二、流域生态服务网络化供给机制的绩效评价

流域生态服务网络化供给机制，是政府、企业和社会组织等多元主体基于自愿和信任基础上，协同提供生态公共服务的过程。其供给绩效主要从公正、效率、效果和适应性 4 个维度开展评价。正如姚志勇教授所指出：“治理机制无论理论上多么严谨，如果对于减少污染损失无效，对于控制污染目标显现出低效率，触犯社会公正的一般标准，或对于经济技术和环境条件的变化不适应，那么它就不成功。”② 上述四个维度的绩效评价标准，为我国流域生态公共服务供给机制改革及其政策选择指明了方向，即立足国情，探索适应本土流域生态服务供给机制，在坚持公平原则基础上实现效率和效果的最大化，努力提升流域生态文明建设水平。

（一）社会公正性评价

所谓社会公正，就是公民衡量一个社会是否合意的标准，是一个国家的公民和平相处的政府底线。③ 流域内上下游、左右岸、干支流之间的不同主体在资源开发利用中处于不同的地位。上游地区在水资源开发利用中拥有时空的优先权，下游地区只能被动接受上游地区用水和排污的影响。由于流域生态资源利用具有极强的外部性和公共性，使得流域生态服务供给过程必须尊重相关主体的意愿，

---

① 颜良恭．新制度论、政策网络与民主管理［M］//徐湘林．民主、政治秩序与社会变革．北京：中信出版社，2003：78.

② 姚志勇，等．环境经济学［M］．北京：中国经济出版社，2002：70.

③ 约翰·罗尔斯．政治自由主义［M］．南京：译林出版社，2000：78.

兼顾各方面的生态利益关系，体现社会公共资源权益分配的公正、公平原则。（1）参与决策的公平性。网络化供给强调不同主体间基于信任基础上的合作，公平性程度越高，不同主体进行合作治理的意愿和自觉性就越高。例如，在流域生态保护的政企社合作领域中，应强调保护各个行为主体的环境权益，政府企业的环境信息公开化程度越高，公众和团体参与流域生态治理自觉性越高，体现政治民主和公平性越高。加拿大学者阿恩斯坦列举了市民参与环境治理的八种情况，并从市民权利分享的程度分为不参与、象征性参与和有权力参与三个层次。① 有事好商量，众人的事情由众人商量，公民有权力参与流域生态环境治理，就会合理表达自身的利益诉求，提出改善环境的真知灼见，政府就能找到全社会意愿和要求的最大公约数，这正是人民民主的真谛。（2）利益分配的公平性。水资源是生命之源、生产之要，生活之本。在水资源相对短缺的流域区内，要实现初始水权的公平分配，鼓励通过市场机制引导采取节水措施，实现水资源在不同地区、不同行业之间合理调配，提高水资源利用效率。流域水资源具有多功能性，不同用途之间存在明显的矛盾，经济主体在享受资源开发权益的同时，必须承担流域环境保护责任，并以不侵害其他主体的环境权益为限，这就要求建立流域生态补偿机制和环境损害赔偿机制。因此，在流域生态服务供给过程中，既要讲经济效益，又要讲社会效益和生态效益；而且要讲究效益和效率，要以保证公平和公正为前提。脱离经济发展谈环境保护是缘木求鱼，离开环境保护发展经济则是竭泽而渔。当前我国经济正由高速增长阶段向高质量发展阶段转变，人民群众对绿色发展的要求更高了，必须加快改变一些地方政府为 GDP 而纵容企业环境污染甚至严重损害公众环境权益的现象。约翰·罗尔斯在《正义论》中指出："社会和经济的不平等（例如财富和权力的不平等），只要其结果能给每一个人，尤其是那些最少受惠的社会成员带来补偿利益，它们就是正义的"②。因此，加快建立生态补偿机制，是在生态环境保护领域贯彻社会公平正义的客观要求。

（二）供给效率评价

供给效率包括过程和结果两个维度。从过程效率看，主要比较哪种供给方式的成本更低。哪个供给方式的交易成本最低，就应当选择哪种供给方式。而交易效率的高低又是受到资产专用性、交易频率等因素的影响。"我们首先考虑到制度环境对治理的主要影响效应，制度环境的变化会导致市场、混合型组织和层级

① 布鲁斯·米切尔．资源与环境管理［M］．北京：商务印书馆，2004：231.

② 约翰·罗尔斯．正义论［M］．何怀宏，等译．北京：中国社会科学出版社，1998.

制组织的比较成本变化。"① 供给过程效率是侧重于对供给过程评价的衡量指标，反映流域生态服务供给的实施成本及其效益的比较。生态服务供给成本是一个内涵丰富的概念。以流域供水服务供给成本为例，它不仅包括供水管网设施投入和运营成本，而且包括饮用水源地的生态保护直接成本以及由此引发的生态移民搬迁和机会成本。20 世纪 90 年代以来，各国广泛在公共服务域运用 PPP 模式，归根结底在于 PPP 项目比传统采购模式具有明显的成本优势，可以有效节约建设成本和缩短建设周期。例如，2003 英国国防 PPP 项目合同相比传统采购方式节约成本 5% ~40%；2003 年完成荷兰 Delfand 污水处理 PPP 项目（欧洲最大的水务 PPP 项目），预期比传统采购方式节会更有效率约 15% 的成本；2004 年澳大利亚对 8 个 PPP 项目开展评估，其加权平均节约费用为项目全部投资的 9%②。美国环保局研究表明，采用公有私营模式的污染治理设施投资成本及设施运营成本相较于采用公有公营模式可节约 10% ~20%③。因此，供给效率的政策含义在于：在供给成本既定的条件下，尽可能地提高生态公共服务效益；同时在供给效益既定的条件下，尽可能地降低供给成本。各种不同供给机制之间的选择及其转化，都基于供给成本与收益指标来进行比较分析。当然，在不同的经济社会发展阶段、不同的制度技术条件下，不同类型的供给机制的效率却相去甚远。在计划经济体制下，依靠行政权威实行的科层化供给机制，具有较高的行政效率和明显的制度优势。在市场经济条件下，如果具有要素产权明晰、交易制度规范和有足够的技术支撑，通过引进不同主体的竞争机制，以降低供给成本。当然，"在缺乏长期实践的情况下，比较和判断各种供给机制的效率是武断的。美国的经验证明，许可证制度可以比排污税制度节约更多的成本；而在发展中国家和转型经济中，由于技术落后，管制者缺乏能力，资金匮乏，监督和强制执行污染控制在制度和管制资源的限制等因素，使得排污税费制度的效率高于许可证制度，而且大多数国家已经建立了税收制度，而采用可交易许可权制度则需要建立一个新的系统。"④

从结果效率来看，侧重于考察流域生态服务供给所带来的私人利益和社会福利之间的平衡。这里可以运用卡尔多—希克斯效率来评价社会福利的变化。即判断社会福利的标准应该从全局和长期角度来观察，如果一项经济政策从长期来看

---

① 奥利佛·威廉姆森．效率、权力、权威与经济组织［C］．约翰·克劳奈维根．交易成本经济学及其超越：23.

② 达霖·格里姆塞，莫文·K．刘易斯．公私合作伙伴关系：基础设施供给和项目融资的全球革命［M］．济邦咨询公司，译．北京：中国人民大学出版社，2008：4.

③ 曹树青．论区域环境治理及其体制机制构建［J］．西部论坛，2014（6）：90－95.

④ 姚志勇．环境经济学［M］．北京：中国发展出版社，2000：72.

能够提高全社会的生产效率，尽管在短时间内某些人会受损，但经过较长时间以后，所有的人的境况都会由于社会生产率的提高而“自然而然地”获得补偿。因此，人们称希克斯的补偿原则为“长期自然的补偿原则”。生态服务供给的结果效率评价，重点在于整个社会的福利盈利与局部私人利益损益比较。“履不必同，期于适足；治不必同，期于利民”。流域生态服务供给过程是向全社会提供公共福利，显然有利于增加社会的整体福利水平。然而，在个这过程也会造成私人利益损失，只要整体社会福利大于私人利益损失，供给就是有效率的。如图 3－1所示，横轴表示流域区内私人收益，纵轴表示生态系统服务价值，从而形成四个象限。在第一象限中，流域生态服务供给实现了私人收益和生态系统服务价值的正向增长；相反地，在第三象限中，私人收益和生态系统服务价值出现负向增长。在第二象限中，流域区内局部私人利益受到了损害，生态服务提供者对于私人补偿远不能弥补他们丧失的机会成本，但是产生了正外部性，生态系统服务功能价值增加了，社会福利有所提高。而在第四象限中，流域生态服务供给过程，侧重局部私人经济效益，使得私人利益增加了，但是其产生了负外部性，损害了生态系统服务功能价值，社会福利降低。因此，流域生态服务网络化供给，就是既要改善流域生态系统服务功能价值，又要让局部私人利益损失最小化，从而提高多元利益主体的参与度，从而起到保护生态系统、增加生态系统服务功能价值、提高社会福利的作用。

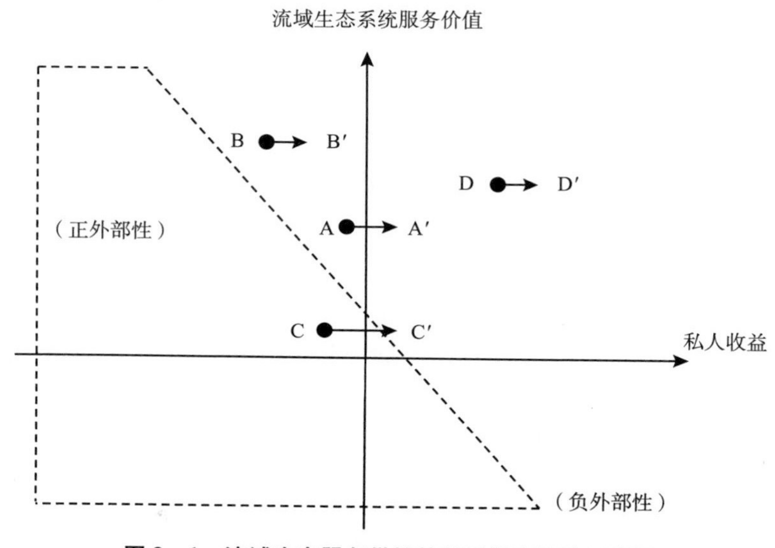

图 3－1　流域生态服务供给的结果效率评价示意图

如图3-1所示，坐标系中有一条45°斜虚线，该斜线将坐标系分为两个部分。斜线上的点表示流域区内私人利益和以生态系统服务价值为核心的社会福利正负相抵，斜线左侧表示流域私人利益和社会福利之和为负的情况，在这一部分的所有政府和私人实践都是无效的，斜线右侧则表示流域私人利益和社会福利之和为正的情况。

在象限中，A点表示生态服务供给产生了正外部性，提高了生态系统服务功能价值；同时通过不同主体之间的经济补偿，增加了私人的经济收益，提高了生态服务供给效率。除此之外，还有B、C、D三种情况是属于生态服务供给无效率。(1) B点表示生态服务供给过程中私人利益补偿标准偏低，虽然产生正外部性，社会福利有所改善，但是不足以补偿局部私人损失的机会成本，私人利益受到了损害。例如，我国政府对重点区位商品林实施禁伐政策，但由于财政有限，不少地方政府未对农民给予相应的经济补偿，实质上是个体农民承担生态服务的供给成本。(2) C点表示生态服务供给过程中利益补偿实现了私人利益的改善，但是，生态系统服务功能价值的提升不明显，因此，付出的成本高于得到的收益，整体社会福利增长不足。(3) D点表示生态服务供给过程的利益补偿意义不大，现有的生产方式既满足生态服务功能价值，又满足私人收益，生态补偿实质上是政府财政资金使用效率不高的表现。因此，提高流域生态服务供给的结果效率，核心是要实行市场化、多元化的生态补偿机制，切实保障私人合法利益，改善私人收益。

(三) 供给效果评价

与供给效率指标相比，供给效果指标省去用货币价值来度量环境治理与环境政策效果的步骤，是可以用来反映流域生态服务供给的实际绩效以及在经济上是否具有合理性。效果评价通常采用费用—效果来分析，是指环境治理投资和环境政策所引起的费用支出以及该部分支出所引起的环境治理效果。当前我国重点关注PM2.5、化学需氧量、氨氮、总磷、二氧化碳等污染物削减量（率）等来衡量环境治理的效果。供给效果评价去除了用货币价值来度量环境治理效果的步骤，这是因为环境政策所带来的生态效益本身很难用货币价值来衡量。由于不同类型污染物的量纲不同，对自然生态系统功能和人体健康的危害程度也不尽相同。例如，每吨化学需氧量与每吨氨氮排放所造成的危害就截然不同。因此，运用费用—效果分析方法衡量环境治理和政策只是相对有效，其使用通常局限于某一区域少数几种主要污染物的削减分析，最终达到评估环境治理与环境政策的目的。

供给效果是对流域生态服务供给过程最后结果的综合评价，供给效果的好坏取决于各项政策是否能够达到政府主体所希望达到的流域可持续发展的目标要求。提升流域生态服务供给效果，是推进流域生态文明建设的价值导向。即要从流域自然—经济—社会的复合生态系统出发，以流域生态环境承载力为基础，将现代社会经济发展建立在流域生态系统动态平衡的基础上，来有效解决人类经济社会活动同流域自然环境之间的矛盾。当今各国无论在中央政府层面，还是在流域区域层面，都强调以环境质量标准和污染物排放标准为核心的环保标准作为环境管理的基本手段与措施。如果政府开展流域水资源保护的结果，达不到流域规划所确定的水环境质量标准和要求，则表明流域生态服务供给机制失灵和政策工具失效。例如，我国在过去相当一段时间内，尽管出台一系列的环境治理政策，可是流域水污染加剧趋势仍未能有效遏止。因此，强调流域生态环境质量改善状况，是对流域生态服务供给效率的最重要评价。它不仅用可以万元 GDP 废水排放量、万元 GDP 耗水量、万元工业增加值废水排放量、万元工业增加值污染物排放量等排污强度指标来反映，也可以用运用数据包络分析方法，而且还可以开展区域生态效率的评价。世界可持续发展工商理事会（WBCSD）认为“生态效率是指产品或服务的价值与生态环境影响和资源消耗的比值”。据此拓展的区域生态效率，是指在经济发展中以较低的资源消耗和较少环境污染排放实现尽可能多的产出，寻找发展过程中经济增长与资源环境改善的最佳结合，实现经济效益与资源环境效益的统一。[①] 为了衡量我国流域区际生态效率的差异，课题组运用数据包络分析方法，以长江流域为例，选取 2005 ~ 2014 年长江经济带上、中、下游 9 省 2 市相关数据，选取的输入指标包括工业“三废”中的废水排放量，居民用水总量和各省（市）治理工业废水投入的资金。GDP 是最能反映各地区经济发展现状的数据，选取 GDP 作为输出指标。统计结果表明：（1）区域间增长率差异大。从纯技术效率均值来看，在未排除外在环境和随机因素影响的情况下，其值呈现出波动上升的变化趋势，后期增长幅度较大；从规模效率均值来看，呈现出稳步递增的态势；从规模报酬变化来看，贵州、云南和江西在 10 年间流域生态治理规模报酬一直处于递增状态，上海和重庆在 10 年间流域生态治理的规模报酬分别在 2011 年和 2013 年达到不变的水平，其他省份在 10 年间的流域生态治理的规模报酬有增有减。（2）上中下游生态环境治理效率的时空差异显著。从技术效率的结果来看，2005 ~2014 年长江流域生态环保治理技术效率明显差异，上游经济发达地区的技术效率最有效，下游次之，中游最低，分别为 0. 48、0. 34 和 0. 26，上中下游均值为 0. 36，表明在技术层面仍有较大的提升空

① 陈雯．中国区域生态效率时空测度及其影响因素研究［J］．福建师大学报，2017（3）．

间。从规模效率的结果来看，中游地区的规模效率最有效，下游次之，上游最低，分别为0.88、0.81和0.70，上中下游均值为0.70，表明在生态环境产业规模化发展至少还有30%的提升空间；从纯技术效率的结果来看，下游地区的纯技术效率最有效，下游次之，中游最低，分别为0.65、0.61和0.34，上中下游均值为0.53，表明在技术层面较大的提升空间。总体而言，长江流域下游地区生态效率较高，上中游地区生态效率较低。①

当然，生态产品是最公平的基本公共服务，生态服务供给是要满足人民群众日益增长的优质生态环境的需求，供给效果如何归根结底要以人民群众的获得感、幸福感作为评判。可以采取服务外包方式，由第三方机构开展问卷调查，开展公众对生态环境满意度的电话调查工作，将人民群众满意度作为改革绩效评价的重要参考。

（四）供给方式的适应性评价

适应性是对供给机制的整体评价。生态服务供给机制只有适应流域区内的经济发展水平、自然地理条件和政治体制等诸多条件，才能取得较高的效率、效益和效果。例如，在科层供给机制中，政府实施排污征税（费）制度的适应性如何，取决于政府对辖区内企业排污情况的实时跟踪监测能力，如果环保部门无法有效监控企业的排污企业，就有可能出现企业的道德风险，甚至出现个别官员与排污企业合谋行为；适应性还应考察政府税费征收标准是否合适，能否有效地激励企业改进技术削减排污量。在市场机制下，排污权、碳汇排放权、用能权交易价格是由政府主导定价的，并根据供求状况适当调整。但是经济、技术和通货膨胀等条件会影响市场参与者的支付意愿与能力，价格也需要适时调整和变化。如果发明了一种新的替代技术，能够更低成本地实现节水、节能、减排和降耗，市场将通过供求关系变化反映并影响排污权、碳汇排放权、用能权等交易价格，那么在价格上许可权制度比税费制度的适应性强，更灵活地优化配置资源。在网络治理机制，多元主体基于信任和自愿进行合作治理，也必须具备一系列的制度条件，如政府与企业的伙伴治理中，政府制定自愿性的经济激励措施，使得企业有足够的利益动力进行自主性治理；同时制定一系列的约束性措施，使得企业将承担巨额的超标排污成本，真正实现企业自主治理和排污成本的内在化。

从新制度经济学的角度看，各种供给机制是可以相互替代的资源配置方式。科层机制由于自身复杂性内部结构、森严的等级制度和冗员过多而形成了高额的

---

① 贾晓烨．流域生态环境整体性治理机制研究［D］．福州：福建师范大学，2017.

内部管理成本，其部分职能被市场机制和网络机制所替代，可见从理论上可以采用供给过程效率指标来比较不同供给机制的效率差异，但在实践中供给成本的统计和核算是相当困难的，无法通过供给过程效率的比较，来评判不同供给机制的优缺点。但是对于网络化供给机制而言，可以通过治理过程中成本的节约来衡量供给的效率，供给成本节约得越多，网络化供给效率越高，则反映流域水污染治理体制越合理，行政组织内部产权结构以及激励和约束机制就越有效率。经济效率指标，反映的是手段对资源的节约程度（资本、劳动、原材料和能源的使用）①，费用—效益分析将所有的投入和产出的效果用货币化的价值来分析环境治理与环境政策的效益，它克服了费用—效果分析方法的局限性。然而，运用费用—效益分析方法评价生态服务供给绩效的关键和前提，是能够将费用支出和效果的货币化价值核算。同时，由于各地经济发展水平和物价指数存在差异性，费用—效益分析的区域绩效比较需要有统一的基准和尺度。

① 刘思华．当代中国的绿色道路［M］．武汉：湖北人民出版社，1994：113.

第四章

流域生态服务多层级合作供给

流域生态服务供给过程与人类生产、生活方式密切相关，它是自然界自我演替和人类顺应自然开展生态管护性劳动共同作用的结果，既体现了自然生态系统对人类生存发展的恩赐，也蕴含着人类社会不同主体之间复杂利益关系的调整。根据流域面积的等级和规模，将流域划为跨国际流域、全国性流域、跨省际河流以及省域范围内的区域性流域。一个大型流域通常包含若干个小型的省级、市级、县级支流。流域区与行政区相互交织，使得大江大河流域的整体性和系统性被不同行政区所分割，形成碎片化的流域管理，难以实现流域水资源统一管理目标。中华人民共和国成立以来，我国流域管理体制几经调整和变革，逐步形成了流域统一管理和行政区管理相结合的水资源管理体制。中央与地方政府属于委托代理式的分权关系，中央政府承担着全国流域治理总体设计、规划与资源支撑的角色，地方政府充当政策执行者的角色。在不同等级流域管理职权划分上表现为“职责同构”与“上下雷同”的组织格局。然而，行政管理的强化却弱化了流域的统一管理，表现为行政区域管理“腿长”、流域管理“腿轻”的缺陷。以多中心治理理论为指导，按照区域公共服务分层供给的基本理念，推动当前我国由以行政区分包的流域属地管理体制逐步过渡到按照流域等级划分的生态服务分层供给体制，实现由以命令控制为特征的科层机制向以激励约束相融、目标责任考核为特征的流域分层管理机制转变，由委托代理式的中央与地方分权向事权财权匹配的代理式分权转变，建立以国土主体功能划区为依据，中央与地方事权财权匹配，部门之间职责明确、分工合理的流域生态服务多层合作供给机制，既是我国流域管理体制改革的重要方向，也是实现流域生态利益纵向协调的制度保障。

第一节　流域生态服务多层级合作供给的制度基础

我国是一个人均水资源少且时空分布很不均衡、水旱灾害频发严重的国家，在生产力比较落后的情况下，中华民族长期饱受流域水涝水旱灾患之苦。历代善为国者，必先除水旱之害。治理江河，兴利除害，始终是历代政府治国安邦的大事。中华人民共和国成立后，我们党和政府牢记“治国先治水”的历史教训，始终把治水兴水放在极其重要的战略地位，党和政府领导全国各族人民，科学遵循流域自然规律，围绕我国“水多、水少、水脏、水土流失”四大自然生态的突出问题，科学谋划江河防洪、农田灌溉、水污染处理和水土保持等水利工程建设，努力探索治水兴水的路子，取得举世瞩目的伟大成就。在流域治理实践中，逐步形成了流域统一管理和行政区管理相结合的水资源、水环境、水灾害和水土保持管理体制，为我国流域生态服务多层级合作供给机制改革提供了现实的制度基础。

一、我国流域生态服务科层供给的体制框架

中华人民共和国成立后，党和政府针对流域水旱灾害频发严重的严峻现实，高瞻远瞩，围绕大江大河治理，先后设立了一系列流域管理机构，包括：1950年起中央政府分别成立了长江、黄河、淮河、珠江、海河和松辽水利委员会以及太湖流域管理局，上述七大流域机构作为国务院水利部的派出机构；1951 年设立水利勘测设计院，组织开展治淮工程、海河流域治理工程、黄淮海盐碱地改良等工程；1956 年成立了专门负责流域规划编制和勘测设计的办公室，合理规范长江水利委员会的权责；1962 年将黄河下游河道划给黄河水利委员会管理；1968年成立了国务院治淮规划小组，后经批准成立治淮规划办公室等。上述这些涉水机构的设立，坚持以规划为先导、以防洪为重点、以大型水利工程建设为基础、以水行政管理为手段、以科技创新为支撑，全方位开展治江工作，为我国大江大河流域水资源统一管理奠定了基础。20 世纪五六十年代，我国流域治理的重点是加强大型水利工程建设，推动流域水资源综合开发，实现发电、防洪、养殖等综合经济和生态效益。在水利建设的思路和方向上，要求从全流域着眼，摸清水情；从流域规划入手，综合利用，统筹安排，注重根除水害与灌溉、发电、航运的有机结合，强调防洪防旱的有机结合，区别轻重缓急，妥善处理当前利益和长远利益、局部利益和整体利益。1958 年毛泽东主持成都会议通过的《中共中央

关于三峡水利枢纽和长江流域规划的意见》中指出：在治理长江的规划中要“正确处理远景与近景，干流与支流，上、中、下游，大、中、小型，防洪、发电、灌溉与航运，水电和火电，发电与用电等七种关系”。[①] 70 年代以后，随着我国经济社会的快速发展和市场化的体制转型，流域水污染问题日益突出，各级政府对流域生态服务供给重点转向为水污染防治和水生态修复等领域。经过多年的建设，我国在流域水资源开发、水环境保护、水灾害防治等领域逐步建立流域统一管理和行政区管理相结合的管理体制。

（一）流域水资源统一规划与分级管理

流域水资源具有经济服务功能（灌溉、发电、航运、供水、渔业、游览等）和生态服务功能（维持生物多样性、净化污染等）相互联系、甚至矛盾的多种功能性。我国先后修订的《水法》均强调“开发、利用、节约、保护水资源和防治水害，应当按照流域、区域统一制定规划”，并且要求“流域范围内的区域规划应当服从流域规划，专业规划应当服从综合规划。”所谓流域规划，是以江河流域为范围，研究水资源合理开发和综合利用为中心的长远规划。主要分为两大类：一类是以江河治理开发为主，例如大江大河流域的综合利用规划，多数偏重于干、支流梯级和水库群的布置以及防洪、发电、灌溉、航运等枢纽建筑物的配置；另一类是以流域水利开发为目标，例如区域性小流域规划或者地区水利规划，主要包括各种水资源的利用，水土资源的平衡以及农林和水土保持等规划措施。流域综合规划是专业规划的基础，流域区域内大规模取水、跨流域调水、排污口设置以及水利工程建设等涉水事项均要实行统一规划和行政区分级管理。

（二）流域水灾害防治统一规划与分级管理

江河水系是指由河流的干流和各级支流，以及流域内的湖泊、沼泽或地下暗河形成彼此相连的集合体。由于地形、地质构造的不同和气候等因素的影响，各个江河水系的形状各异，并形成各个水系所具有的独特水文情势。法国浪漫主义作家雨果曾经说过：“大自然是善良的慈母，同时也是冷酷的屠夫。”人们开发利用江河水资源的同时，也面临严峻的江河流域水灾害危机，包括洪水、山洪、涝渍、干旱、风暴潮、灾害性海浪、泥石流、水生态环境恶化等。其中，洪水是发生频率最多、危害最大的流域水灾害形式，也是政府防灾减灾工作的重点。我国《防洪法》第五条“防洪工作按照流域或者区域实行统一规划、分级实施和流域

① 黎元生，胡熠．中国共产党领导水利建设的基本经验［J］．经济研究参考，2011（52）．

管理与行政区域管理相结合的制度。”按照自然规律和治水规律的要求，以水系为单元实行河道、湖泊统一管理，开展防洪防汛，可以统筹兼顾各地区、上下游之间的利益，以求得到最大的效益。在水系统一防洪的基础上，由不同层级政府统一规划编制，实行统一指挥，实行分级分部门负责实施和流域管理与区域管理相结合的制度。

（三）流域水环境统一规划与分级分类管理

2015 年我国新《环保法》规定，“国家建立跨行政区域的重点区域、流域环境污染和生态破坏联合防治协调机制，实行统一规划、统一标准、统一监测、统一防治的措施。”据此，由环保部、发改委和水利部共同编制的《重点流域水污染防治规划（2016～2020 年）》，规划范围主要包括长江、黄河、珠江、松花江、淮河、海河、辽河等七大重点流域，这是第一次形成覆盖全国范围的重点流域水污染防治规划。在此基础上，综合考虑控制单元水环境问题严重性、水生态环境重要性、水资源禀赋、人口和工业聚集度等因素，全国共划分 580 个优先控制单元和 1204 个一般控制单元，实行分级分类管理。《环保法》明确规定“地方各级人民政府应当对本行政区域的环境质量负责”。《水污染防治法》进一步明确“地方各级人民政府对本行政区域的水环境质量负责”。我国正在推广的河长制，实质上是进一步强化行政区内流域生态环境治理责任的具体举措，从而形成了包括“重点流域—行政区域—控制单元”为分区的水环境三级管理体系。将流域污染防治与行政区域管理相结合，以流域自然水系的控制断面为节点，将全流域划分成若干控制单元，实行区域水环境目标责任管理，综合运用法律、行政、经济、技术等措施，有效提升流域环境管理水平。

（四）流域水土保持规划与行政区负责制

水是万物滋养的源泉，土壤是万物生长的根基。水木相依，木土相固。水土状况是流域区内生态环境状态的集中反映。水土保持具有涵养水源和减少面源污染两大功能。中华人民共和国成立后，我国粗放型经济发展方式为水土流失局面留下了隐患。水土流失是流域面源污染物向下游传输的主要载体，容易导致大量的泥沙输入江河，是引发河床泥沙淤积、水旱灾害频发、水利工程和航运事业功能受损等问题的主要原因。水土保持工作不只是大型防洪工程的配套项目，而且是江河治本的重要手段。我国《水土保持法》明确规定，“水土保持规划应当与土地利用总体规划、水资源规划、城乡规划和环境保护规划等相协调”。并强调水土保持工作的分区分级管理制度，“国家在水土流失重点预防区和重点治理区，实行地方各级人民政府水土保持目标责任制和考核奖惩制度”。流域管理机构则依法承担水土保持监督管理职责。“国家加强江河源头区、饮用水水源保护区和水源涵养区水土流失的预防和治理工作，多渠道筹集资金，将水土保持生态效益补偿纳入国家建立的生态效益补偿制度”。

二、我国流域生态服务科层供给的体制缺陷

在我国中央集权的政治体制下，强化中央对地方的统一领导始终是我国政治经济决策过程的重要特征，由此流域管理很自然地纳入行政区域属地管理的范畴，并逐步形成了以分层委托代理机制和以命令控制手段为主要特征的流域生态资源管理体系。在表面上看，完整统一的流域区被不同层级的地方政府所分割。不同层级政府之间以及内部职能部门在流域生态服务供给中拥有各自的地盘（turf），即不同部门具有各自独立的职能区域和政策空间，以及该领域的裁判权。[①] 各个部门通过部门立法使各自的地盘固化。1998 年，我国《水法》规定了流域水资源统一管理与分级、分部门管理相结合的制度。2002 年和 2016 年，我国出台的《水法》均规定，“国家对水资源实行流域管理与行政区域管理相结合的管理体制”。由于流域管理机构及其职能的弱化，流域水资源管理主要依赖于行政区内水利、环保等多部门协作管理。传统科层制的流域管理体制侧重于流域区内自然要素资源的分类管理，相对忽视生态要素的系统性和流域的整体性。这种科层治理体制存在着我国中央与地方各级政府部门之间在流域生态服务供给中的角色和地位模糊不清，流域区的生态产品产权制度模糊不清，供给决策机制是向上而下的单中心决策，供给方式是以目标任务分配为主的命令控制方式，供给区域是“重城市、轻农村”，水污染防治是“重工业、轻农业，重点源、轻面源”，造成生态服务供给效率低下。

（一）流域管理与区域管理的职能分工不清

流域管理是指国家以流域为单元对水资源实行的统一管理，包括对跨行政区域的水资源开发、利用、治理、配置、节约、保护以及水土保持等活动的统一管理。从国际流域管理看，流域机构是代表中央政府承担大江大河统一规划、工程管理、防洪、环境执法等诸多业务的重要组织。20 世纪 50 年代，我国虽然在七

---

① David C. King. Turf Wars：How Congressional Committee Claim Jurisdiction. Chicago：University of Chicago Press，1997.

大流域建立了流域管理机构，但这些机构都只是水利部的派出机构，具有行政职能的事业单位，主要承担水利建设和防洪的技术咨询工作，而不具有行政执法权力，难以承担流域管理统筹协调的职责。1997 年《防洪法》才授予流域机构在防洪方面的相关职权。2002 年新《水法》按照决策权、执行权、监督权分立的原则，授予流域机构一定的流域管理权。然而，现行法规并未就流域管理与区域管理的关系建立有效职能分工、协作机制。流域机构与行政区地方水行政主管部门在流域采砂管理、农村水利、节水管理、搞旱管理、取水许可管理、涉河建设项目、水资源保护等方面，并没有厘清职责。在实践中，基于流域自然属性和生态系统进行水资源开发利用、水资源配置与调度、水资源保护与污染防治等生态环境保护规划严重缺乏，而具有行政执法权力的各省水利、环保部门，往往从行政区自身利益而非全流域的角度去考虑流域管理。这样，流域机构与各省市有关部门之间在处理水问题时无法统一指挥，无法做到全流域的统筹规划和管理，以流域机构为主体的流域统一管理体制并未发挥其应有的功能，监督管理机制和手段匮乏，各流域管理机构难以进行有效的协调和仲裁。这就造成各大流域机构除了防洪外，没有随时间季节而定的水资源与水环境管理方法；无权纠正地方水环境管理法规中的越权和相互矛盾的问题，对违法水事行为很难进行处罚和纠正。例如，在处理省、区之间的问题上，只能调查研究和协调而不能仲裁，甚至对省级行政边界上的一条小河或一个小引水口的处理，都不能作最后决策。在地方水政主管部门制约下，流域机构的权威削弱，协调能力降低，开展工作困难。而在大多数的区域性流域中，还尚未设立流域管理机构，流域统一规划、执法等职能更是无从谈起。

（二）流域生态服务供给政府间事权划分模糊

中华人民共和国成立以来，我国中央与地方财政关系几经变革，先后经历了高度集中的统收统支（1950 年 3 月 ~ 1980 年 1 月）、“分灶吃饭”（1980 年 2 月 ~ 1988 年 6 月）、财政包干制（1988 年 7 月 ~ 1993 年 12 月），再到分税制（1994 年 1 月至今）等若干个财政体制的演化阶段，中央与地方的财政事权和支出责任划分逐渐明确，初步构建了中国特色社会主义制度下中央与地方财政事权和支出责任划分的体系框架。然而，在现行分税体制下，中央与地方财政事权和支出责任划分不尽合理，一些本应由中央直接负责的事务交给地方承担，一些宜由地方负责的事务，中央承担过多，地方没有担负起相应的支出责任；不少中央和地方提供基本公共服务的职责交叉重叠，共同承担的事项较多；省以下财政事权和支出责任划分不尽规范；有的财政事权和支出责任划分缺乏法律依据，法治化、规范化程度不高。[①] 在流域科层管理体制下，从中央到地方都是按照自然要素资源分级分部门管理体制，虽然符合专业化分工的原则，但造成各级政府对流域管理事权划分模糊不清。以流域水污染防治为例，虽然有关法律明确规定实行环境质量行政区负责制，但是由省、市、县哪个行政层级负责并不十分清晰。地方政府承担着发展经济与环境保护的相互矛盾的责任。地方政府为追求GDP、财税增长等短期政绩，没有严格执行国家环境质量标准，鼓励资源消耗型、污染密集型等企业发展，有的地方政府还为企业排污保驾护航，甚至出现利用财政资金为企业交纳排污费的荒唐怪事。[②] 据环境法学专家王曦教授对近年来数十起环境事件的调查表明，各级地方政府是环境污染事件的主要责任主体。即使2015年最严《环保法》实施以来，仍有相当一部分地方党委和部分环保部门责任不落实，环保压力逐层衰减，越到基层责任越不清楚，责任越不落实。加之“财权上收、事权下放”，客观上加剧了基层环保执法的弱化。基层环保投入不足，人员和装备配备不足，执法能力过弱，有些执法部门连车都没有。2006年中央实行“挂牌督企”措施，旨在督促企业向环境友好型方向发展，受地方保护主义以及跨地区环境污染问题的复杂性等因素影响，单靠中央政府督企已力不从心。2014年，环境部印发《综合督查工作暂行办法》，明确提出了环境监管执法从单纯地督查企业向督查企业和督查政府转变。

政府间事权模糊不清，不仅表现在纵向部门之间，也表现在横向部门之间。在流域水资源开发利用、水资源配置与调度、水资源保护与污染防治等方面，涉及发改委、水利、环保、交通、住建、农业、林业、旅游等相互关联，政出多门，职责边界不够清晰，部门事权和支出责任划定不细，在生态保护事权方面缺乏规范的分工，存在缺位与越位并存现象。流域内经济社会发展缺乏科学的顶层设计，职能部门比较注重自然资源的经济价值，缺乏对流域生态服务质量的统筹考虑，难以实现跨部门高效协作。“污在水中，源在岸上”。陆域上的各类生产生活污染，通过水体流动，最终形成流域水污染。虽然各级政府围绕流域生态服务供给成立了许多跨部门议事协调机构，如水资源管理委员会、水土保持委员会、流域水环境治理协作委员会等，以增强政府部门间的横向联系。但是这些跨部门议事机构在处理短期性的公共问题时容易奏效，但在实现流域生态服务综合性、系统性问题等往往表现出失灵。

---

① 国务院关于推进中央与地方财政事权和支出责任划分改革的指导意见。

② 政府替企业缴排污费，侮辱“治污”二字［N］. 新京报，2016－11－19.

（三）政府和市场、社会利益协调机制不畅

流域生态服务供给过程，涉及政府、企业、社会等多元利益相关主体。流域区内各级政府不仅是国有土地资源、森林资源、水资源等所有权主体代表，也是流域生态服务供给责任的承担者以及流域区域经济发展的推动者等多个复杂角色。大量点多面广的各类企业是市场经济条件下最主要的微观经营主体，既是流域生态资源的利用主体，也是流域污染物排放的主体，更是流域生态环境保护的责任主体。在现行科层治理体制下，流域生态服务供给中的政府职能定位不清，一些本可由市场调节或社会提供的事务，财政包揽过多，同时一些本应由政府承担的基本公共服务，财政承担不够。企业社会责任意识不强，参与环保自觉性不强。目前无论是流域水资源综合开发利用，还是水环境生态保护，公众参与程度较低，虽然社会公众的环境意识不断增加，但缺乏参与环境保护的积极性。尤其是广大农村地区，绝大多数地区都尚未建立生活污水和垃圾处理收度制度，农业生产过程中化肥农药过度施放、生活垃圾随意堆积，造成农村面源污染日益严重，成为流域生态公共服务供给中的短板。

三、流域生态服务多层级合作供给的制度基础

流域区内的山水林田湖草是自然生态系统的有机统一体。建立自然资源管理和生态环境保护的大部门制，既是发达国家的普遍经验，又是破解我国现有碎片化管理体制的现实要求。长期以来，我国实行按照要素资源分级分部门管理的体制，各部门间存在事权划分不清、职能交叉等缺陷。流域生态环境管理涉及环境、水利、国土、农业、交通等多个部门。在落实流域生态环境治理责任分工中，各个部门依靠“条条管理”争取中央财政资金开展分头治理，林业部门负责山地森林生态资源修复、农业部门负责田地修复、国土部门负责矿山生态修复、水利部门负责河道整治等，这些部门在生态环境修复工程实施中既缺乏资金的有效整合，也缺乏从整体性和系统思维进行设计，经常出现同一项目多部门重复投入现象，也难以摆脱“先污染、后治理”的老路。党的十九大报告按照自然生态系统性的观念，突出强调改革生态环境监管体制，从顶层设计的角度提出新设国有自然资源资产管理和自然生态监管机构。2018 年，国务院机构改革已完成自然资源部和生态环境部的组建。前者统一行使全民所有自然资源资产所有者职责，统一行使所有国土空间用途管制和生态保护修复职责；后者统一行使生态和城乡各类污染排放监管与行政执法职责。实现自然资源和生态环境的大部门制管

理，对于着力解决自然资源所有者不到位、空间规划重叠等问题具有重要的现实意义，同时，也为流域生态服务分层级合作供给提供了制度基础。主要表现：

（一）实现对各类土地资源统一规划

将原住建部门的城乡规划职能、国土部门的土地利用规划职能、发改委的经济社会发展规划合并在自然资源管理部同一组织机构内，将有利于破解以往耕地总量控制的严格管理背景下，地方政府将湿地变为耕地，将水体变为陆地，围湖围海造田，虽然看似耕地数量未减，实则宝贵的湿地、水生生态系统破坏严重。自然资源管理部的设立，实现将流域区的生态环境治理“条条管理”模式转变为符合“生命共同体”要求的区域“块块”治理模式。并以推进区域“多规合一”为契机，开展流域生态保护和水环境治理的整体设计、分项实施，针对不同流域水陆两域自然要素资源的特点，从问题产生根源着手，按照治本治源设计实施工程，从源头进行流域生态保护和修复。依靠利用电子政府和行政资源共享，推进政府部门间网络化合作机制，打破以往“管山不管水、管水不管林、管林不管地”的现象，实现部门间的碎片化缝合。

（二）建立适应市场化的自然资源产权关系

我国有关法律规定，国务院行使全民自然资源产权代表的职能，在以往碎片化管理体制，缺乏明确的所有权代表，全民所有自然资源管理者分属不同的部门，各自为政。这次机构改革，将有利于理顺自然资源资产管理体制，健全自然资源资产产权制度，建立统一行使全民所有的自然资源资产所有权人职责的体制，落实全民所有的自然资源资产所有权。同时，使国有自然资源资产所有权人和国家自然资源管理者相互独立、相互配合、相互监督。这些措施将进一步明晰各级地方政府自然资源管理职责和国家自然资源资产的保值增值目标。

（三）实现自然生态系统管理

把原来分散的污染防治和生态保护职责统一起来，实现地上和地下，岸上和水里，陆地和海洋，城市和农村，大气污染防治和气候变化应对统一归属于生态环境部，实现生态系统管理。所谓生态系统管理，将孤立的环境资源要素进行空间连线，以保护或恢复生态系统某种结构或功能为直接目的，或为此目的所采取的综合性手段，形成了生态系统管理规制模式。实现环境资源管理模式由“点模式”向“关系模式”转变，由孤立的水、土地、森林、海洋、大气等要素之间的点的、线性的关系，向生态系统一体化管理转变。这不是对传统环境资源管理的简单修补，而是规制管理模式的变革。

自然资源管理部和生态环境保护部的设立，为我国流域生态服务分层供给奠定了制度基础。流域生态系统包括水陆两域生态系统的总和。不仅包括水资源、水环境、水生态和水安全等水域生态服务功能，而且包括流域森林、草原、湿地、农田等生态服务功能。陆域生态系统是水域生态系统的基础，茂密的森林、肥美的草地、规划有序的农田等都具有涵养水源、保持水土的功能。水域生态系统是流域生态系统的核心和主体，流域区的水量丰裕程度、水质达标率和水环境质量的好坏，是流域生态系统好坏的集中表现。然而，流域生态系统服务功能的大小，不仅受到流域区所在的地理区域、生态环境、气候特征等客观条件，而且更重要的是受制于人类的生产和生活方式。因此，只有以流域为单元，依托不同等级行政区，实行生态环境统一管理，严格控制环境污染，才能提供高质量的流域生态产品和服务，发挥流域提供清洁水源、开展水土保持、生物多样性保护以及休闲娱乐等功能。

第二节　我国流域分层治理机制改革的探索性实践

整体性治理是英国学者佩里·希克斯基于对西方国家公共管理碎片化和政府责任模糊化困境进行反思而提出的全新政府治理模式。整体性治理强调以公民需求为导向，以协调、整合和责任为机制，运用信息技术对治理层级、功能和公私关系进行整合，不断推动政府管理“从分散走向集中，从部分走向整体，从破碎走向整合”。[①] 21 世纪以来，英国、澳大利亚、加拿大、荷兰、美国等 OCED 国家先后运用整体性治理理念进行大规模的政府再造，旨在解决环保、金融危机、抢险救灾等诸多跨部门、跨区域甚至跨国界重大复杂而棘手的民生问题。整体政府已成为当代西方政府改革的新趋向，同时它对于深化我国流域管理体制改革和提升生态环境治理能力具有重要的实践启示。当前我国流域水资源短缺、水生态破坏和水污染加剧等水安全问题突出，虽然这与工业化中后期的经济发展阶段以及粗放型增长方式密不可分，但流域科层管理碎片化体制也是重要的制度根源。流域科层治理体制的现实困境凸显了整体性治理的实践价值。河长制改革实行纵向行政分包、区际协调、跨部门资源整合以及公众参与等措施，实质上是整体性治理在我国流域生态环保领域的探索性实践。因此，借鉴发达国家整体性治理的

---

① 竺乾威．从公共管理到整体性治理［J］．中国行政管理，2008（10）．

理论与实践，紧密结合我国现实国情，深入剖析先行试点省份河长制运行机制及其内生困境，探讨河长制改革方向，完善流域治理机制，是我国生态文明体制改革的重要内容。

一、河长制蕴含着流域分层治理的探索性实践

我国河长制的思想渊远留传。先秦古籍《山海经·海内经》曾记载“鲧禹治水”的神话故事，相传三皇五帝时期，我国黄河流域连续发生特大洪水。“汤汤洪水方割，荡荡怀山襄陵，浩浩滔天”。整个民族陷入空前深重的灾难之中。作为黄帝的后代，鲧、禹父子二人受命于唐尧、虞舜二帝，分别任崇伯和夏伯，负责治水事宜。鲧因治水 9 年“功用不成”，被舜帝放逐羽山；禹因治水“通九道”被民众拥为领袖。这种远古时代朴素的“河长制”传说，一惩一奖，问责分明，为现代“河长制”提供了思想基础。如果说远古时代的河长制重在治水涝水旱灾害，那么当代我国推广实行的河长制，则是起源于应对江河湖泊水污染危机处理而产生的机制改革。2007 年 5 ~ 6 月间江苏省无锡市蓝藻大规模爆发，严重污染当地的生产和生活用水。2007 年 8 月 23 日，无锡市委市政府印发《无锡市河（湖、库、荡、氿）断面水质控制目标及考核办法（试行)》，明确将河流断面水质的监测结果“纳入各市（县)、区党政主要负责人政绩考核内容”，各市（县)、区不按期报告或拒报、谎报水质检测结果的，按照有关规定追究责任。这份文件的出台，被认为是无锡市推行“河长制”的标志。此后，云南、贵州、福建等多个省纷纷试水河长制。河长制虽然来源于地方经验，但其简单易行，作为可推广、可复制的经验，已得到中央全面深化改革领导小组第 28 次会议（2016 年 10 月 11 日）批准，将以全面推广。2016 年 12 月 11 日，中共中央办公厅、国务院办公厅印发《关于全面推行河长制的意见》，河长制作为我国流域治理机制改革的探索性实践，它进一步强化流域的属地管理和分级管理，主要表现在：

（一）流域治理层级的整合——行政分包治理

近年来，中央出台了一系列推进生态文明建设的文件，包括《关于加快推进生态文明建设的意见》《生态文明体制改革总体方案》《党政领导干部生态环境损害责任追究办法（试行)》《关于领导干部自然资源资产离任审计的试点方案》《关于设立统一规范的国家生态文明试验区的意见》《生态文明目标评价考核办法》等。这些文件按照环境保护党政同责、一岗双责的思路，对各级地方党委政

府及其领导成员的环境保护责任作出了具体规定。目前我国河长制主要在省域行政区范围实施，形成了不同层级河流的行政分包管护机制，有效地实现了流域管理与行政区管理的有效衔接，实现区域内流域经济与生态环境协调发展。在河长制框架下，跨设区市的省级河流由省级领导担任河长，跨县（市、区）行政区的市级河流由流域所经的设区市政府领导担任河长，跨乡、镇行政区的县（区、市）级河流通常由所在县（区、市）级政府领导担任河长，乡级河流分别设置乡级河长和村级专管员。由此形成了省、市级河长—县级河长—乡级河段长—村级（居委会）专管员的四级河流管护体系，县级、乡级河流分别形成三级、二级管护体系，实行江河湖泊行政区分段包干治理和地方各级政府河流管护的“无缝覆盖”。河长制作为由河流水质改善领导督办制、环境保护问责制所衍生出来的，由各级党政领导兼任河长，负责辖区内河流治理的制度。由此流域水环境防治责任不再只是环保局长的职责，而是由兼任河长的地方党政领导承担第一责任。为了强化河长制的落实，中央政府还将河长制落实情况纳入地方政府政绩考核体系以及中央环保督察的工作范围；同时开展省以下环保监测监察执法垂直管理改革试点，省级环保厅（局）上收环境监察职能，建立新环境监察体系，主司“督政”，解决地方保护主义对环境监测监察执法的干预等，强化地方政府官员履行环境监管职责。在“河长制”中，各省级政府均有专门机构对辖区内“河长制”实施情况进行督促检查和考核，并将年度考核结果纳入各级政府流域保护管理、保障水安全工作的考核内容，从而形成对各级地方官员形成有效的压力，有效调动地方政府履行环境监管职责的执政能力。

（二）流域治理功能的整合——跨部门协作机制

整体性治理“并不是一组协调一致的理念和方法，最好把它看成是一个伞概念，是希望解决公共部门和公共服务中日益严重的碎片化问题以及加强协调的一系列相关措施”[①]。河长制既是贯彻落实环境质量行政区包干制的有效举措，也是具有中国特色流域治理机制改革的探索性实践，对于提高我国流域生态环境治理体系和治理能力现代化具有重要意义。这种制度设计有利于最大限度地发挥地方各级党政领导的行政权威，高效地实现各种资源的有效整合，解决现有行政体制下自然资源管理中各部门事权模糊不清的问题，提高流域水环境治理的行政效率。地方各级党政领导兼任河长，旨在推动他们承担“组织领导相应河湖的管理

① 汤姆·克里斯滕森，等．后新公共管理改革——作为一种新趋势的整体政府［J］．中国行政管理，2006（9）．

和保护工作”责任，河长办公室具体承担协调、监督、考因、督查、沟通等作用，而不是替代现有涉水职能部门的工作。各级河长通过区域水资源管理委员会或者跨部门联席会议制度，解决部门间转嫁问题与责任、政策目标与手段冲突、缺乏沟通以及服务遗漏等问题，促进科层管理的碎片化缝合。可见，目前各地实行河长制只是囿于现行科层管理体制下的工作机制改革，它更多地发挥行政权威的协调机制。同时，基于现代信息技术尤其是互联网技术的广泛运用，各地积极探索推进政府部门的信息资源共享，解决长期存在的信息孤岛现象，有效提升流域环境治理效率。例如，浙江省在全国率先开通了覆盖全省的智慧河长监控处理系统——河长制管理信息系统，解决了河长上报问题难、重点河道实时监控难、河长工作管理考核难等问题。河长制实施较好的闽江源头大田县，组建了县级跨部门生态执法机构，实现流域水中、岸上统一管理，实现组织间碎片化的弥合，真正实现源头严管、过程严管、结果严管的目标。2010 年 7 月，福建省大田县率先在全省成立了生态环境综合执法大队，专门负责全县的生态环境监管和行政处罚。2012 年 12 月，进一步整合了水利、国土、环保、林业、安监等部门在生态环境领域的行政处罚权，成立了福建全省首家生态综合执法局，同时乡（镇）配套组建生态综合执法分局，起到了“生态警察”的作用。大田县政府与电信公司合作组建“大田县河长易信群”，将全县江河湖泊治理决策、执法和监察相关人员实名加入该群，形成全县跨部门信息共享、实时监控、相互监督、共同管护的格局。

（三）流域治理的公私关系整合——鼓励公众参与环境治理

环境保护涉及千家万户，与我们每个人都息息相关。每一个公民既是污染的制造者，又是污染的受害者；既是环境保护的承担者，也是环境保护的享有者。“污在水中，源在岸上，根子在人。”河湖污染总是在广阔的水陆两域空间内发生，因而需要依靠人民群众实现全流域联防、联控、联治，才能取得全局性、持续性的治理效果。目前各地围绕“一河一策”纷纷出台了鼓励公众参与的激励性政策，不仅让广大基层乡（镇）、村、居委会干部加入管理队伍，还通过发放《河长制宣传手册》、布告版信息公开，让公众监督各级河（段）长的任职情况；浙江、福建等地还聘请当地德高望重或富有责任心的中老人担任河道专管员或民间河长，承担村民环境教育、劝导劝阻、巡河、晒河、清理河道垃圾、发现污染及时上报等职责；并且鼓励公众利用网络平台实行有奖举报制度，完善对涉水违法行为的管控机制，降低了政府部门的执法成本，初步形成了政府、企业和社会协同参与江河治理的良好社会氛围。

二、河长制改革实践治理面临的现实困境

从河长制先行试点情况看，河长制进一步强化地方党政领导治水履责的约束性，形成了明确的职责分工、组织协调、绩效评价机制，取得江河治理的初步成绩。凡是河长制落实比较好的地方，局部区域生态环境都有明显改善。例如，2013 年浙江省全面实行河长制以来，实现水环境质量持续优化，倒逼产业转型升级初风曙光，长效机制日趋健全，治水理念深入人心等良好态势。[①] 但是，河长制作为流域生态环境整体性治理的“试验场”，各地进展很不平衡，在实践中存在着诸多现实困境。

（一）流域分包治理成本分摊不均衡

根据新《水法》规定，我国实行流域管理与区域管理相结合的水资源管理体制，但在实践中表现出区域管理“腿长”、流域管理“腿轻”的缺陷。河长制没有明确中央政府在全国性大江大河的治理责任，而是侧重于加强地方各级党政领导负责制，客观上在强化流域属地管理原则的同时，又弱化大江大河统一管理统筹协调机制，黄河、长江、松花江等跨省域大江大河干流被切割为多段管理。目前我国在七条一级流域及部分区域性河流设立了流域管理机构，大多数河流只有水文监测机构，缺乏综合性、权威性的流域管理机构，更缺乏公众参与治理决策的有效平台。从省域范围内看，虽然相关文件规定“省级河长负责指导实施跨设区市流域保护管理和水环境综合整治规划”，但各级河长往往面临着自身的能力困境，难以承担专业性强的指导工作。因此，从政府纵向关系看，地方党政领导兼任河（段）长只是增加了一份具体分管的工作，承担着更多更细的环保职责，行政职务变迁往往使得有些流域河（段）长时常更换，导致河长制在有的地方虚化为一纸空文，有的学者和官员甚至认为推行“河长制”治理水污染是人治化的典型模式。在政策执行成本分摊机制看，存在着权力逐级上收和责任逐级向下分摊之义，尤其是经济发展落后且环境污染严重的区域，由于历史原因造成治理任务重，加之专业人员缺乏、经费短缺和执法投入不足，乡镇河（段）长承担着艰巨的工作压力。例如，被称河长制福建样本的大田县，基层河长面临着诸多额外的劳动付出。一旦在“易信群”上获悉管辖河段水质混浊信息，必须第一时间查

① 浙江省水利厅．“五水共治”为载体　全面落实河长制责任：http：//news. xinhuanet. com/politics/2016 －11/30/c_129384768. htm.

找并上报污染源，但这是在不能影响本职工作和没有交通补贴情况下完成的。虽然《福建省全面推行河长制实施方案》规定，河道专管员补助由市县乡三级财政共同分担，但目前河道专管员只获得乡镇财政的500元补贴，与其劳动付出不相匹配。

（二）流域治理功能整合诸多掣肘

党政领导、部门联动是全国推行河长制的着力点，其核心是建立健全以党政领导负责制为核心的责任体系。[①] 然而，各级河长开展跨部门资源整合，面临着能力困境、角色冲突和制度桎梏。（1）协调能力的困境。各级河长比较擅长于整合上级各部门下拨的资金，采取工程技术手段，解决局部河道“脏乱差”的突出问题，以提高短期环境治理绩效。但是，各级河长由于没有足够的专业知识、充沛的精力和能力，往往难以形成江河治理的系统整治思维和长远规划，既无能力也不愿意长期承担江河治理的推动、指导、监督等多重责任。不少地方环境治理职责多头、真空、模糊等现象依然存在，造成“企业无赖、环保无奈”的尴尬局面。（2）河长角色的多元责任冲突。[②] 各级党政领导承担着当地政治稳定、经济发展、环境保护等复杂多元的目标考核任务。河长制只是一种特殊环保问责制，是既有的环保问责制在水资源保护领域的细化规定。然而，河长制的落实难以脱离区域经济社会协调发展的总体框架，治理江河污染需要推进污染企业关停并转，进而影响当地GDP、税收以及各项民生事业的发展。这种角色的多元责任冲突使得河长制在不少地方难以得到很好落实。（3）跨部门功能整合的制度桎梏。当前我国河长制并没有触及流域水污染防治体制的根本性变革，它是在不突破现行“九龙治水”权力配置的前提下开展协商和整合机制。然而，这种跨部门功能整合面临着现行法律的桎梏。根据相关法律和各级机构的“三定方案”，各部门职能和政策目标存在差异，他们虽然会服从于当地行政首长的统筹协调，但是其业务工作也要接受垂直上级部门的指导，法定职能交叉和责任边界模糊的问题难以通过河长制来解决。例如，根据法律规定，环保部门负责企业排污总量许可，水利部门负责企业入河排污口设置，行政首长也无权协调两个部门的法定职能，这就在客观上造成不少河流接纳的污水总量超过其纳污能力，区域水功能区限制纳污难以协调落实。

---

① 王东等．论河长制与流域水污染防治规划的互动关系［J］．环境保护，2017（9）．

② 任敏．“河长制”：一个中国政府流域治理跨部门协同的样本研究［J］．北京行政学院学报，2015（3）．

（三）公私合作程度低

公私合作包含政府与公众、政府与企业两个维度的伙伴合作关系。当前我国河长制仍然是属于政府单边治理机制的范畴，河长制的工作运行及绩效评价都是完全在科层体系内部运行。从流域水资源开发、利用和保护的全过程看，公共决策、绩效评价与责任追究等方面存在着公众参与的缺位，社会公众只是作为边缘性行动者的身份，在流域生态环境治理的末端环节参与监督而已。以追求利润最大化为目标导向的企业，面对比较低的环境违法成本，他们仍具有偷排漏排的内在冲动，更不愿意与政府签订自愿性环境协议，实施公私环境伙伴治理。广大农村地区以“386199”部队为主体，个体农民受文化知识能力的限制，农业生产过程中化肥农药过度施放、生活垃圾随意堆积的现象仍大量存在，点多面广的农村面源污染成为流域生态环境源头治理的老大难问题。加之政府与市场、政府与社会公众的责权利模糊不清，地方政府往往迫于政绩考核的要求，承担了部分应当由集体农民承担的费用。例如，农村地区生活垃圾集中、清运等是属于村民自治解决的内容，理应是由集体村民分摊相应费用，但由于村级财政薄弱以及缺乏有效筹资方式，基层政府承担着越来越多的农村环保费用支出。

三、河长制是流域科层治理向分层治理的中间性制度环节

然而，河长制毕竟是囿于现行科层管理体制框架之内的工作机制改革，虽然它建立起了各级政府任务分包和横向部门间合作的分工协作机制，但是这种分工协作机制仍然高度依赖于行政权威。党政领导兼任河（段）长只是多了一份工作和责任，职务变迁往往使得河（段）长时常更换，导致河长制在有的地方成为一纸空文，也有人认为，推行“河长制”治理水污染是人治化的典型模式。① 显然，河长制是属于命令控制性的政策手段，只是短期有效的而非长久的治理机制，但是却包含着网络化治理的构成要素。流域生态环境整体性治理是一项长期复杂的系统工程。而河长制只是其中一项的具体制度，其执行效果不仅取决于该制度本身的执行成本，而且还受制于与其他制度的匹配程度。因此，要以深化河长制改革为突破口，统筹推进水利改革攻坚，构建符合整体性治理要求的现代水治理体制机制。主要包括：

① 李建平．云南特色“河长出动”：问责制将持续永久性［N］．昆明日报，2010－06－03．

（一）明晰流域分层治理的职责权利

流域统一管理是流域分层治理的基础。都柏林原则第1条指出："淡水是一种有限而脆弱的资源，对于维持生命、发展和环境必不可少。"将可持续发展原则转变为具体行动，就必须实行水资源统一管理。因此，需要在强化流域统一治理基础上明确流域分层治理。包括：明确中央政府在全国性大江大河治理的责任，通过立法对现有七大流域管理机构进行赋权扩能，赋予其高度的自治权、财权和资源调配权，专门统筹负责流域环境管理与治理工作。借鉴和推广新安江流域部省协商模式，开展对跨省际江河流域生态环境治理。在省域范围内，开展按流域设置环境监管和行政执法机构试点，建立权威、专业的流域管理机构，形成以流域统一管理为基础、不同层级政府分层治理的体制机制。依托互联网技术，构建流域上下游水量水质综合监管系统、水环境综合预警系统，建立上下游联合交叉执法和突发性污染事故的水量水质综合调度机制等，实现跨区域跨部门水质信息互通。由流域综合管理机构牵头，组织研究建立全流域调查评估指标体系和技术方法指南，全面评估和跟踪流域生态环境的现状和风险，主导编制流域生态环境保护规划。各级河长按照流域水环境功能区划、水资源管理"三条红线"控制指标体系和监控评价体系，落实辖区内江河治理的责任。

（二）推进流域生态环保机构整合

碎片化政府可细为功能性碎片化和体制性碎片化两种类型。前者可以通过跨部门信息资源共享、沟通协调等机制改革来解决，后者则必须依赖政府组织再造才能见效，发达国家环境保护大部门制就是典范。当前我国流域生态环境治理，不仅需要全面推行排污许可等末端治理措施，而且需要采取区域生态空间管控、增加水环境容量等源头防治措施，以污染总量控制倒逼产业转型升级。因此，要树立"山水林田湖生命共同体"的系统观念，推动流域整体性治理由当前以跨部门协商为主的机制性整合向逐步以大部门制为主的体制性整合演进，将一些职能相近或交叉的涉水机构进行重组，使涉水环保部门逐步向"宽职能，少机构"方向发展。"整体性运行的目标之一就是设计能对一系列横向无缝隙结合的问题作出反应的干预或相关的能力"。[①] 根据党的十八届三中全会"积极稳妥实施大部门制"的改革思路，在生态保护领域将现有体制划分为自然资源监管、生态保护与污染防治监管两类部门是最可行的方案。前者统一承担农、林、水等各种自然

① 竺乾威. 从公共管理到整体性治理［J］. 中国行政管理，2008（10）.

资源用途管制，承担山水林田湖统一规划、保护和修复。后者按照“源头严防、过程严管、后果严惩”的原则，承担全过程的污染防治，实现流域生态环境保护的综合化和专业化。目前各地成立生态环保综合执法部门的做法为我国流域生态环保机构整合奠定了实践基础。以福建大田县为例，该县整合水利、国土、环保、林业、安监等部门在生态环境领域的行政处罚权，成立了县生态综合执法局，扮演“生态警察”的角色；同时建立生态环境执法司法联动机制，公检法三家分别设立生态侦察大队、生态检察室和生态审判庭，强化司法衔接、延伸执法链条，实现生态环境防治一体化。

（三）拓展流域治理公私合作的领域

建立覆盖流域空间全方位、防治全过程的公私合作机制，是流域生态环境整体性治理的重要内容。从区域性干流延伸至支流、湖泊、水库等水域全覆盖，包括流域水资源保护、水污染防治、水环境改善、水生态修复等各个领域，都需要建立起稳定有效的公私合作机制。依托现代信息技术，推广打造“互联网＋河长制”的社会共治模式，建立河长制智能管理平台，加强信息及时、准确公开，开放社会公众参与环境治理决策、协商和民主监督以及志愿性服务等。当然，拓展公私合作形式，不只是要在政治程序上完善社会公众参与机制，而且更重要是在经济活动中建立政府与企业的公私合作机制。顺应政府职能转变的客观要求，积极推动流域生态环境第三方治理机制，因地制宜地采取政府和私人合资共建、合同外包或托管、建设—运营—转让（BOT）、移交—运营—移交（TOT）、捆绑或供排水“一体化”、会员制等各种PPP模式多种形式，不同的公私伙伴关系模式具有各自特点和适用条件。改革和完善流域生态环境治理“低价中标”机制，探索按效付费考核等机制，确保环境供给质量的提升。按照行政区域排污总量目标控制，完善企业自主排污激励约束机制，特别是要将环境违法企业列入“黑名单”，以声誉机制来约束企业经营行为。在农村地区，加快推动农药、肥料等农业投入品废弃包装物回收，积极探索将流域生态环境治理与精准扶贫开发机制有机结合起来，推动乡村环境治理，从源头上减少源头污染。

第三节　流域生态服务多层级合作供给的运行机制

当前以河长制为核心的流域生态服务行政分包制度，只是囿于现行科层管理体制框架之内的工作机制改革，虽然它建立起了各级政府任务分包和横向部门间合作的分工协作机制，但是这种分工协作机制仍然高度依赖于行政等级权威。地方党政领导兼任河（段）长只是多了一份具体分管的工作，承担更多更细的环保职责，行政职务变迁往往使得有些流域河（段）长时常更换，导致河长制在有的地方弱化为一纸空文，有的学者甚至认为推行“河长制”治理水污染是人治化的典型模式。[①] 河长制只规定了省级以下以党政领导负责制为核心的责任体系，中央政府并没有明确自身在全国性大江大河的治理责任。同时，河长制没有触及我国流域治理体制机制的根本性变革，难以解决我国流域生态服务供给机制的诸多体制机制性缺陷，包括大江大河流域管理机构与行政区域管理的职能划分不清、各级政府在流域生态服务供给行政性分权导致的职责不清；县乡基层政府承担公共服务事权财权不匹配、流域生态服务供给缺乏统一规划和实施主体等。因此，河长制是属于命令控制性的政策手段，只是短期有效的而非长久的治理机制，但是它却包含着流域分层治理的构成要素。从长远看，河长制是我国流域科层治理机制向分层治理机制转变的过渡性中间环节。

由科层供给向分层供给转变，是我国流域生态服务供给机制变革的基础方向。从府际纵向关系看，将由传统的委托代理关系逐步向多层级分工治理关系转变。目前我国正在实施的生态文明体制机制改革，包括实行最严格的环境保护制度、实行省以下环保机构监测监察执法垂直管理制度，探索建立跨地区环保机构，推行全流域、跨区域联防联控和城乡协同治理模式等，这些都为流域生态服务供给机制提供了必要的制度基础。

一、从行政分包供给向流域分层供给转换的理论逻辑

推动我国流域生态服务从行政分包供给机制逐步向流域分层供给机制转换，是流域管理体制由传统的科层管理体制向多层治理体制转变的客观要求。虽然上述两者都是反映流域生态服务供给过程中不同层级政府间的纵向关系，但是它们具有不同的运行特征：（1）理论基础不同。前者是以单中心治理理论为基础，地方各级政府是中央政府的委托代理者，按照行政区环境治理责任制的要求，执行流域属地管理原则，提供辖区生态公共服务。后者是基于多中心治理理论，根据不同等级流域生态服务的受益范围、效率优势，分别由不同层级政府提供公共服务，并强调流域区内政府、企业和社会的伙伴治理。（2）层级划分不同。前者侧重以行政区为单元，中央政府通过不同层级的政府环境目标责任考核，分层级落

① 李建平．云南特色“河长出动”：问责制将持续永久性［N］．昆明日报，2010－06－03．

实流域治理的责任，相对弱化流域统一管理。后者侧重以流域为单元，基于流域区与行政区交叉的复合性特征，在坚持流域统一管理的基础上，根据流域区域的面积大小分别由不同层级的政府统一治理，并依据主体功能区划，明确差异化的流域区际政府的考核指标，逐步建立纵横结合网格化的治理机制。(3) 决策模式不同。前者是依靠行政权威进行单中心的决策模式，中央政府拥有高度集中的权力，在重大决策作出后，通过行政等级和官僚权威将信息传递到基层组织，实现对公共事务的管理，政府不同层级之间是命令和服从的等级关系，其特征是供给渠道的垂直性和单向度性。后者是以政府间信任合作为基础的多中心决策模式，以完成特定任务为目标，根据收益与成本对称的原则，不同受益范围的流域生态服务分别由不同层级政府提供。全国性重要功能的大江大河治理由中央政府统一决策，区域性生态公共服务由地方政府分散提供。地方政府根据中央政府的指导性方针和地区内的公众需求导向，自主地提供公共服务，不同层级的政府之间是基于伙伴的合作关系。(4) 评价标准不同。前者更注重过程的规范性和程序的合法性。后者更注重治理方法的创新性和治理绩效考核，强化不同层级政府以及政府、企业、社会的多元主体伙伴关系。因此，推进我国流域生态服务供给机制从行政分包供给向分层供给的转变，显然不是修修补补的边际变更，是治理模式和形态的变化，这种模式意义的转变并不是意味着全盘抛弃科层组织，而是既有瓦解又有重建，既有旧事物的衰亡，又有新事物的吸纳和诞生。[①] (见表 4－1)

表 4－1　　　　流域生态服务行政分层供给与多层供给的机制比较

参照指标	行政分包供给机制	流域多层供给机制
理论依据	单中心治理	多中心治理
划分范围	按照行政区属地管理	按照流域等级分层治理
划分层级	中央、省、市、县（区）、乡（镇）	全国性、跨省际、省级、市级、县级、乡级
组织形态	按照行政等级确定兼职河长	建立区域性流域管理机构
组织边界	明晰、刚性	模糊、柔性
权力来源	行政等级和地位	特定的知识和信息
决策模式	单中心、时序性决策	多中心、并行式决策
行动导向	总体目标任务	特定目标任务

① 杨冠琼. 政府治理体系创新 [M]. 北京：经济管理出版社，2000：341.

续表

参照指标	行政分包供给机制	流域多层供给机制
行动逻辑	合法权利与权威	信任、协作
信息传递	一对多或多对一、间接	多对多、直接
评价标准	偏重过程考核	偏重结果考核

流域生态服务分层供给，就是要根据流域等级确定不同层级政府承担流域生态服务供给的主体责任。包括两层含义：一是不同等级流域生态服务供给应当由不同层级政府来承担责任。除了国际河流生态环境管护需要跨国政府协商外，其他不同等级流域生态服务供给分别各级政府来承担。即全国性河流、跨省际河流、省级河流、市级河流、县级河流和乡级河流等分别由中央政府、省际政府、省级政府、市级政府、县级和乡级政府分别承担生态服务供给的主任责任，包括制定流域生态环境保护规划、筹集生态管护资金、实施流域环境监测监察执法等。二是大型流域生态服务需要多层级政府伙伴供给以及政府、企业和社会组织的伙伴供给。一个大型的全国性流域通常包含若干个小型的省级、市级、县级支流，流域区内的不同层级政府按照事权财权相匹配的原则，承担相应的职责，形成纵向、横向分工协作关系。围绕流域生态服务，形成政府间组织、政府与企业以及社会组织间的多元合作机制。

（一）强化以流域为单元的生态服务供给

2011 年我国第一次水利普查结果表明，我国流域面积在 50 平方千米及以上河流有 45203 条，流域面积 100 平方千米及以上河流有 22909 条。这些河流中，除了少部分是跨省域的大江大河，大多数是省域行政范围内的区域性流域。流域等级划分有不同的标准。按照流域保护面积划分，可以划分为大型、中型和小型流域，河流保护面积分别大于 2 万公顷、介于 0.0667 万 ~ 2 万公顷、小于 0.0667 万公顷。这种划分方法比较适合于地理学领域的研究。在流域管理实践中，主要按照江河流域涉及区域范围来划分，可划分为国际河流、全国性河流、跨省际河流、省级河流、市级河流、县级河流和乡级河流等。以流域为单元对河流与水资源进行综合开发与管理，是世界上许多国家流域治理的普遍做法，并已成为一种世界性的趋势和成功模式。这既是水文地理和生态科学发展及其应用的结果，也是适应综合利用和开发水资源、发挥其最大经济效益的客观需要。早在 1968 年，《欧洲水宪章》就提出水资源管理应以自然流域为基础，而不应以政治和行政的管理。全球水伙伴治理委员会认为，将可持续发展的原则转变为具体的行动，就必须实行水资源统一管理。[①] 水资源统一管理包括三个内容：（1）强化流域水资源的统一管理。坚持水陆两域统筹兼顾，在不损害重要生态系统可持续性条件下，促进流域区内水、土及相关资源的协调开发和管理，以使经济和社会财富最大化的过程。（2）区域管理要服从流域统一管理。行政区域是区域要素资源配置和经济增长的重要单元，行政区域的经济社会发展、城乡建设等规划要服从流域综合保护规划。（3）部门专业管理要服从流域综合管理。目前我国成立的自然资源部门已实行流域内森林、土壤、水资源等多要素的统一管理，但流域水资源、水安生、水生态和水环境等涉及多个部门，流域生态服务有效供给必须依靠各“条条”“块块”各个部门的积极参与和协同管理；同时，又要求这些“条条”“块块”管理纳入流域统一管理的轨道。

（二）促进流域生态服务多中心供给

流域生态治理过程也是生态公共服务的供给过程。由中央政府进行单中心决策常常无法高效地提供公众需求偏好较高的公共服务，因为中央政府作为终极的权威，也存在着有限的知识和有限的能力，不可能是无所不知的观察家，并且由于存在信息不对称和道德风险，下级政府有时会采取逆向选择，不可能在任何公共事务的决策上都完全听从上级的指挥。同时，单中心决策往往会造成中央决策者负担过重，下级政府容易趁机歪曲他们所传递的信息，造成公共事务管理的失控，使得治理绩效与公众的期望出现差距。公共物品供给多中心决策的制度安排是基于这样的假设：尽管每个个体间对公共服务需求的优先次序不尽相同，但小群体对公共服务需求的同质性往往大于大范围地理区域的群体需求。如果由中央政府提供统一公共服务，通常难以顾及区域需求差异而提供大致相同的服务，导致公共服务供求之间存在总量和结构性的矛盾。1972 年奥茨在《财政联邦主义》一书中提出了著名的“分权定理”：对中央或地方政府而言，一种公益物品由全部人口中各地方的人消费，该公益物品在每个管辖单位内每种产出水平的供给成本是相等的。由地方政府对其各自的管辖单位提供帕累托效率水平的公共物品，总比中央政府向各地区提供某一特定的和统一水平的供给更有效率（或至少同等有效）。对于公共产品供给的多中心管辖区域如何合理划分呢？应当遵循区域内需求差异最小化和区域间需求差异最大化原则。也就是说，如果一种物品和服务的供给存在着收益或成本的严重溢出，则这种物品和服务供给的现有责任分配可

① 全球水伙伴中国地区委员会．水资源统一管理［M］．北京：中国水利水电出版社，2003：15.

能是不合时宜。因此，为了提高公共产品的供给效率，实行由不同层级政府供给的多中心体制，更适合不同特性、多样化公共产品供给，多中心体制比单中心体制更适合于多样化的政策方案。由于各种类型流域的自然地理条件、气候环境、经济发展水平等差异性很大，流域生态服务供给需要按照“一河一策”“一湖一策”的思路，针对生态服务供给短板，有计划、有针对性地加强生态保护和环境治理，才能有效提升流域生态服务供给水平。

二、流域生态服务多层级合作供给的主要内容

2016 年 12 月，我国出台的《关于全面推行河长制的意见》明确指出，要强化行政区管理，“建立健全以党政领导负责制为核心的责任体系”，按照生态系统性和流域整体性的要求，扎实推进水资源保护、水域岸线管理保护、水污染防治、水环境治理、水生态修复和执法监管六大任务①，初步体现了流域生态服务按照不同等级分层合作供给的理念。然而，河长制是侧重以行政区为基础，由绩效考核为约束的环境管理体制，依然弱化了流域统一管理的职能。建立流域生态服务多层级供给机制，需要推动流域科层治理向多层治理转变，就是要建立流域管理为主、区域管理为辅的流域管理体制，在强化流域统一管理的基础上明确纵向和横向政府间的职能分工合作，这是构建流域网络化治理机制的重要内容。

（一）分层级统筹流域管理与区域管理的关系

流域管理是指国家以流域为单元对水资源实行的统一管理，包括对跨行政区域的水资源开发、利用、治理、配置、节约、保护以及水土保持等活动的统一管理。我国的《水法》《环境保护法》《防洪法》《水土保持法》都明确规定：水资源开发利用、防洪防汛等工作，要在坚持流域或区域统一规划的基础上，各级行政区域承担具体的目标责任制。目前我国一级流域（全国性大江大河和湖泊）、二级流域（跨省市界的中等规模流域）只设立省际河长，均未设置全流域的“河长”，一级流域水资源统一管理职能主要由流域管理机构来承担；2018 年 10 月生态环境保护部下设长江、黄河、淮河、海河、珠江、松辽、太湖流域生态环境监督管理局，作为生态环境部设在七大流域的派出机构，主要负责流域生态环境监管和行政执法相关工作。有些二级流域也没有设立流域管理机构，水资源统一管理主体模糊不清，防洪防汛、水资源开发、水土保持等只能由相关省市河段

① 鄂竟平．形成人与自然和谐发展的河湖生态新格局［J］．求是，2018（16）．

长分段负责；三级流域统一管理责任由各级水利部门负责。根据《环保法》和《水污染防治法》的规定，流域水环境管理属于行政首长负责制的范畴，侧重于区域管理。担任各级河（段）长的党政领导承担着组织领导区域内江河、湖泊的水资源保护、水域岸线管理、水污染防治、水环境治理等工作。因此，要根据不同等级流域，分层级统筹流域管理与区域管理。（1）理顺一级流域管理机构与省级河段长关系。要以法律的形式明确流域机构的地位、职责、权力、与地方的关系、组织机构和财务管理等，强化一级流域管理机构的权威性，使流域统一管理有法可依；同时要加强流域管理机构能力建设，提升流域管理机构更好地发挥指导、审核和监督的作用，加强与省级河段长及有关部门、用水组织、第三部门等的联系，形成民主协商的流域管理体制。（2）建立二级流域省际协调机制。二级流域至少跨越 2 个省份，例如东江流域（赣粤）、西江流域（桂粤）、新安江流域（徽浙）、汉江流域（陕鄂）、黑河流域（青甘蒙）、汀江（韩江、闽粤）等，这类流域生态服务供给，需要在中央政府指导下，建立稳定持续的省际流域协作治理机制。（3）健全三级流域统一管理机制。我国的河长制仍具有明显的“人治”色彩。逐步由党政领导负责制转变为设立综合性的流域管理机构。党的十八届五中全会明确提出实行省以下环保机构监测执法垂直管理，目前各地正积极探索设立流域监测综合执法机构，为解决跨区域、跨区域的环境问题提供组织保障，从长远来看，构建综合性的流域管理机构，更有利于协调推进流域水资源统一开发、水污染防治、水生态修复等工作。

（二）分层级制定和实施流域生态环境保护规划

国外流域治理的成功经验表明：大江大河流域综合整治是一项长期艰巨的任务。英国的泰晤士河、欧洲大陆的莱茵河等，都是经历了几十年的努力来实现水质变清的目标。美国的田纳西河、法国罗纳河的成功开发，其中的一个重要原因在于制定了一个好的流域规划，并且几十年坚持不懈地遵照执行。流域生态服务供给，归根到底在于需要建立科学合理的流域生态环境保护规划，它包括水资源开发、水生态修复、水环境保护和水污染防治内容，甚至涉及区域产业布局等，体现了对流域综合开发与治理的总体部署和行动方案。当前我国多数流域治理规划只是五年中期规划和单项规划，缺乏中长期的流域综合开发和治理的战略性规划。主要是各部门制定的专业规划，缺乏权威的综合性规划。例如，针对我国严峻的流域水污染现状，2015 年国务院制定出台《水污染防治行动计划》，明确规定了 2020 年、2030 年流域水环境治理的目标和行动方案。这就要求环保部门编制流域“水环境功能区划”和水污染防治规划，要与水利部门编制的流域“水功能区划”和水资源保护规划、渔业部门制定的渔业发展规划、交通部门制定的水运规划等规划相衔接。这些规划都与流域生态保护规划相关，但是由于流域水资源保护规划地位不明确，规划基础工作薄弱等问题，导致在流域水资源规划工作中存在着水资源保护规划与水污染防治规划和水资源开发利用规划关系不清。因此，根据不同流域等级，由权威机构制定流域生态环境保护规划作为各个专业规划的基础，具有重要意义。《水法》15 条明确规定：“流域范围内的区域规划应当服务流域规划，专业规划应当服务综合规划。”因此，我国流域生态服务分层级统一规划的重要目标是建立中长期的流域生态环境保护规划，一级、二级和三级流域生态环境保护规划分别由流域管理机构会同所在地方政府制定。改变当前按照历史排放量计算、预测和控制目标的做法，根据流域水环境容量确定总量控制，以水定城、以水定产，并进一步明确河流功能区、水功能区和地下水功能区等，是流域多层治理的基础性工作。在流域管理机构改革尚未到位的背景下，2017 年由环境保护部、水利部、国家发展改革三部委共同编制的《长江流域经济带生态环境保护规划》，突出水资源、水生态、水环境并重推进，成为我国大江大河流域综合性规划的示范样本。“生态优先、绿色发展”成为长江经济带发展的基本指南，对于改善长江流域生态环境质量将发挥重要的促进作用。要加快完善流域规划执行的监督机制，加强规划执行的监督管理手段，通过综合规划指导专业规划，并以规划作为水利工程建设的依据，提高规划的科学性和指导性水平。

（三）分层级统筹流域经济社会与环境协调发展

流域既是自然生态系统单元，也是经济社会发展的重要单元。处理好流域区域内的经济社会与环境协调发展，是流域生态服务分层供给的重要内容。要按照生态系统性和流域整体性的思维，分层级统筹流域经济社会与环境协调发展，即全国性大江大河由中央政府统筹谋划，跨省域的区域性流域水资源开发应当由中央政府和相关省份协同治理，跨省不跨县的区域性流域经济与环境协调发展由省级政府统筹。（1）分层级建立流域生态补偿机制。每个流域区内都有城镇化区域、农业发展区域、生态保护区域，因而需要建立不同层次的流域生态补偿机制。具有全局利益和长远利益的大江大河流域生态补偿，主要由中央政府牵头根据公平原则支持贫困地区的生态环境治理、修复和维护。涉及多个省域的二级流域生态补偿，通常由中央政府和省级政府共同出资建立流域生态补偿机制。省级范围的区域性流域生态补偿，主要由省级政府实施流域生态补偿机制。（2）分层级划定流域水资源利用上线、生态保护红线和环境质量底线。把生态环境保护摆上优先地位，明确未来流域生态环境保护的目标和具体指标。加强流域水生态承载力评估及调控技术，实行流域各行政区用水总量和强度双控，推进重点领域节水，实施以水定城以水定产，合理控制城市规模，严格控制高耗水行业。划定并严守生态保护红线，严格岸线保护，强化生态系统服务功能保护，开展生态退化区修复，加强生物多样性保护等；实施质量底线管理，全面推进环境污染治理，建设宜居城乡环境等。(3) 分层级强化流域突发环境事件预防应对，严格管控环境风险。坚持预防为主，构建以企业为主体的环境风险防控体系，优化产业布局，加强协调联动，提升应急救援能力，实施全过程管控，有效应对重点领域重大环境风险。牢固树立流域生态共同体理念，强化整体性、专业性、协调性区域，妥善处理流域经济与环境跨界纠纷。

三、构建流域生态服务分层供给机制的思路与对策

推动我国流域生态服务供给由行政分包供给向流域分层供给机制转变，就是要按照事权与财权相匹配的原则，明确不同等级流域生态服务供给主体及其责任，完善流域生态服务分层供给的资金保障机制，积极探索流域生态服务分层供给方式，完善流域生态服务分层供给的绩效评价体系，逐步建立以主体功能区划为依据，以流域管理为主、行政管理为辅、政府间纵向横向职责分工明确的网络化协作机制。

（一）厘清流域生态服务分层供给主体责任划分

“社会主义市场经济条件下政府主要职能是提供公共服务，因此从本质上说政府的事权也就是政府的公共服务职责。各级政府事权的划分不再依据行政管理关系，而是公共服务的层次。”① 在流域生态公共服务供给中，要根据有关法律规定、受益范围、成本效率等原则，明确分层供给主体及其职责。《国务院关于推进中央与地方财政事权和支出责任划分改革的指导意见》明确指出，国界河流治理、全国性战略性自然资源使用和保护等基本公共服务确定或上划为中央的财政事权。在此基础上，要根据流域的空间范围，厘清流域生态服务分层供给的主体责任划分。目前我国大多数河流尚没有统一的流域管理机构，中央政府在长江、黄河等七大流域机构也只是作为国务院水利部的派出机构，存在着监督管理职能有限、权威性不足等缺陷，难以承担流域水资源和水环境统一管理的职能。要进一步强化全国性大江大河流域管理机构的权威性，建立直属国务院领导的流

① 何逢阳．中国式财政分权体制下地方政府财力事权关系类型研究［J］．学术界，2010（5）．

域管理委员会，由流域管理委员会统一协调和决策流域范围内省际间各项管理事务，统筹协调流域、区域、行业管理的矛盾和冲突。流域机构作为流域管理委员会的常设执行机构，适度扩大其行政权力。对于跨省市界的中等规模流域，应当由中央和地方政府共同承担责任，在中央政府指导、监督下建立省际流域协作治理机制。省域范围内跨地（市）流域或者以一个省份为主的区域性河流，由省级政府设立综合性流域管理机构，并在现行河长制基础上，逐步由党政领导负责制转变为专业化的流域管理机构负责制。进一步厘清省、市县承担的责权，明确支出责任。凡属于跨区域、跨流域的环境问题，以及关系到全省重大生态安全的环境问题，确定为省级事权。将直接面向基层、信息复杂、与当地居民密切相关的环境问题确定市县事权。为此，要借鉴国际经验，加快我国长江、黄河等大江大河流域以及区域性河流立法进程，以法律的形式明确流域管理机构的地位、职责、权力、与地方的关系、组织机构和财务管理等，使流域统一管理有法可依。[①]加强流域机构的能力建设。流域机构只有具备雄厚的技术力量，才能发挥指导、审核和监督的作用。

（二）完善流域生态服务分层供给的资金保障机制

在多层治理框架下，流域生态服务分层供给，不仅要明确中央与地方政府的事权划分、支出责任以及资金来源等内容，而且要发挥不同类型流域生态资源禀赋，探索流域生态服务分层供给的绿色财政和金融政策。（1）适时开征生态建设税。我国流域生态服务供给的重点区域在于全国性大江、大河的中上游地区。这些重要生态功能区往往是经济发展欠发达地区，也是中央政府财政转移支付的重点区域。要整合现有生态环境保护相关的税种，围绕税收限制和税收引导两大类，完善生态税收体系，形成流域生态服务分层供给的稳定财政资金来源。（2）发行绿色债券。生态资产是具有战略性、长期性、公益性资产，也是国有资产经营的重要投资领域。根据国家发改委《绿色债券发行指引》，鼓励地方政府通过投资补助、担保补贴、债券贴息、基金注资等方式，支持环保企业发行绿色企业债券。同时，要积极探索环保部、水利部等中央部委发行绿色国债和省级政府发行绿色地方债，将其纳入流域生态保护领域 PPP、地方政府赎买重点区位商品林等的特殊财政资源。（3）完善绿色金融政策。鼓励商业银行绿色金融创新，开展森林碳汇抵押融资、碳汇债券等碳汇金融产品，丰富碳交易品种。积极争取将具有重要生态功能作用的饮用水源地、生态公益林等，列为国家开发银行贷款建设项

① 吕忠梅，陈虹．关于长江立法的思考［J］．环境保护，2016（18）．

目，获得更多的政策性贷款和贴息，为流域生态服务分层供给提供资金支持。（4）试点发行生态彩票。借鉴国际上生态彩票运作的成功经验。适时推动中央政府批准生态彩票发行，设立生态彩票基金会，以彩票收入作为基金会收入，既有利于增强公众的环境意识，又能筹集生态环保资金。

（三）积极探索流域生态服务分层供给方式

流域生态服务具有区域性多样性、差异性和系统性等，它兼有私人产品和公共产品的复合性质。根据不同类型流域生态服务供给短板，探索多样化分层供给方式，提高流域生态服务供给效率的重要途径。（1）分层级政府直接供给。中央和省级政府除了制定全国和区域生态环境保护规划、政策法规，引导和规制企业达标排放改善流域生态环境外，还要通过财政转移，在重要江河源头所在行政区增设管理机构和人员编制、下设附属企事业单位等方式，以国有林场、国家公园、流域管理机构等方式保护流域生态环境。（2）分层级政府购买生态服务。如同萨瓦斯所描述的那样，“政府仍然保留服务提供者的责任并为此支付成本，只不过不再直接从事生产。”① 由于流域生态服务存在于广阔的流域空间，政府难以应对广大农村地区公益林种养、管护等公益性活动。要明确各级政府和职能部门在流域生态环境保护领域的权力清单、责任清单和服务购买清单，政府通过与市场主体签订标准化的合同，按照市场价格向市场主体购买生态公共服务。（3）分层级市场化供给机制。政府创设不同层次的流域森林碳汇、排污权、取水权等交易市场，引导企业间自主开展交易的开放式市场体系。将价格、供求和竞争等市场机制引入流域生态服务供给过程，并发挥市场对生态环境资源配置的基础性作用，以实现流域生态产品和服务供求双方的利益平衡。

（四）完善流域生态服务分层供给的绩效评价体系

流域生态服务供给绩效评价包括人与自然、人与人之间两个维度。前者考察流域区内生态系统服务功能的变化；后者考察不同层级政府之间、流域上下游之间等多种利益关系的协调是否符合卡尔多—希克斯效率改进。流域生态服务分层供给过程中不同层级政府之间的分工协作是否具有效率，最终表现为流域区内生态系统服务功能的改善。党的十八大提出优化国土空间开发格局，要求加快实施主体功能区战略，推动各地区严格按照主体功能定位发展，构建科学合理的城市化格局、农业发展格局、生态安全格局。因此，建立与主体功能区相符的流域生

---

① 萨瓦斯．民营化与公私部门的伙伴关系［M］．北京：中国人民大学出版社，2002：69.

态服务分类评价、分类考核的绩效评价指标体系。包括流域区内的基本农田保护红线、水资源保护的三根红线和三根蓝线，以及森林、水环境、土地等生态红线指标纳入区域生态公共服务的绩效考核体系，考核结果作为地方政府综合评价和业绩考核的重要内容。加快探索编制区域自然资源资产负债表，落实对领导干部实行自然资源资产离任审计。将资源消耗、环境损害、生态效益指标全面纳入流域区内党委政府考核评价体系并加大权重。进一步完善流域生态文明建设目标责任制和行政问责制，实行领导干部生态环境损害责任终身追究制度。要对那些不顾生态环境盲目决策、造成严重后果的领导干部，终身追究责任。实行差别化评价考核机制，对禁止开发区域，实行领导干部考核生态环境保护“一票否决”制。

流域生态服务分层供给机制是我国流域管理体制机制改革的方向性选择，它是渐进的改革过程，涉及流域立法、财税体制改革、政府职能转变等诸多配套制度。尽管有曲折，但是“重要的是，坚冰已经打破，航路已经开通，道路已经指明。”稳步推进这一进程，既需要顶层设计，也需要小步慢进，寄希望于未来。

第五章

流域生态服务区际伙伴供给

流域既是特殊的自然地理区域，又是人与自然和谐共生的重要单元。流域水资源具有开放性、流动性、多功能性和可重复利用性等自然特性，流域上下游行政区际围绕水量分配、水力发电、水生态维护、防洪排涝等方面形成了复杂的生态利益关系。因此，必须要处理流域区际上下游、左右岸、干支流等不同主体的利益关系，才能促进流域人与自然和谐共生。流域生态公共服务区际伙伴供给的核心问题，主要包括三个方面：即根据国土主体功能区划，明确流域空间功能布局；因地制宜探索流域区域伙伴供给组织机制；完善流域区际生态服务供给成本分摊机制等。流域政府作为兼有公利性和自利性的组织，一方面扮演区域公共利益的代表，尽可能地促进流域自然生态资源开发利用，推动区域经济社会的发展；另一方面又遵从中央政府制定的流域主体功能区划的要求，承担行政辖区内生态环境质量。因此，在坚持流域自然资源统一管理基础上，中央政府不仅要明晰流域治理中各个层级地方政府的责权利，而且要加快建立流域区际政府间生态服务供给成本的分摊机制，这是推进流域生态服务机制由科层供给机制向网络化供给机制转变的题中应有之义。

第一节　国土主体功能区划与流域区际分工合作

流域区与行政区相互交织。流域规划和行政区主体功能规划在空间存在交集的状况。流域规划是以自然河流水系为单元，以实现水资源综合利用和保护为重点的综合性规划；主体功能区划是以行政区为单元，以优化国土空间开发结构为重点的综合性规划。流域规划是主体功能区划的基础，后者则是前者的重要保障。在同一个流域区内，各个行政区由于自然资源禀赋、人口布局等存在差异，就会形成行政区不同的主体功能区分布。以国土空间有序开发为基础，加快形成流域区际合作与分工，是缩小流域区际发展差距、促进上中下游协调发展重要保障。

一、推进国土主体功能区划的现实意义

国土空间是不可再生的宝贵资源。国土空间资源是经济社会赖以生存和发展的基础。一定尺度的国土具有多种功能，其中必有一个主体功能，这就需要进行科学的土地空间区划。按照赫特纳的观点，所谓“区划就其概念来说是整体的一种不断进行的分解，一种地理区划就是地表不断地分解为它的部分”。国土主体功能区划，就是要根据不同区域的资源环境承载能力、现有开发强度和发展潜力，统筹谋划人口分布、经济布局、国土利用和城镇化格局，确定不同区域的主体功能，并据此明确开发方向，完善开发政策，控制开发强度，规范开发秩序，逐步形成人口、经济、资源环境相协调的国土空间开发格局。[①] 推进形成国土主体功能区，是区域经济非均衡性发展的客观要求，也是区域要素资源非均衡性布局的现实选择。我国是一个人均自然资源少、要素资源空间布局很不均衡的发展中国家。改革开放以来，伴随着工业化和城镇化快速发展，国土资源利用空间结构出现明显变化，表现在农地非农化过快增长，耕地减少过多过快；国土空间利用地集约化程度较低，单位土地利用效率不高；生态系统功能不够健全，自然灾害较多；城市生产空间偏多，绿色空间偏少等。因此，科学谋划国土空间开发格局，形成科学的国土空间开发导向，是推动经济空间结构的战略性调整、优化生产力空间布局的客观要求；是推进区域协调发展，实现城乡区域基本公共服务的现实选择；也是从源头上扭转生态环境恶化趋势，实现可持续发展的有效途径。国家“十二五”规划纲要正式提出“实施主体功能区战略”；十八大报告提出要优化国土空间开发格局，加快实施主体功能区战略，推动各地区严格按照主体功能定位发展，构建科学合理的城市化格局、农业发展格局、生态安全格局。经过近 10 年努力，我国政府编制完成了《全国主体功能区规划》，并于 2017 年 5 月由国务院下发，为推动流域区际分工合作提供了规划基础。

---

① 马凯．深刻认识国土主体区的重要意义［N］．人民日报，2011－09－09.

二、推进国土主体功能区划的主要内容

（一）明确区域主体功能差异定位

主体功能区可以进行多维度分类。如图 5－1 所示，按照开发方式来划分，可分为优化开发区域、重点开发区域、限制开发区域和禁止开发区域；按照开发内容来划分，可分为城市化地区、农产品主产区和重要生态功能区；按照主体功能区划划分，可分为提供工业品和服务产品区域、提供农产品区域和提供生态产品区域。在主体功能区划中的“开发”是特指“大规模高强度的工业化城镇化开发”。限制开发并不是限制所有的开发活动。农产品主产区仍然鼓励农业开发，重要生要功能区“仍允许一定程度的能源、矿产资源开发和生态旅游等特色产业的发展。”① 由此，在一个完整的流域区内，由于不同行政区自然资源、人口和经济发展存在差异，因而存在着多种不同的主体功能定位、发展目标、发展方向和开发原则。遵循经济社会发展规律和自然规律，实施国土主体功能区划，建立国土空间规划体系，划定生产、生活、生态空间开发管制界限，落实用途管制，

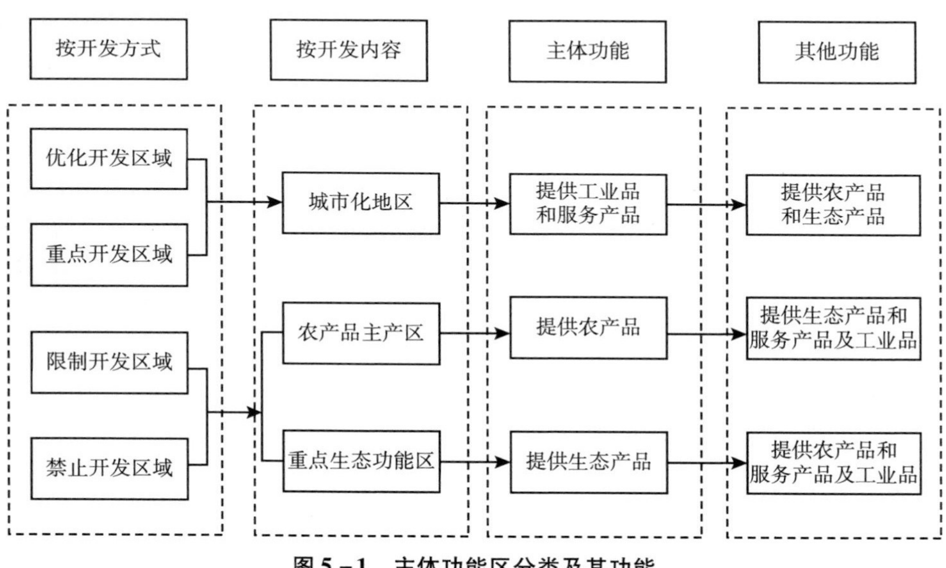

图 5－1　主体功能区分类及其功能

---

① 福建省人民政府关于印发福建省主体功能区规划的通知。

打破了长期以来各行政区以 GDP 为中心的发展思路，强调区域差异化发展，更加注重人口经济、国土资源在空间均衡分布、协调发展。主体功能区规划是一个战略性、基础性和约束性的规划，它是经济社会发展规划、土地利用规划、城乡规划、生态环境保护规划等的重要基础和衔接协调的依据。为此，党的十八届五中全会提出要“以主体功能区规划为基础统筹各类空间性规划，推进‘多规合一’”，增强规划间的一致性、整体性以及规划实施的权威性、有效性。

在主体功能区划的基础上，我国又进一步提出“划定生态保护红线”的重大制度创新。所谓生态保护红线是指在自然生态服务功能、环境质量安全、自然资源利用等方面，需要实行严格保护的空间边界与管理限值，以维护国家和区域生态安全及经济社会可持续发展，保障人民群众健康。① 生态保护红线又细分为三大红线：（1）生态功能保障基线，包括禁止开发区生态红线、重要生态功能区生态红线和生态环境敏感区、脆弱区生态红线；（2）环境质量安全底线，包括环境质量达标红线、污染物排放总量控制红线和环境风险管理红线；（3）自然资源利用上线，包括能源利用红线、水资源利用红线、土地资源利用红线。划定和实施生态保护红线，对于维护国家生态安全、保障人民生产生活条件、增强国家可持续发展能力具有重大现实意义和深远历史影响。2018 年 2 月，环境保护部出台落实“三线一单”的技术指导政策，提出要坚持以改善生态环境质量为核心，以生态保护红线、环境质量底线、资源利用上线为基础，划定环境管控单元，在一张图上落实“三大红线”的管控要求，编制环境准入负面清单，构建环境分区管控体系。

（二）实行差异化的区域管理政策

推进形成国土主体功能区，不是追求经济活动的均衡布局，而是中央政府实施区域差异化政策的重要指引。有差别，才有政策。要不断完善符合不同主体功能区划要求的财政政策、投资政策、产业政策、土地政策、人口政策、环境政策等政策体系。在财政政策方面，要建立以基本公共服务均等化为目标，适应主体功能区要求的公共财政体系，无论是东部地区、还是中西部地区，还是城市化地区，都要按比例上解财政收入，转移支付给重点生态功能区和农产品主产区。要深化财税体制改革，完善一般性财政转移支付办法，并加大转移支付力度。在投资政策方面，按照主体功能区划的差异，政府投资重点领域也有不同：在重点生态功能区和农产品主产区，政府投资重点在于扶持生态环保相关的绿色产业、基础设施和扶贫开发项目等领域；在城市化地区，重点投资用于提高自主创新和发

① 李干杰．生态保护红线——确保国家安全的生命线［N］．人民网，2014－01－21.

展战略性新兴产业、高技术产业化项目以及基本公共服务的“短板”领域。在产业政策方面，制定和实施适用于不同主体功能区发展定位的产业指导目录，严格市场准入制度，规范市场退出机制等。在重点生态功能区和农产品主产区，政府重点支持生态修复和环境保护、农产品生产能力、农业综合生产能力和公共服务设施建设等领域。根据生态发展区的功能定位和经济社会发展水平，在农业开发、生态环境保护以及基本公共服务设施建设方面，适当调减或免除县（市）级政府配套投资负担，提高区域基本公共服务均等化水平。

（三）实行差异化的区域政府绩效评价

政绩考核导向是影响官员行政决策的重要指南。按照不同区域的主体功能定位，实行差别化的评价考核，引导政府制定产业进入的“负面清单”和行政工作责任清单。对于优化开发的城市化地区，要加快转变经济发展方式，调整优化经济结构，着力提高自主创新能力，提升参与全球、全国分工与竞争的层次，重点优化空间结构、城镇布局、人口分布、产业结构、基础设施、生态系统格局等，强化经济结构、科技创新、资源利用、环境保护等关键指标开展区域政府绩效评价。对重点开发的城市化地区，要在优化结构、提高效益、降低消耗、保护环境的基础上推动经济可持续发展，成为支撑未来全省经济持续增长的重要增长极，强化经济增长、产业结构、质量效益、节能减排、环境保护和吸纳人口等指标评价（如表 5 - 1 所示）。对限制开发的农产品主产区和重点生态功能区，分别实行农业发展优先和生态保护优先的绩效评价，取消人均生产总值增长率、GDP 增量占全市增量比重、每万元投资产出 GDP（元）等 3 项二级指标，加大资源消耗、环境损害、生态效益等指标的权重。对禁止开发的重点生态功能区，全面评价自然文化资源原真性和完整性保护情况。进一步制定细化不同主体功能区市（县、区）地方政府绩效考评办法，完善发展成果考核评价体系，真正让绩效评价由“软约束”变成“硬杠杆”。

表 5 - 1　　不同主体功能区绩效评估体系

功能分区	关键领域	关键评估指标	弱化的评估指标
优先开发区	转变经济发展方式	服务业与高新技术产业增加值比重 研发投资比重 单位 GDP 能耗、水耗及污染物排放量 环境质量 吸纳转移劳动力比重	GDP 增长 投资增长 出口增长

续表

功能分区	关键领域	关键评估指标	弱化的评估指标
重点开发区	加快工业化和城镇化进程	GDP 增长 非农业人口就业 财政收入占 GDP 比重 单位 GDP 能耗、水耗及污染物排放量 环境质量 吸纳转移劳动力比重	投资增长率 中西部地区： 外国直接投资 出口增长率
限制开发区	保证农业生产安全 加强生态保护	生产能力与农户收入 环境质量 废水、废气和工业废物治理率 森林覆盖率与生物多样性	GDP 增长 投资增长 工业产出 地方财政收入 城市化率
禁止开发区	对自然保护区域实行严格控制	区域污染物排放	旅游业收入和其他经济指标

资料来源：国务院，2011 年。

三、流域区际主体功能差异与分工合作

在流域区内，不同行政区由于资金、技术、劳动力等生产要素禀赋存在差异。流域上游地区通常山地丘陵多，交通不便，产业聚集不足，劳动力外流明显等，经济社会发展相对落后；而流域下游地区通常是地形平坦的平原区域，交通便利，生产要素聚集效应明显。市场机制的作用必然会引起资金、技术、劳动力等要素资源向城市镇区域转移。20 世纪 50 年代，缪尔达尔（Myrdal）就指出：市场的力量通常是增加而不是减少区际的不平等。[①] A. 赫希曼（Hirschman）则进一步补充：区际间的不平衡增长，是增长本身不可避免的伴随情况和条件。[②] 在我国体制转轨时期，不只是市场的力量，地方政府过度竞争也加剧了区域极化效应。地方政府为了提升财政收入，画地为牢，大力发展行政区经济，经济发达地区的虹吸效应更加明显，城乡区域发展不平衡成为影响全面建设小康社会的重要短板。

（一）流域区际政府具有公利性和自利性并存

任何一个行政区域，都是整体中的局部，承担不同的区域主体功能定位，地

① 冈纳·G．缪尔达尔．经济理论与不发达地区［M］．杰拉尔德．克沃思公司，1957：26.

② A．赫希曼．经济发展战略［M］．北京：经济科学出版社，1992：167.

方政府作为中央政府的受托者，承担区域管理职能。重要生态功能区的地方政府承担更多的生态环保职责；城市化区域的地方政府承担更多的高新产业发展的重任。因此，地方政府在全国发展大局中扮演具有相同但又差异的目标任务，既具有公利性又有自利性特征。正如韦伯所认为的，“虽然在理论上科层组织只是非人格的部门，但实际上它却形成了政府中的独立群体，拥有本身的利益、价值和权力基础。”① 一方面“政府具有自我膨胀倾向。如果不存在有效的制约机制或者约束机制软化，政府的自身利益就会不断扩张和膨胀”。另一方面“政府机构的体制惰性使政府在制度创新方面受到自身内部力量的掣肘，从而行动迟缓，使政府的制度供给总是赶不上社会对制度的需求。”② 在我国中央集权的政治体制下，地方政府作为区域公共事务管理者，具有培育税基、增加税收，保障区域民生福利的职责，因而具有区域自利性特征。然而，区域分工差异又体现了地方政府的公利性特征。这种自利性和公私性的双重特性，有时会使得地方政府官员两难选择的困境。例如，重要生态功能区的地方政府在上级财政转移支付不足的情况下，为了保障基层政府机构的正常运作和基本民生福利，不得不吸进一些污染型企业，甚至成为污染企业的保护伞。

（二）流域区际政府竞争性与合作性相依

流域区际关系包含竞争与合作的两种关系。在中央与地方事权财权划分不清的情况下，地方政府为了区域共同利益，总是希望能从中央政府赋予更多的财政转移支付资金，获得更多的“特殊待遇”，以期获得更快的区域经济发展，实现行政区域利益最大化，体现地方政府的工作政绩。因此，当流域上下游政府都试图吸引更多的要素资源流入本地时，行政区之间竞争就产生了。加拿大多伦多大学教授布雷顿最早提出“竞争性政府”的概念，强调应该把政府竞争作为政治经济学的一种新的分析范式。各级地方政府都是区域公共产品和服务的提供者。“任何一个政府机构都与上级政府在权利和资源控制权上都存在竞争的关系，而同级政府之间在横向层面上展开着竞争。”③ 作为区际竞争主体，地方政府总是会立足于区位特点，培育主导产业，形成差异化的竞争优势。作为合作者，地方政府之间通过信息交换、共同学习、相互审查、评论、联合规划、共同筹措资

① 马克斯·韦伯．经济与社会［M］．北京：商务印书馆，2004：246－248.

② 蓝剑平．转型时期政府利益对政府行为的影响及其还原［J］．中共福建省委党校学报，2006（1）.

③ Breton，Albert. Competitive governments：an economic theory of politics and public finance［M］. New York：Cambridge University Press，1996：XI.

金、联合行动、联合开发、合并经营等不同的形式，破除地区之间的制度障碍，协调建设基础设施，降低区域之间经济联系的成本。政府间的横向关系“可以被看作是由地位对等的地方当局形成的分散体系，而且这些地方当局被竞争与协商的动力所驱动”。[①] 在市场经济条件下，区域公共产品供给水平，既是体现区域区际的核心竞争力，也是诱发居民区际流动的重要驱动力量。蒂布特（Tiebout）认为：“当居民不满意这一地方政府提供的公共物品的质量和数量时，居民就可以采取‘用脚投票’的方式，离开这一区域而选择公共产品的质量和数量符合其偏好的区域来居住。”[②] 因此，地方政府为了避免有能力居民的流失，将提高行政运行效率及公共物品的性价比，在区际竞争中合作，通过区域同城化、区域经济一体化等方式，缩小城乡区域发展水平。

（三）流域区际合作要立足于区域经济社会永续发展

在符合国土主体功能区划的基础上，合理开发流域生态资源，是促进城乡区域协调发展的重要内容。流域上游山清水秀但贫穷落后不行，流域下游殷实小康但环境退化也不行。当前我国流域区际生态补偿存在诸多问题。包括：流域生态补偿鼓励各地“摸着石头过河”，尚未建立顶层制度设计；按照自然要素实施生态补偿，各种政策存在交叉或重复，导致资金分配不合理，各地苦乐不均；政策出台以问题导向、依托项目实施，缺乏长效性和稳定性；生态受益者与保护者间的利益关系脱节，以及补偿标准偏低、补偿范围偏窄、区域间生态补偿政策和方式不明确等。因此，流域生态服务区际补偿，不仅仅是区际间财政资金转移支付的问题，而是涉及不同主体功能区之间的城乡区域协调发展问题，也是涉及区域基本公共服务均等化问题，最终实现全流域经济社会和环境的可持续发展的目标导向。上游地区要大力节约资源、开展环境保护和生态保育，积极发展绿色生态产业，积极将生态资源优势转化为经济发展优势，尽可能地通过市场机制实现区域自生能力的提升。下游地区在享受流域生态产品和服务的同时，除了实行资金补偿外，还要通过对口帮扶、开展异地开发补偿、实施人才培训、共建“飞地经济”等多种方式，加大横向补偿实施力度。

在经济社会发展过程中，总是伴随着自然资源开发利用、废弃物排放等行为。因此，流域生态系统功能的维护和改善，是需要政府、企业和社会公众长时

① Paul R Dommel. Inter-governmental Relations in Managing Local Government [M]. Sage Publication Inc, 1991.

② Tbieout. A Pure Theory of Local Expenditures [J]. Journal of Political Economy, 1956 (6): 64.

间共同努力的。流域生态服务供给过程，具有长期性和持续性的特征，集体农民等生态资源所有者将长时间失去资源开发利用的机会成本，即长时间难以通过市场交易实现价值补偿。因此，政府、企业、居民等社会各个生态服务的受益者，就必须以生态补偿方式把生态产品的正外部效益和社会效益转移给生产者，否则面对成本与收益的不对称，谁也不能进行生态产品的持续生产。因此，流域生态服务区际补偿要立足长远，遵循生态建设的自然规律和经济规律，确保流域上游具有生态效益的自然资源资产使用权的长期稳定，适当延长具有生态效益的自然资源资产使用权期限，使之与生态建设的长周期性相匹配。

第二节　流域生态服务区际伙伴供给的组织模式

流域上下游之间是既有共同的环境利益，又各有相对独立经济利益。流域区内的不同地方政府是不同群体公共利益的代表。由于不同流域的地理区位存在差异，行政区际关系包含着不同的情况。按照行政区数量看，可以分为双边关系和多边关系；按照行政间生态利益关系看，可以划分为生态保护区与受益区；按照自然地理特征，可以划分为上游、中游和下游，或空间相邻的左右岸关系。探索建立符合各个流域自然地理特性、区域文化和政治体制要求的行政区际间合作机制，是实现流域生态服务区际伙伴供给的重要内容。

一、流域区际间关系的治理结构分析

（一）治理结构的类型及其影响因素

流域生态服务区际伙伴供给，属于流域区际功能分工与利益交易的过程。威廉姆森将市场经济中的各种交易行为还原为“合同”或者“治理结构”，认为市场组织的“治理结构”与“资产专用性”密切相关。如果将流域区际之间看作是一个虚拟的市场，那么流域区际间也存在四类类型的治理结构：（1）市场治理：即标准的市场交易。例如，澳大利亚跨州水权市场是政府主导的开放性市场，水权交易信息是公开，交易过程是自愿、平等地进行的；水权交易的买方和卖方角色随时可以变换。（2）双方治理：没有第三方介入，交易双方通过签订长期交易合同来维持交易。例如，流域生态服务供给过程中，保护区与受益区比较明确的地方政府之间签订长期的饮用水保护交易。（3）多方治理：流域区的多个

行政区之间，在共同的上级政府主持协调下，通过签订长期稳定合同形成横向生态补偿机制。（4）统一治理：即交易活动由统一组织按照制订计划来完成的。例如，跨流域、跨区域调水是依靠中央政府行政权威来推动的，并确定区域政府间的横向补偿标准。上述四种交易方式均有存在的必要性和适用性，并不能说哪种结构更合理。但对于具体交易究竟选择哪种治理结构来完成，取决于影响交易成本的三个因素：不确定性、交易频率和资产专用性程度。①

表5-2显示，当流域生态服务交易过程不涉及资产专用性时，无论交易频率高低，都将以标准的市场治理结构来完成，原因是市场上有许多供货商和需求者，信息充分透明，供需双方无须与任何人签订合同就能很容易地进行交易。当然，流域生态服务交易，不同于一般性商品的实物交易，表现为生态服务产权（取水权、排污权）在不同主体之间的转移，因此，生态服务的市场交易需要比较完善的制度技术条件。当流域生态服务交易涉及中等程度的资产专用性时，偶然的交易可能会以三方治理方式出现。例如，流域上游生态建设需要污水处理、水库、河道护坡等基础设施的投资，这些固定资产一旦投入后就很难再改变用途。所以需要稳定合同来约束流域区际政府的行为，甚至共同的上级即第三方力量的介入可以确保合同长期稳定地执行。当前我国闽江、新安江等流域生态补偿，都是由共同的上级政府推动的。当然，经常交易使双方彼此了解，在不需要第三方介入的情况下，也可以按双方治理合同方式进行。无论是双方治理，还是三方治理，都是属于准市场的契约结构。当固定资产资金需求量大、投资回报周期长，且具有高度专用性时，无论是偶然的还是经常的交易，流域区际政府之间更愿意采取统一治理结构，因为资产专用性越强，其用途就越是单一，资产沉没性也就越大，交易过程中任何不确定性都将给交易双方带来重大损失。

表5-2　　资产专用性、交易频率与治理结构选择的关系

		资产专用性		
		非专用	中等专用	高度专用
交易频率	偶然的	标准的市场治理	三方治理	三方治理或统一治理
	经常的	标准的市场治理	双方治理	统一治理

资料来源：威廉姆森．资本主义经济制度［M］．北京：商务印书馆，2002。

① 不确定性是因为交易者的有限理性和机会主义倾向所致；交易频率指一定时期内的交易次数，分为偶然和经常两种情况；资产的专用性程度则分为非专用的、中等专用的和高度专用的三种；若排除不确定性，治理结构的选择就取决于资产专用性程度和交易频率。

市场治理是最简单的治理结构，只需要遵循供求、竞争和价值规律，由市场机制自发调节来完成。统一治理是基于复杂的交易过程而建立的高级治理结构，必须按照科学计划、严密组织来保障完成。准市场的契约型结构包含市场治理和统一治理的双重属性，它介于两者之间。不同性质的流域区际生态服务交易活动，必须建立各不相同的治理结构与之相匹配。运用复杂的统一治理结构来解决简单的交易过程，实质上是社会资源的严重浪费；同时试图用简单市场治理结构来解决复杂的交易问题的做法，则会使事情一团糟。目前国内诸多新自由主义经济学信徒将市场奉为无所不能的神圣，生态经济学领域中夸大市场机制功能的学者并不鲜见。理想的组织治理结构，应该是在达成预期目标的前提下交易成本最小的治理结构。

（二）不同类型的治理结构是可以相互替代的

从资源配置方式的角度看，契约型治理（包括双方或三方治理）、一体化组织模式都可以是市场交易活动的替代形式，虽然节约了利用市场所产生的交易成本，但作为一种组织形式，其建立与运行必然要支付一定内部管理成本。内部一体化组织的规模越大，其管理成本就越高。一般来说，由于减少了讨价还价的谈判和对交易对象和价格的搜寻以及违约现象的出现，契约结构和内部一体化的边际管理成本低于市场交易成本；随着内部一体化组织规模的扩大和内部层级的增加，组织内部的边际管理成本迅速上升。因此，内部一体化组织的规模界定便落于一体化组织内部边际管理成本等于外部市场边际交易成本的那一点（E）上，即 MTC = ITC（见图 5 − 2）。

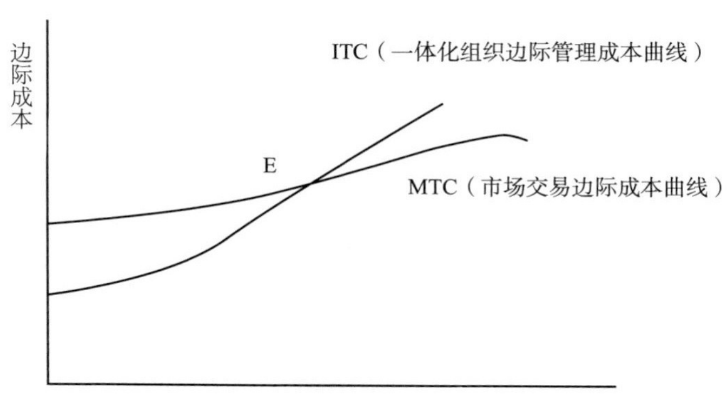

图 5 − 2　内部一体化组织规模效率决定

市场交易成本取决于市场发育程度，一体化组织的配置成本取决于组织内部的管理成本，因而内部一体化组织的形成和解体在本质上取决于市场发育程度和一体化组织内部的组织管理效率。西方发达国家市场发育相对成熟，产权明晰，信息畅通，契约规范，市场法规较完善，市场交易成本也就较低廉，而内部一体化组织特别是产权维系型一体化组织的运行成本相对较高。

在一定的经济发展时期，市场发育状况是一定的，即市场交易成本对某一特定组织来说是不变的，而产销一体化组织内部管理效率的高低是决定其内部配置成本高低的关键。管理效率越高，内部配置成本越低，合理规模的限度就越大。组织管理效率不仅取决于管理者才能及成员的合作意识，而且取决于组织内部的规模，即资源配置规模能否充分发挥其效应。可见，市场型和一体化组织是组织治理结构的两种极端形式，在现实经济生活中，更多的市场和政府组织间的合作是采取介于中间性质的契约型治理结构，从而形成了伙伴合作机制。

流域区际生态服务伙伴供给，既表现为微观主体之间的合作，如下游受益企业补偿上游生态保护做出贡献的个体农民等，又表现地方企业之间的合作。区域性小规模流域内微观主体的合作，完全可以用交易经济学进行分析。但是，地方政府的合作又具有其特殊性。面对流域区际水权纠纷或者水环境变化，地方政府之间可以采取多种可能的合作方式：（1）变更辖区。通过行政区之间的水平合并和垂直兼并来实现区域的重造。中国古代历史上，流域水患频发、河道变迁、堤防闸坝兴废是水环境变迁的主要表现形式，也是行政区划调整关系的重要诱因，包括行政区更名、改变隶属关系以及机构废止等历史过程，其中以黄河水患和运河通航为主的水环境变迁是该地区行政区划变迁的最主要因素。[①]（2）建立机构。在流域行政区划分的基础上建立统一的流域管理机构。（3）契约组织。流域区各地方政府按照俱乐部机制，协调做好区际生态利益协调机制。（4）法定调节。由国家或中央政府制定相应的政策措施来调节流域区际生态利益。当前我国正在探索大江大河流域横向生态补偿机制，就是属于中央政府主导的协调方式。（5）伙伴关系。流域区内的利益相关者，包括公共部门和私营部门间的一种组织或者机构联盟，表现为政府主导型网络治理机制。

威廉姆森认为，当不确定性、交易频率和资产专用性等变量处于较高水平时，科层机制就是比较合适的选择：科层制在克服组织失效关系方面具有一系列潜在优势，这些优势体现在适应有限理性、机会主义、不确定性、小数目交易额等人的因素和环境因素。科层制之所以能够成为市场替代物，成为具有效率的管

① 李德楠．水环境变迁与行政区划的调整—运河城镇张秋的个案考察［J］．历史地理（28）．

理制度，因为具有激励、控制和“内在结构优势”的属性。政府可以依靠高效的行政组织能力，开展多种协调机制，将流域生态服务外向效应内在化，弥补“市场失灵”。然而，科层机制运行的效率受到组织层级和规模、激励和约束政策的有效性等因素的限制，用职务升迁等办法来激励行政团队并非完全有效。由于科层制的组织规模、管理层级与管理成本呈现正比例关系，最终很可能导致“组织失效”；而且科层机制还强调组织的领导者素质、权威性、比较完善的组织结构与信息收集能力、完善的惩戒机制等，如果这些条件不具备，科层制的治理绩效会大打折扣。

二、流域生态服务区际伙伴供给组织模式比较

由于流域水资源流动的单向性和不可逆性，流域上下游通常会分布在不同的行政区域，从而形成以水资源为纽带、地位不对等的上下游区际政府间关系。由于流域上下游各行政区内生态利益主体的多元化和利益关系的复杂性，流域区际生态利益的矛盾协调通常是由作为区域公共利益代表的地方政府之间来进行，从而形成了流域生态服务供给中双边或多边的交易关系。从短期博弈的角度看，如果上游政府选择不保护生态的短期收益大于选择保护的长期利益，那么上游就缺乏主动进行生态保护的动力；而对下游而言，不论在上游是否选择生态保护的情况下，都将选择不补偿，而使其获得的外部效用最大。因此，短期博弈结果是：上游不保护，下游不补偿，陷入“囚徒困境”。但从长期博弈的角度看，需要探索合适的政府间合作机制，完善流域区际间的激励和约束机制，才能使上下游政府之间的博弈由非合作转向合作。由于流域区际合作是稳定的双边或多边市场结构，大多数流域区际合作都是采取契约伙伴供给方式。

（一）流域区际合作的双边治理结构

在生态服务贡献方与受益方比较明确的区域性流域，区际水权交易具有明确的交易对象，因而其更多地表现双边治理结构，即流域上下游（跨流域）双边主体之间通过自主协商方式，进行生态服务供给的交易方式。按照交易主体进行划分，可分为私人间双边市场治理结构和政府间双边市场治理结构。在自然资源产权明晰、小规模流域补偿实践中，下游企业为了获得上游优质水源等生态服务，往往采取私人间双边市场治理结构。例如，哥斯达黎加水电公司、筏运公司和法国瓶装水公司等均通过该种方式与上游生态供给者进行利益协商，均采取直接购买上游地区土地及其开发权，向提供生态服务的土地所有者直接支付补偿方式。

然而，在大中型跨省（州、市）流域生态服务供给中，由于涉及复杂的利益关系，通常实行政府间双边治理结构。例如，根据《清洁水法》，美国联邦环保部门于1993年作出规定，所有取自于地表水的城市供水，都要建立过滤净化设施，除非水质能达到相应要求。为此，纽约市政府经过测算，建立新的过滤净化设施，预计总费用至少需要63亿美元，其中固定资产投资60亿~80亿美元，每年设备运行费用3亿~5亿美元。如果采取市场化的生态补偿方式，在10年内投入10亿~15亿美元，改善上游的土地利用方式，只要85%的农场加入该项目，水质同样可以达到要求。经过反复权衡比较，纽约市政府最终决定纽约市与上游特拉华州签订了卡茨基尔流域的清洁供水协议，通过投资购买上游卡茨基尔流域和特拉华河流域的生态环境服务。我国浙江省的义乌与东阳两个地级市也是在两个地方政府自主协调下，采用政府间双边市场治理结构，解决跨行政区水资源调配问题。目前，我国跨省和省内双边区际生态补偿实践已经有了良好进展。安徽与浙江、福建与广东、广西与广东、江西与广东、河北与天津等省（区、市）人民政府已分别推进新安江流域（二期）、汀江—韩江流域、九洲江流域、东江流域、引滦入津上下游横向生态补偿工作，形成激励约束相融的区际合作机制。

（二）流域区际合作的多方治理结构

为了克服流域区际政府短期博弈的“囚徒困境”，流域上下游政府往往会引入共同的上级政府参与协调谈判，从而形成多方治理结构。在大中型流域流经多个行政区，生态保护不仅涉及多个层级政府以及行政区内企业、农民、社会组织等利益相关者的参与。因此，更需要组建由利益相关者共同参与的常设组织机构进行议事、协调和谈判，从而形成“俱乐部”机制。跨省流域生态补偿作为一项“俱乐部产品”所拥有的特性造成的。根据布坎南（1965）的观点，日常生活中的产品其实质上通常是存在于公共产品与私人产品间，也就是俱乐部产品。俱乐部产品有一个典型特点就是，只有在该“俱乐部”的成员才能享用到它，而且成员对其的使用并不是无偿的，需要付出一定的成本。美国联邦政府倡导设立了“作为协调联邦与州、州际之间、地方和非政府规划”为主要职责的流域委员会。例如，流经美国8个州的俄亥俄河流域，就建立了共有27人共同领导的跨区际治理委员会。该委员经费预算来源于各州的议会拨款，委员会常设的执行局在实施环境保护规制时充当了州际利益调解员的角色。[①] 法国流域管理采取是由不同

① 关于美国各州之间如何协调环境管理的问题，参见BG Rabe，Fragmentation and Intergration in State Environmental Management，Washing，DC：Conservation Foundation，1986.

利益代表组成的网络化治理机制。例如，法国的流域委员会中，国家和专家代表、选民代表和用户代表各占 1/3，被称为“水务议会”，用水户组织已成为该国用水改革的主要力量。澳大利亚按照决策与执行相分离的原则，不仅创设了流域州际协商管理的组织框架，签订了流域协商管理的州际协议，制定和实施“墨累—达令流域行动”，而且还形成了跨州际的水权（排污权、取水权）交易机制，建立相对成熟的流域生态服务供给的多方治理结构。近年来，在我国流域生态补偿实践中，逐步由传统的科层治理机制中引入区际协商等伙伴供给机制，形成了由上级政府参与、流域区际政府间多边治理结构。目前我国跨珠三角的省市协作，围绕东江、西江等流域生态补偿进行比较有效的合作，但涉及更多省份的长江、黄河等流域生态补偿正在破题，尚未形成成熟的方案。坚持以“共抓大保护、不搞大开发”为导向，推动长江经济带生态补偿，成为当前生态补偿领域研究的重点和难点。

（三）流域区际内部一体化治理结构

大江大河通常跨越多个行政区。在以行政区为单元的经济发展和政绩评价体系中，推动流域水电、航运、养殖等综合开发利用，是行政区经济发展的重要内容。流域区内水陆两域生态资源开发呈现利益主体多元化、开发方式多样化和时空布局分散化等特点，由此容易诱发区际生态利益矛盾。[①] 设立权威的流域管理机构，实行流域区际内部一体化治理结构，有利于流域综合开发中的州际冲突和矛盾。20 世纪 30 年代之前，美国田纳西河流域由于许多矿产资源无序开采，土地沙化和风化日益严重，导致洪水经常泛滥成灾，疾病流行，田纳西盆地沦落为美国乡间贫民窟，当地居民人均收入不足 100 美元，仅为全国平均水平的 44%。1933 年，美国国会通过《田纳西河流域管理局法案》（简称 TVA 法），据此联邦政府设立了“政企合一”的田纳西流域管理局（TVA），它属于联邦政府部一级机构，既拥有流域自然资源的行政管理权力，又拥有经营航运、发电、灌溉等流域综合开发的经济实体，代表联邦政府对流域实施统一管理和综合开发。TVA 提出田纳西河流域多目标梯级开发方案，在干流规划建设了 9 座梯级水电站，支流规划了 30 多座中小电站；并通过治理水土流失、植树造林等措施，改善了生态环境，减少水库泥沙淤积。流域动植物品种数量增加，江河水域中淡水贝类 125 种、蜗牛 96 种以及鱼类 319 种，成为北美地区生物多样化最丰富的河流之一。由于控制了洪水，扩大了灌溉面积，改善了航道及流域内交通，带动了区域内工业、农林渔业、煤矿开采和旅游业全面发展，其中工业就为当地居民提供了 10

① 陈湘满．论流域开发管理中的区域利益协调［J］．经济地理，2002（5）．

余万个就业机会，极大地促进了当地社会经济发展。到 1977 年，全流域平均国民收入比 1933 年增加了 34 倍，田纳西州已由过去以农为主、环境恶劣的贫穷地区变成以工业为主、全面发展的现代化区域，创造了举世赞誉的田纳西奇迹。

田纳西河流域综合开发的成功，显然得益于其特殊的管理体制。在行政区与流域区的关系上，强调基于流域管理的统一性，该流域管理局拥有独立于、甚至高于地方政府的自主权力。联邦政府采取了“一体化”科层机制代替了州际之间准市场机制，通过制定全面开发治理该河流的专门法律，设立专门的流域管理机构，授权流域管理机构制定长期的流域综合开发专门规划，实施对流域统一管理和综合开发，其实质是采取法律、行政等政策手段解决流域水资源开发中的外部性内在化问题，避免了水资源分散开发所带来的州际协商成本。为了弥补科层制的缺陷，田纳西河流域管理局还设立具有咨询服务性质的地区资源管理理事会，发挥民主协商机制，集思广益，努力提高决策科学化和民主化。这种咨询机制优化了田纳西河流域的治理结构，对 TVA 高度集中的行政决策发挥了重要的决策咨询作用；同时也符合现代流域管理公众参与和协商的发展趋势。①

然而，任何制度设计都不是完美无缺的。上述三种治理结构各有自身的优势和不足。政府间的双方治理结构是一种准市场（准政府）的市场结构，是比较适合在两个行政区之间的水权分配和交易。多方治理结构更适合跨越多个省域的水权合作机制。在生态资源产权明晰的条件下，市场交易机制具有较高的资源配置效率。然而，流域生态服务产权交易是一个复杂的市场体系，有赖于构建适应市场化的生态资源产权制度，有赖于培育合理的生态资源价格形成机制，有赖于生态产权交易转让的中介服务体系等。田纳西河流域管理局实现内部一体化的治理结构，是一种类似“集权与统一”的管理模式。在实践中，流域管理内部一体化与各州际独立的经济利益时常发生冲突，尤其是在面对复杂性生态环境问题，TVA 的决策难免失当从而招致一些批评声音，甚至已有参议员提议废止《田纳西河流域法案》，更有一些倡导生态主义的环境学家认为，田纳西河流域发展火力发电加剧了空气污染，分段建造堤坝开发水电隔断了自由流淌的水河，建造核电站则是弊大于利等。然而，这些只讲环境保护不谈经济发展的评价显然有失偏颇，难以让人信服，大多数人更加认可田纳西河流域实行流域统一管理和综合开发所取得的巨大成就，它作一个样板为全世界流域管理提供可资借鉴的经验。

鉴于流域生态服务供给主体多元化、供给范围的区域性以及利益关系的复杂性等因素，探索具有“俱乐部”特征的流域区际多方治理结构，可以有效降低彼

① 谈国良，万军．美国田纳西河的流域管理［J］．中国水利，2002（10）．

此间的博弈成本。多方治理结构是现阶段我国跨省际流域区际生态服务伙伴供给的重要组织模式。当前我国流域生态补偿机制探索重点正由省域范围内的小型流域向省际间的大中型流域转变。在中央政府的牵头组织下，引导流域区内省级政府共同协商，逐步形成多方都接受流域生态建设成本的合理分摊机制，实现重要生态功能区外部效应的内部化，让生态保护的受益区支付相应的费用，使生态保护区得到合理回报，消除生态服务供给的“搭便车”现象。

三、流域生态服务区际伙伴供给组织机制构建

当前我国中央与地方政府、流域区际政府在生态服务供给中责权利模糊不清；大多数流域生态补偿局限在省域范围内，跨省际流域生态补偿进展较慢，除了新安江流域、汀江—韩江流域、九洲江流域已实施外，其他流域尚处于意向阶段；流域区际生态服务补偿是以区际协议方式确定，流域区际生态服务伙伴供给缺乏有效的组织载体。因此，推动我国流域区际生态伙伴供给由契约型向机构型转变，建立流域区际生态服务伙伴供给的多方治理结构，是我国流域生态文明建设的重要内容。

（一）因地制宜探索流域区际多方治理的组织载体

从世界范围内来，各国流域管理机构主要有三种类型：一是全流域一体化的综合开发模式。将流域作为一个自然生态系统的整体，建立流域统一管理、统一综合开发经营的管理机构。美国田纳西流域管理局、加拿大拉格朗德流域水电开发公司、澳大利亚雪山工程公司等都是属于行政管理与经营开发一体化的机构。它们在推行统一开发建设过程中注重良好的外部环境建设，通过协议与当地形成全新的社会合同关系。二是多元利益参与的流域协调委员会。美国的特拉华河流域、澳大利亚的墨累河流域等都成立由州际政府、用水主体等各方代表参加的流域协调委员会，对流域水资源综合开发活动承担咨询服务、利益协调等职能。三是流域综合性流域机构。英国的泰晤士河水务局，既没有像美国田纳西河流域管理局那样拥有广泛的权利，也不像美国特拉华流域协调委员会那样扮演狭窄的配角。它主要通过采取产业化、市场化的经营手段，实现全流域统一管理和水资源、水污染统一治理，重点在克服政府碎片化管理体制。[①] 近年来，我国针对流域水资源和水环境多头管理的现实国情，推行地方各级党政领导担任河长制，明

① 胡熠．论流域综合开发中区际利益协调［J］．中共福建省委党校学报，2011（6）．

确了流域不同河段的治理责任主体。目前省行政区范围内的区域性流域大多都设了总河长以及不同层级的河段长；跨省级大江大河并没有设立总河长，只有各省级的河段长。例如，长江流域按照行政区划分，总共有 11 个省级河段长。长江流域生态环境规划仍由生态环保部、发改委等相关部委协商制定。河长制既强化了流域区内各行政首长的目标责任制，又促进了开展流域区际合作的动力和压力。从短期看，我国流域区际合作机制，要基于现实的问题导向，针对流域水污染的突出问题，建立流域性水污染防治监管机构，是切实可行的政策措施。从长远看，我国应当采取“因河施策”，对于跨越多个省份的大江大河流域，在现有省级“河段长”分段治理的体制基础上，逐步向建立综合性流域管理机构转变，强化流域机构的权威，实现流域水资源保护、水污染治理、水生态修复和水土保持统一规划，将水的开发利用与能源、环境保护、维持生态平衡等方面结合起来区域性的小流域可以实行全流域一体化开发的模式。例如，乌江流域让有实力企业开展全流域水利资源“梯度、滚动、综合”开发，就取得显著经济和社会效益。[①] 横跨晋冀京津四省市的永定河流域，成立了由国家发改委、水利部和四省市共同出资的永定河流域股份公司，该公司承担全流域生态环境统一规划和治理任务，各省市根据按量付费，向流域公司支付生态用水费用。

（二）规范流域区际多方治理的决策机制

当前我国流域水环境治理主要是以行政区为单元的分包治理，依靠行政权威有效实现了自上而下的垂直分工管理。然而，流域左右岸、上下游区际协作机制明显不足，尤其是跨省际环境管理协调机制迫切需要加强。从短期看，要以河长制为基础，以流域生态横向补偿为重点，在长江流域、黄河等大江大河成立由生态环保部、财政部和各省河长组成的流域生态补偿委员会，完善流域区际民主协商机制。从长远看，要立足于全流域生态资源综合开发为导向，由中央政府牵头、沿江各省（直辖市）组成的流域开发管理委员会，实行民主集中制的决策原则，定期举行会议，就流域的防洪调度、水资源分配、水环境补偿、重要水工程建设、重大投资项目等事宜进行磋商和谈判，在民主协商机制下对各行政区用水、环保等合约以及违约惩罚方法等做出决策，尤其是对区际补偿方式、依据、原则、程序和实施细则等明确规定，通过长期合作的动态博弈，增加相互间的激励和约束机制，以逐步弱化地方和部门保护主义。[②] 流域综合性管理机构作为流

① 熊敏峰．新时期赋予流域开发更多内涵［N］．中国能源报，2010-08-16：20.

② 胡熠．论流域综合开发中区际利益协调［J］．中共福建省委党校学报，2011（6）.

域开发管理委员会的常设机构，只有强化其权威性，才能真正执行流域水资源规划的编制、对流域水质水量的监测、水功能区的划分、水工程建设项目的审查、水事纠纷处理和执法监督检查及水行政处罚的职责等十项职能，从而实现流域管理与行政区管理的有机结合。

（三）完善流域区际多方治理的信息共享机制

彼此间的信任是增进区际合作的基础，而信任又基于信息的充分交流与共享。建立和完善流域水环境信息统一收集、汇总、交流与共享机制，是加强区际生态补偿的重要保障。在环境质量行政分包制度下，基于区域或部门利益的考量，省际之间甚至省内各部门之间，不愿将自身掌握的信息无偿分享给其他地区或部门。七大流域管理局作为统筹协调流域地方政府的中介组织机构，但流域管理局只负责水利工程建设和防洪减灾，其他有关于水资源总量、水资源质量等是无权负责的。七大流域的支流、干流以及众多小流域的管理只是由流域内各涉水管理部门“多头管理”，缺乏统一的管理机构及信息共享平台，导致流域治理信息数据无法有效汇总共享、形成信息化治理优势。加快推进现代信息技术在流域生态治理，迫使需要建立大江大河流域生态补偿大数据平台，统一规范水质监测指标、标准、评价方法及监测数据记录、存储、处理和发布流程，并逐步实现流域内跨省、跨部门的协同互动和数据信息资源共享。运用 GIS 技术，建立包括水质、水文、污染源、气象、生态等信息的水环境综合信息数据库，建立包括基础数据库、水质模型数据库、水质评价方法库等内容的水环境综合决策支持系统，以及水环境自动监测监控数据采集、发布系统，环境影响评价管理系统等；进一步完善和规范流域水环境统一、权威的信息收集和发布程序，实现水文信息数字化、互相传输网络化、信息发布规范化、信息资源共享、先进技术共用的流域区内协作目标。

第三节 完善流域生态服务区际利益补偿机制

21 世纪以来，我国积极探索和完善区域性流域生态补偿体系，并形成了比较稳定的区际政府间合作机制。然而，对于跨越多个省份的大江大河流域，包括长江、黄河、松花江等，流域区际生态补偿机制尚处于破题阶段。因此，加快建立以国土主体功能区划为基础、反映综合性生态服务功能的我国大江大河流域生态补偿机制，是流域生态公共服务区际伙伴供给的重要内容。在区域性小流域生态补偿研究中，学术界都侧重于按照“谁保护、谁受益”“谁受益、谁付费”

“谁破坏，谁补偿”的原则，探索流域区际生态补偿机制，这对于涉及行政区数量和行政层级较少的流域具有较强的实践操作性，但对于涉及行政区域和行政层级较多的大江大河流域，生态补偿在实务操作上具有较大的难度。因此，基于全流域网络化供给的理念，探索由以往“下游补偿上游”的单向思路向“区际众筹”思路转变，加快形成“成本共担、效益共享、合作共治”的流域保护和治理长效机制，使得保护自然资源、提供良好生态产品的地区得到合理补偿，以实现流域生态服务区际补偿体系“科学化、规范化和法制化”的目标。

一、明晰流域生态服务补偿成本分担的责任主体

从全流域网络治理的视野看，流域政府、企业和个体居民都是流域生态保护的贡献者，也是生态保护的受益者，只不过是不同主体的贡献和受益程度存在差异而已。流域上游的政府、企业和居民在生态保护中的贡献通常要大于自身的受益程度，而下游地区的政府、企业和居民在生态保护中的受益通常大于自身的贡献程度。由于流域生态服务具有公共池塘资源特性，我国流域生态服务区际补偿主体和客体在法理上很不明晰，很难通过市场交易或自愿协商达到资源的最优配置。流域生态服务区际补偿大多数是由地方政府及中央政府（或共同的上级政府）主导，上下游的企业、农户等参与积极性不高，多元主体协商共治机制尚未形成，难以形成有效的激励和约束机制。因此，建立由上下游政府、企业和居民等多元主体共同分担流域生态供给成本，这是流域生态补偿机制建立的核心。

（一）设立流域生态补偿资金

根据我国中央与地方政府在流域分层治理中的事权划分，流域生态服务供给过程既有中央与地方各级政府独立承担的事权，又有中央与地方共同承担的混合性事权。例如，中央政府承担着一级流域跨省界行政断面水环境监测执法，流域区内各省级政府承担辖区内流域水质达标、防洪防涝等流域水安全的职责；而作为国家重要生态功能区的大江大河源头生态建设，则是中央与地方政府共同承担的混合性事权。因此，推进流域生态服务网络化供给机制，首先要在厘清各级政府责权利边界的基础上，设立政府流域生态补偿资金。例如，2011 年起实施的新安江流域生态补偿中，中央财政和浙江、安徽省级政府共设立 5 亿元生态补偿资金；2017 年福建省级政府统筹安排 3.2 亿元用于重点流域生态保护补偿资金。因此，在长江流域等大江大河生态补偿实践中，应考虑由中央政府和流域区省级政府共同设立流域生态保护补偿资金。2018 年，财政部等相关部门已启动实施

长江经济带生态修复奖励政策，到2020年，中央财政拟安排180亿元促进形成共抓大保护格局。

（二）流域区内自然资源税按比例提取

2016年，我国出台的资源税改革方案，明确要加快清费立税，扩大资源税开征范围，包括开展水资源税试点工作，逐步将森林、草原、湿地等自然资源纳入征税范围，实行矿产资源从价计税等。根据《水土保持法》的要求，各级政府在财政预算中单列出水土保持专项经费。进一步完善水、土地、矿产、森林等各种自然资源税的征收、使用和管理办法，加大各项自然资源税使用中用于生态服务补偿的比重；根据物价指标的变化，适时合理提高水资源和排污收费价格，或者积极探索开征生态补偿费（税）方式，从流域生态受益主体、行业和群体中筹集更多的补偿资金；建立起由社会各界、受益各方共同参与的多元化、多层次、多渠道的生态环境基金筹资机制。

（三）流域生态受益行业经营性收入中按比例提取

目前我国生态受益明显行业，如水利水电、城市供水、森林旅游等行业未能承担应有的成本，无偿享受生态环境服务。(1) 水电开发企业。水电开发是典型的流域生态服务受益的生产建设项目，流域上游水土保持使得进入水电站的泥沙量减少，防止了库区有效库容的减少，同时也使得水电站上游的来水量相对平稳，提高了水电的发电量。根据水利专家的有关研究表明，流域上游地区生态系统的存在可使水电站的发电量增加30%。我国新《水土保持法》明确规定，"已经发挥效益的大中型水利、水电工程，要按照库区防治任务的需要，每年从收取的水费、电费中提取部分资金，专项用于本库区或上游源头区、水源涵养区和饮用水水源保护区等区域水土流失的预防和治理。"目前我国有许多水电企业在大江大河开展梯度开发，按照电费一定比例，筹集生态效益补偿资金。(2) 用水主体。凡是直接或间接从流域取水的农业生产主体、企事业单位和城市居民，都是流域生态保护的受益主体，应当按照流域内所得水费的一定比例提取生态补偿资金。另外，流域区内的生态旅游开发景区也应该缴纳生态补偿。

二、合理确定流域生态服务补偿资金的区际分配

近年来，我国学术界侧重于从理论层面探索区域性流域生态补偿标准，研究结论科学性、实践指导性较差，尤其是政府实务操作具有较大的差距。因此，客

观评价我国流域生态服务区际补偿标准成果，探讨更具操作性的政策措施，具有重要意义。

（一）我国流域生态服务区际补偿的文献评述

1. 补偿标准的理论基础

流域生态公共服务区际补偿，最核心的环节是补偿标准及其测算办法。近年来，国内外学术界和实践部门阐释了各种不同的生态补偿标准，其背后往往隐含着不同的价值理论。目前学术界对区际生态补偿测算办法存在着成本补偿论、效益补偿论和价值补偿论三种明显不同的意见①，其中价值补偿论又由于价值理论基础不同，形成两种不同的价值补偿观点：有人主张以马克思劳动价值理论为指导，按照生产过程中消耗的劳动和物化劳动进行补偿；有人主张以西方效用价值论为指导，按照生态产品服务功能价值来进行补偿。② 笔者试图对各种补偿思路加以分析。

（1）生态系统服务价值补偿论。流域生态系统是人类赖以生存的基本单元，它为人类提供物质产品和生存环境等多种服务功能。流域生态系统服务功能，就是指流域生态系统与生态过程所形成及所维持的人类赖以生存的自然环境条件。流域生态系统的服务价值，是流域生态补偿标准的重要参考依据。国内学者谢高地等对科斯坦萨的生态系统单价进行修正和完善，制定适合我国国情的陆域生态系统单位面积生态服务价值系数表。③ 诸多学者将生态系统服务价值系数表运用于流域生态补偿标准的测算。根据流域区内土地利用类型的生态服务价值作为生态补偿的依据。例如，刘桂环等将生态系统服务价值作为北京官厅水库流域生态补偿标准的上限。④ 郑海霞等从上游供给成本、下游需求费用、最大支付意愿、水资源的市场价格 4 个方面剖析了下游应该支付上游地区的流域生态服务补偿量；⑤ 刘玉龙等引入水量分摊系数、水质修正系数和效益修正系数计算生态补偿量。⑥ 耿涌等将基于水足迹的流域生态补偿标准模型研究。⑦ 周晨等探索了南水

---

① 杨光梅，李文华，闵庆文．基于生态系统服务价值评估进行生态补偿研究的探讨［J］．生态经济学报，2006（3）：20－24.

② 黎元生，胡熠．闽江流域区际生态补偿标准探析［J］．农业现代化研究，2007（5）.

③ 谢高地，等．青藏高原生态资产的价值评估［J］．自然资源学报，2003（3）.

④ 刘桂环，文一惠，张惠远．基于生态系统服务的官厅水库流域生态补偿机制研究［J］．资源科学，2010（5）：856－863.

⑤ 郑海霞，张陆彪．流域生态服务补偿定量标准研究［J］．环境保护，2006（1）：42－46.

⑥ 刘玉龙，等．流域生态补偿标准计算模型研究［J］．中国水利，2006（22）：35－38.

⑦ 耿涌，等．基于水足迹的流域生态补偿标准模型研究［J］．中国人口·资源与环境，2006（9）：11－16.

北调中线工程水源区生态补偿标准。[1] 以上多种对生态系统服务价值的测算侧重于技术分析，对政府公共决策具有参考意义，但它忽略现实国情特性，难以具体运用。正如学者徐崇龄指出："只有生态系统功能价值的计量没有真正与经济学接轨，它就难为经济学所接受并对经济实践产生影响。"[2]

（2）效用价值补偿论。生态环境资源的广义价值范畴，包括使用价值和非使用价值两部分。前者可分为直接使用价值和间接使用价值，可以直接利用市场价格来衡量；后者可分为存在价值、遗产价值、选择价值，由于非使用价值不存在市场交易，故无法用市场价格来衡量，只能通过非市场价值评估的方法来解决。常用的生态环境资源评估方法可分为显示性偏好（RP）和陈述性偏好（SP）两种。显示性偏好是利用个体在实际市场的行为来推导生态环境物品或服务的价值，在应用中需要掌握如工资、地价、旅行费用等相关市场数据；而陈述性偏好是在假想市场的情况下用社会调查的方法直接从受访者的回答中得到环境价值。条件价值法（CVM）是一种典型的陈述偏好评估法，是在假想市场的情况下，直接调查和询问人们对某一生态环境效益改善或资源保护的措施的支付意愿（WTP）或者对环境或资源质量损失的接受赔偿意愿（WTA）以人们的 WTP 或 WTA 来估计环境效益改善或环境质量损失的经济价值。与市场价值法和替代市场价值法不同，条件价值法不是基于可观察到的或预设的市场行为，而是基于被调查对象的回答。条件价值法可用于评估环境物品的利用价值和非利用价值，并被认为是可用于环境物品和服务的非利用价值评估的唯一方法。条件价值方法是利用问卷调查的方式，揭示消费者的偏好，推导在不同环境状态下的消费者的等效用点，并通过定量测定支付意愿（W）的分布规律得到环境物品或服务的经济价值。[3] 徐大传（2007）等诸多学者运用支付意愿方法，分析了辽河、闽江流域生态补偿标准。显然，流域下游居民的支付意愿与现实的支付能力是两种存在差异的两个变量；流域下游居民可支付的补偿资金往往低于上游居民的受偿意愿。以闽江流域为例，课题组经过测算，基于 CVM 的补偿标准是现行补偿标准的 2.93 倍，其中，下游居民总支付意愿是现行补偿标准的 1.49 倍，上游仅生态公益林方面的总受偿意愿便高出现行补偿标准 3.38 倍。[4]

---

① 周晨，等．南水北调中线工程水源区生态补偿标准研究［J］．资源科学，2015（4）：792－804.

② 刘文，王炎庠，张敦富．资源价格［M］．北京：商务印书馆，1996：1.

③ 黎元生，等．居民生态支付意愿调查与政策含义：以闽江下游为例［J］．云南师范大学学报，2010（7）.

④ 周阿蓉，黎元生．基于 CVM 的闽江流域区际生态补偿标准探析［J］．云南农业大学学报，2015（3）.

（3）劳动价值补偿论。流域上游地区森林、草地等生态产品种养、管护既是自然力作用的过程，同时也凝结着人类的生产性劳动。按照产品性质的差异，流域区内生态资源可划分为未经人类劳动加工开采的原生生态资源（如原始森林）和经过人类劳动加工于原生生态资源基础上而形成的生态经济资源（如人工林）。原生的生态资源由于没有凝结人类的劳动，没有价值，但是由于生态所有权的存在和生态资源的稀缺性，生态产品或服务具有很大的需求，因而有价格，这种价格不是价值的货币表现形式，而是“资本化的地租”。经过生态投资而形成的生态经济资源，实质上是生态资本运动中的商品资本形态，其价值具有两重性，一方面有价格而无价值，另一方面有价值又表现为价格。即包括生态资源的地租和生态资本的折旧和利润。生态资本运动中的价值补偿，就是既要确保生态经济资源的所有者获得地租收入，而且要确保生态投资者获得合理的利润回报，才能确保生态资本的扩大再生产。因此，理顺生态环境资源价格体系，按照生态资源价值为基础进行林产品交易和生态服务补偿，是实现生态资本周转和扩大再生产的重要条件。以森林生态补偿为例，长期以来我国实行“产品高价、资源低价和环境无价”的价格体系，林木资源等有形生态产品和森林生态系统所提供的无形生态服务均表现出较低的市场价格。林木生产成本只计算林木采伐加工费用（A_1'），中央和省级政府已实施的森林生态效益补助也只计算森林生态系统的管护成本（A_2），而对林木培育阶段（$\cdots P_1 \cdots$）的林木培育费用和林农机会成本的损失，则不在计算之内，实际上培育林木费用远远大于木材采伐加工需要的费用。因而林木产品所实现的利润 $\Delta G'$，是虚假的利润，这部分利润在很大份额上就是培育林木的生产成本；按照森林生态系统管护成本（A_2）确定的森林生态效益补助仍是不充分的经济补偿。①

2. 各种补偿标准的评述

由于学术界对自然资源价值观的分歧，导致对自然资源价值计价和价值实现上也存在明显的差异。从马克思主义政治经济学的观点看，自然资源价值评估包括自然资源使用价值和自然资源交易价值两个方面的核算。前者是反映自然资源对人类社会的产品和的服务效用，体现人与自然的关系。后者是反映自然资源生产过程中物化劳动和活劳动的投入，体现人与人的关系。自然资源价值实现是以交易价值核算为基础，而不是以使用价值核算的实现。有些学者以西方经济学效用价值理论为基础，开展自然资源的生态系统服务价值评估具有重要的学术意义，对于衡量区域生态建设成效提供了科学的参考依据。但如果将自然资源效用

① 胡熠，黎元生．论生态资本经营与生态服务补偿机制构建［J］．福建师范大学学报，2010（11）．

价值作为我国区域生态补偿的标准，不仅在理论上难以自圆其说，在实践上也是有害的。(1) 将区域主体功能分工协作等同于单纯的商品交易关系。国家实行国土主体功能区划，就是要根据不同区域的自然地理条件，合理布局生产力，不同地区承载着不同的生态功能。重要江河源头、重要生态功能区列为禁止开发区域或限制开发区域，这些区域经济发展权受到限制，应当得到国家和发达地区生态补偿，这种生态补偿不等于单纯的商品交换。这是因为森林、草地、湿地、水资源等自然资源属于国家或集体所有，其中大多数为国有资源，它是全国人民的共同财富，并不归属于重要生态功能区所在地政府和人民所有。因此，区域生态补偿不能单纯看看单纯的生态服务交换关系，而更适合按照效益共享、成本共担的方式探索建立区域生态补偿机制。2015 年 1 月 1 日新出台的《环保法》第 21 条明确规定，生态补偿包括纵向补偿和横向补偿两种方式。既强调“国家加大对生态保护地区的财政转移支付力度”，又明确“国家指导受益地区和生态保护地区人民政府通过协商或者按照市场规则进行生态保护补偿。”(2) 混合了使用价值与交换价值。自然资源具有多功能性，既可作为物质性产品用于市场实现价值，又可以生态产品的形态提供生态服务价值。多种使用价值之间有时甚至是相互排斥的。自然资源生态价值通常会高于其经济价值。作为物质性产品，其价值实现是一次性，且价值比较低；作为生态产品，其价值实现是长期的，且价值量比较高，两者差异悬殊。据测算，对于一片森林，通过市场出售获得直接经济效益与其提供的生态、效益的比例是 1∶9，即森林的直接木材收入只占森林总收入的 1/8。可见，以自然资源对人类的生态服务价值作为交换价值的依据显然是不切实际想法，以严重高估的生态服务价值作为区域补偿的依据，将严重误导政策制定和实施。从质的角度看，混同了使用价值与交换价值的概念；从量的角度，生态服务使用价值评估远远大于其交易价值评估。生态服务使用价值评估金额往往太大，以此作为生态补偿的依据，生态系统服务价值补偿论不仅有理论缺陷，而且严重脱离了现实国情，在实践上也没有可行性，受益主体难以支付。例如，据学者测算，2008 年河北省的官厅水库流域的生态系统服务价值高达 215.82 亿元①，北京现行的生态补偿资金还不及其 1/10。

（二）综合性成本分摊法更适合现实国情

相对各种价值补偿论，笔者更趋向于综合性成本分摊论。(1) 生态服务是公

① 刘桂环等．基于生态系统服务的官厅水库流域生态补偿机制研究［J］．资源科学，2010（5）：856－863.

私混合供给的公共产品。我国是社会主义公有制国家，生产资料属于集体或全民所有。《宪法》第九条规定："矿藏、水流、森林、山岭、草原、荒地、滩涂等自然资源，都属于国家所有，即全民所有；由法律规定属于集体所有的森林和山岭、草原、荒地、滩涂除外。"流域生态服务供给水平，不仅取决于自然力的作用，更取决于流域区各级政府和集体农民对生态资源管理能力，是公私混合供给的过程。以我国南方集体林区为例，林地所有权属于集体农民所有，林木资源属于个体劳动所有，森林资源防火防虫防灾等管理工作又是由地方政府负责费用的。从区际关系，根据国土主体功能区划，流域上下游不同行政区都包含城市化区域、农产品生产区域和重要生态功能区域，上下游各行政区既是流域生态保护的贡献者，也是流域生态保护的受益者。然而，由于各个行政区内重要生态功能区域面积大小不一，对流域生态保护的贡献程度也有明显差异。因此，在流域生态服务供给过程中，开展流域区际补偿的核心是区际生态服务成本的合理分摊。因此，生态服务供给过程是属于公共产品，成本分摊论更能体现公平、公正的原则。党中央明确指出，也要加快形成"成本共担、效益共享、合作共治"的流域保护和治理长效机制。（2）生态服务供给成本是综合性成本。流域生态环境是流域区内各种自然要素开成的复合生态系统，包含着不同形态、不同性质的自然要素在系统内部所形成的错综复杂的联系。生态补偿要按照区域生态总体规划建设来核算成本，避免以往由各个职能部门重复成本的局面。例如，水利部门和林业部门都有承担水土保持工作的任务，但对水土流失面积核算办法各有不同。如这些机构之间总是立足于部门利益进行水土流失治理的计算，水利部门统计水土流失治理面积仅包括流失斑的治理面积，即仅包括强化治理、坡耕地改造、崩岗治理等面积，不包括采用封禁、巩固提升等治理的面积；而林业部门将水土流失重点乡镇内采取的树种结构调整、造林更新、森林抚育、封育提升等均作为已完成治理面积加以统计，旨在争取更大的公共资源配置权力，并创造可享受的部门利益。[①]（3）生态服务供给成本包括短期成本和长期成本。近年来我国实施了大量的水土保持、生态修复、环境整治等工程，这些工程项目资金的预算既包括主体工程建设，又包括后期管护成本。在实践中由于资金缺口大，存在"重建设轻管护"的现象，后期项目配套资金到位率低，治理资金缺口大，造成水土流失治理速度慢、规模小、标准低、综合配套差，治理成果不能得到巩固和提高，水土保持项目的持续生态效益面临着巨大压力。例如，一些林草建设工程，由于缺少后续的管护经费和管护工作投入，林草成活率低、保存率低，致使水土保持成果难

① 胡熠，黎元生．福建省水土保持长效机制构建研究［J］．福建农林大学学报，2014（5）．

以发挥出应有的效益。据笔者实地调查，部分造林项目种植完成后，没有实行3年的管护期就直接移交，林地管护费每公顷（hm^2）只有150元/年，与4500元/年的正常标准相去甚远，管护资金缺口大，严重制约着后续维护。[①]（4）生态服务供给成本包括直接成本和机会成本。直接成本是流域区内地方政府用于植树造林、环境整治、水土保持等各领域的生态环保项目支出，不包括上级政府财政转移支付资金。机会成本是重要生态功能区由于改变以往的生产生活方式，实行包括退耕还林还草、生猪禁养、封山育林、污染企业搬迁等所造成的短期和长期利益损失。短期机会成本损失可以用直接货币补偿方式加以弥补；长期发展机会成本可以根据自然资源的多功能性，通过改变利用方式而减少损失。在计算流域内生态服务供给成本面临困难的情况下，可以依靠自然地理的技术，以3S（遥感RS、地信信息系统GIS、全球定位系统GPS）技术为基础，加大流域区自然资源资产管理和生态环境保护的相关信息系统基础数据的采集和分析，开展各行政区自然资源使用价值、实物量价值和生态服务价值开展全面评估，并根据各行政区自然资源的生态服务价值（或实物量价值）相对量为基础进行分配。从理论上说，各行政区生态系统服务价值越大，意味着对自然生态保护的成本投入就越大，其机会成本损失就越大。因此，根据流域各行政区生态系统服务价值（或实物量价值）的相对量进行资金分配具有一定的合理性和可操作性。

从上下游补偿向区际责任共担机制转变，是网络治理机制构建的现实路径。良好的自然生态系统，既是自然界的恩赐，又是人民群众辛勤劳动、珍惜爱护的结果。我国流域自然生态系统属于国家和集体所有的共同财富，因此，与其从狭隘的角度探索上下游的生态补偿标准，还不如基于公共池塘资源的特性，从利益共享、责任共担的角度，共同筹集生态补偿资金。2017年福建省修订出台的《重点流域生态补偿管理办法》，就体现了省级政府主导、流域上下游地方企业和水电企业网络治理的政策取向，体现利益相关者“共同但有差别的责任”。从资金筹集角度看，包括省级政府、流域内所有市县政府和水力发电企业等多个利益相关者共同出资，并根据区域经济发展和地方财税收入的差异，不同地方政府在生态补偿资金出资份额有所差异，即发达地区政府支付额占地方公共财政收入比例高，省扶贫开发重点县政府支付额占地方公共财政收入比例高。从资金分配角度看，通过森林覆盖率、森林蓄积率、行政交界断面水质达标、污染物减排、水土流失率、水土流失治理面积等一系列指标，将资金分配倾向于对流域生态建设、环境保护和水土保持等贡献大的市县。这种按照区际“俱乐部机制”的筹资

① 胡熠，黎元生．福建省水土保持长效机制构建研究［J］．福建农林大学学报，2014（5）．

和资金分配方式，将突破上下游政府直接纠结于生态补偿标准的高低，具有很强的实践性和指导意义。

三、因地制宜探索流域区际生态服务补偿方式

流域生态服务区际补偿，不仅仅是区际间财政资金转移支付的问题，而且涉及不同主体功能区之间的城乡区域协调发展问题，涉及行政区域基本公共服务均等化问题，最终实现全流域经济社会和环境的可持续发展的目标导向。重要生态功能区所在地方政府在获得生态补偿资金后，需要引导个体农民，大力节约资源、开展环境保护和生态保育，积极发展绿色生态产业，积极将生态资源优势转化为经济发展优势，尽可能地通过多种方式实现区域自生能力的提升。当前我国流域生态补偿制度缺乏顶层制度设计；流域森林、草原、湿地和农业生态补偿政策存在交叉或重复的现象，将完整的流域自然生态系统被人为割裂。因此，因地制宜探索流域区际生态服务补偿方式，提高补偿资金的使用效率。

受经济发展水平和财政资金的限制，无论是横向、还是纵向生态补偿，我国主要根据生态建设工程和生态管护等直接成本和短期机会成本损失，开展流域区际的货币补偿。对于重要生态功能区的长期机会成本的损失，要因地制宜积极探索多种流域生态服务补偿方式。包括：

1. 政策补偿

按照区域基本公共服务均等化水平要求，针对重要生态功能区基本公共服务的“短板”领域，加大财政转移支付力度，集中财力建设，有计划地改善基础设施。对水土流失严重地区、老少边穷地区、革命老区和岛屿地区实施特殊的优惠政策，实施绿色扶贫开发政策，引导农户发展替代生计或创建绿色经济等多样化的补偿方式。诺贝尔经济学奖得主阿马蒂亚·森认为，弱势群体之所以在社会竞争中处于劣势地位，主要原因是其可行能力的不足，即该群体所获得的、从事现代社会和经济活动的能力低于社会平均水平。这种“可行能力”的缺乏始于个人能力与社会提供的机会相脱节，倘若社会能提供足够多的机会，这类能力贫困者的境况将得到明显改善。因此，要针对贫困人口对自然资源的就业依赖程度高，要调整和优化生态补偿资金支出结构，通过政府购买生态服务方式，设立护林员、护河员等生态环保公益岗位，让贫困户中有劳动能力的人员参加农村生态环保管护工作。充实国家公园的管护岗位，增加国家公园、自然保护区、风景名胜区周边贫困人口参与巡护和公益服务的就业机会，让贫困人口在生态建设与修复中享受到更多实惠，在绿色发展中改善民生福祉。

2. 智力与技术补偿

我国广大农村生态资源破坏，与农村生产力发展水平、农民的文化素质和农业生产方式密切相关。提高农民生产经营技术水平，提高农产品附加值，增加农业收入水平，是根本上改善农村生态环境的重要策略。据课题组对福建宁德山区的调查表明，流域源头的贫困地区大多处于环境闭塞的山地丘陵间，农民大多生产初级农产品，技术含量和产品附加值较低，农产业对农民增收效应呈现边际递减趋势。从入户调查数据上看，受访者的年龄偏高，67.6%的受访者家庭有年轻人外出打工、老幼留守家里的情况，呈现劳动力短缺、老龄化较为严重的问题。43.7%的家庭总收入依赖于工资性收入，绿色产业带动农民增收的效果并不明显。不少留守农民仅满足于在家带孩子、种粮保自足，家庭收入主要依靠在外打工的青壮年劳力，并未指望靠家乡发展绿色产业脱贫致富，受访者家庭工资性收入平均占到家庭收入的76.3%，而经营性收入平均只占全年收入的16.6%。因此，针对以“386199部队”（指妇女、儿童和老人）为主的农业经营主体，需要培养新型农业经营主体，因地制宜地引导农地流转和集中，发展专业化、特色化经营，开展测土配方施肥等技术援助，减少农业化肥农药污染。健全农民工职业技术培训和“雨露计划”劳动力转移培训，实现每个贫困家庭至少有1名劳动力接受培训，掌握一门实用技术，提高非农业就业收入。

3. 对口帮扶政策

经济学中的新“长板理论”认为，区域经济总量可以看作是一个木桶的容量，其中最短的木板决定其下限，最长的木板代表其特色与优势，决定其上限。在重要生态功能区中，区位和交通不便是“短板”，生态优势以及政策优势等“长板”。要因地制宜地开展区际对口帮扶政策，在优化开发区域中兴办一批“园中园”“飞地工业”或招商引资，完善生活配套设施和搬迁后续服务，鼓励生态移民搬迁，引导搬迁村落开展旧村宅基地复垦，实施城乡建设用地增减挂钩政策，盘活闲置生产资源，引导搬迁户通过租赁、转包、入股等形式将承包经营的土地、山林等资源进行流转，增加财产性收入。实施生态移民工程，是改善贫困农户的居住环境，避免因灾致贫的重要手段。持续开展农村宅基地置换流转试点、“林权”两换，持续推进贫困村贫困户整村、整组搬迁，引导有条件、有意愿的贫困群众进城落户，使进城贫困农民既保留农村的地权、山权、林权、水权、房权“5件旧衣服”，又能穿上城市的就业、住房、教育、医疗、社保“5件新衣服”，确保搬得出、稳得住、能致富。

四、规范流域生态服务区际补偿的绩效评价

当前我国各地区域性流域生态补偿实践已由试点探索阶段向常态化、制度化运行的阶段演进，需要逐步和完善流域生态服务区际补偿的绩效评价体系。指标的遴选要遵循以下原则：（1）简洁性原则。针对不同流域生态治理的突出问题，突出重点，指标尽量少而精，体现生态补偿的目标和要求。尽量避免指标太多太细而增加绩效考核成本。（2）易可获性原则。指标应是简洁性和科学性的统一，既要求指标能够比较容易测算，能够反映流域自然生态系统的特点，又要便于操作和推广。（3）独立性原则。各指标之间的相关性不能太强，指标之间是互相补充，而不是相互重复。根据上述原则，流域生态补偿机制的绩效评价指标体系应该尽可能地细化和具体化，以更好地指导实践。

流域生态补偿绩效评价体系，要围绕生态环境效应、经济效应和社会效应三个维度，设计绩效评价指标体系。（1）生态环境效应。根据不同流域自然生态特征，既可以根据水环境功能定位和水质控制单元，设立单一的水质达标指标；也可以设立反映森林生态、水环境治理和水土保持综合性绩效的评价指标。合理布局指标监测点位和监测频率，建立客观、公正的数据监测机制。生态环境效应要坚持稳定性和持续性的统一，从长远看，要采用河流健康的系统性指标来衡量作为生态补偿的绩效评价体系。（2）经济效应。对于生态环境治理工程性项目，要充分考虑技术经济可行与目标的可达性，客观评价工程项目运行的数量与质量、项目经济效益等。要规范生态补偿资金使用过程，加强监督检查和验收，定期开展资金审计工作。针对在实践中由于前期准备不足，存在的预算资金执行偏慢，资金滞留或闲置财政部门、主管部门的现象，要加快生态补偿资金的预算执行，强化预算执行动态监控，健全支出进度通报考核和约谈机制。既要接受财政系统内部的审核和监督，还要接受人大、审计、税务和舆论的监督，甚至可以委托第三方开展生态补偿资金的绩效评价。（3）社会效应。流域生态补偿是政府、企业和社会公众多元共同参与的过程。人民群众的满意度是流域生态补偿绩效评价的重要组成部分。可以委托第三方或网络平台，开展区域内社会公众满意度调查。人民群众的监督是促进环保事业发展的根本动力。稳步推进行政区自然资源资产管理和生态环境保护责任的审计制度，提高流域生态补偿的效率。

第六章

流域生态服务公私伙伴供给

流域生态公共服务是以流域区内森林、水土保持、生物多样性保护为支撑、以流域水灾害防治、水环境保护、水资源开发和水生态维护等涉水公共服务为中心的生态服务供给过程，它具有极强的区域性、公共性、开放性等经济和社会属性。流域区内的各级地方政府是流域生态环境资源的受托管护者，是流域生态建设和环境治理的重要责任主体，但不是唯一主体。我国流域生态公共服务供给主体应由传统的政府供给向政府、企业、公众等多元主体伙伴供给转变，不仅是市场经济条件下政府职能转变的客观要求，也是发达国家生态公共服务的普遍发展趋势。所谓“伙伴关系是在两个或多个公共、私人或非政府组织之间相互达成共识的一种约定，以实现共同决定的目标，或完成一项共同决定的活动，从而有利于环境和社会。”① 政府、企业（包括集体组织和农户）和第三部门在流域生态公共服务供给中扮演着不同的角色。政府职能主要是“组织公共服务、生产公共服务、向生产者付费，将公共服务视为产品，其提供过程包括设计、生产、提供和付费等环节。”② 在政府科层供给体制下，财政部门通过向承担生态环保服务的职能部门或者国有企事业直接拨款。在公私合作供给机制中，政府将全部或部分公共服务供给的任务，委托于商业机构或者社会组织，并为此采取拨款、支付费用、免税和让利等付费方式。在流域生态公共服务供给过程中，政府有责任通过制定激励约束机制政策，引导企业和公众加强生态环境保护。企业既是流域生态资源的利用者，环境污染的主要制造者，同时也承担着环境治理的责任主体。公众作为流域生态环境污染的制造者和受害者，除了自己的个体行为受到约束

① 布鲁斯·米切尔. 资源与环境管理［M］. 北京：商务印书馆，2004：283.

② E. S. Savas. Privatizing the Public Sector：How to Shrink Government. Shrink Government. Chatham，NJ：Chatham House，1982. pp. 73.

外，也对政府和企业生态环境破坏行为起到监督作用。可见政府与企业、公众之间不仅仅是竞争和对抗关系，而且是合作和伙伴关系，三者的互动共同推动流域生态服务供给质量的提升。

这里将流域生态公共服务划分为生态工程性服务、生态产品功能性服务和生态环境管护性服务三大类等，着重围绕我国流域生态服务供给中的“短板”——流域水利设施投入不足，洪水成灾率较高；流域水污染日益加剧，水质净化功能逐渐减弱；水土流失比较严重，水源涵养较低等三大薄弱环节，探索水利工程设施建设、生态产品生产和流域水污染防治中公私伙伴关系。主要包括：水利基础设施建设中的投融资机制、政府与集体农民在生态服务供给中伙伴合作、流域生态环境第三方治理中的公私伙伴合作等，多种主体之间由于主体性质不同、主体力量对比差异等，多元主体间伙伴治理的模式和机制各不相同，合作治理的效率也不相同，“对于伙伴关系并没有一个最佳的模式，伙伴关系的种类与参与的性质必须由所涉及的不同人群或团体来决定”。[①] 因此，探索多元主体间伙伴治理的组织形式、运行机制等，就成为研究流域生态公共服务供给机制的重要内容。

第一节　流域生态水利建设公私合作机制

随着我国经济社会事业的发展，政府实施了一系列的工程水利、民生水利、平安水利工程，但在生态水利的理念和实施相对薄弱。所谓生态水利，是指一切顺应自然规律并旨在保护、改善和修复水生态环境并确保水生态和水资源安全的水利建设和水事活动的总称。传统水利工程是以人为中心，注重人类近期需要和经济服务功能；而生态水利是以维护自然生态系统为中心，注重人水和谐、人与自然和谐相处。加快构建我国生态水利体系，不仅是扎实推进我国流域水生态文明建设的重要举措，而且是经济新常态下我国水利事业发展的新要求，是着力解决我国涉水生态环境的重要突破口。

构建我国流域生态水利体系，最核心是要建立符合生态水利特性的投融资机制。当前我国流域水利建设中存在着投融资体制不规范、政府事权划分不清、民间资本参与积极性不高等诸多问题，影响着流域防洪等水生态服务水平的提高。因此，健全流域生态水利工程投融资机制，已成为“十三五”期间政府加大公共

① 布鲁斯·米切尔．资源与环境管理［M］．北京：商务印书馆，2004：291.

产品供给的重要内容，也是政府推广 PPP 等创新融资模式重要领域。

一、流域生态水利建设的特性与投融资困境

（一）流域生态水利建设的特性

水是生命之源、生产之要、生态之基。水利设施是国民经济社会可持续发展的保障性工程，具有极强的公益性、基础性和战略性特点。水利投资具有资金需求量大、投资周期长、回报率低等特点。按照水利项目的功能和用途划分，可以划分为纯公益性项目、准公益性项目和经营性项目三大类。纯公益性项目具有以生态效益和社会效益为主、经济效益较差等特点，例如防洪除涝、农田灌排骨干工程、城市防洪、水土保持、水资源保护等，它面向区域内所有居民提供非排他性、非竞争性的公共服务。经营性项目是以经济效益为主兼顾生态、社会效益，例如供水、水力发电、水库养殖、水上旅游及水利综合经营等方面，它面向区域内居民提供排他性但非竞争性的公共服务。由于综合性的水利枢纽工程是既包括营利性的项目，又包括公益性项目，它更多表现为准公益性的特征。

在传统计划经济体制，我国主要采取政府投资、农民投工投劳等运动方式来完成大量水利项目的建设。随着我国社会主义市场经济体制的确立和完善，水利项目投资来源逐步打破了传统依靠政府和农民的二元格局，形成了财政投入为主导、社会资本参与、公私合作等多样化的投融资机制。水利作为国家基础设施建设的优先领域，纯公益性和准公益性的水利项目建设资金主要从中央和地方预算内资金、水利建设基金及其他用于水利建设的财政性资金中安排。经营性水利项目的建设资金除了政府财政补助、信贷贴息等措施外，主要通过非财政性的资金渠道筹集，由此形成了政策性资金需求、商业性资金需求以及两种混合式的资金需求模式。

（二）流域生态水利建设的投融资困境

1. 水利建设资金需求缺口大

根据《水利部〈关于深化水利改革的指导意见〉》，我国中央与地方的纵向水利事权划分比较清晰，即国家水安全战略和重大水利规划、政策、标准制定，跨流域、跨国界河流湖泊以及事关流域全局的水利建设、水资源管理、河湖管理等涉水活动管理作为中央事权。跨区域重大水利项目建设维护等作为中央和地方

共同事权，逐步理顺事权关系。区域水利建设项目、水利社会管理和公共服务作为地方事权。[①] 由于水利项目是以公益性项目为主，各级财政投入是水利项目投资的主渠道。一方面水利资金需求缺口大。以农田水利建设为例，根据2013年水利部批准的2558个县的县级农田水利建设规划，到2020年之前资金需求量高达到2万亿元。在“财权上收、事权下放”的现行财税体制下，地方政府不仅要承担区域性水利建设项目，还要按比例配套出资中央支持的重点水利项目。因此，由于地方政府资金配套机制缺乏效率和灵活性，使一些公益性水利建设项目难以推进。

2. 水利资金存在着多头低效管理

我国大型水利项目建设主要采取项目融资方式，形成比较合理的投融资机制。而家庭联产承包制后，由于集体经济力量薄弱，财力虚空，分布在农村地区点多面广的农田水利项目年久失修，资金投资主要依靠政府财政拨款。发改委和水利部门负责大型灌区续建配套、节水改造、灌排泵站改造等项目；水利部门负责小型农田水利建设补助；农业部门负责中低产田改造项目。由于政府资金下拨是依托项目实施的，农田水利项目重“建设”、轻“管护”，造成资金的投资效益低下。例如，北方有的地方大量建设机井项目，长期闲置。

3. 水利投融资平台公司运作面临诸多风险

为了鼓励经营性水利项目的发展，国家先后出台了《水利产业政策》《水利工程供水收费》等扶持性政策，积极鼓励社会资金投身于水利行业。但是，由于流域涉水生态价格市场化形成机制和水利行业公益性服务的经济补偿机制尚未建立，经营性水利项目的投资报酬难以达到社会平均利润率，使得社会资金进入水利行业的积极性不高。为了更好地发挥财政资金“四两拨千斤”的功效，2011年《中共中央国务院关于加快水利改革发展的决定》指出：“鼓励符合条件的地方政府融资平台公司通过直接、间接融资方式，拓展水利投融资渠道，吸引社会资金参与水利建设。”而后，财政部和人民银行等机构出台了支持各级水利投融资平台为载体的投融资机制改革。目前我国各级水利投融资平台仍主要以政府财政投入和银行贷款为主，其他融资方式相对较少，因此，水利投融资平台运行面临着诸多风险：（1）宏观政策风险。发行国债是中央政府水利建设投资的主要来源，而国债发行规模又受制于宏观经济政策。在宏观经济不景气时，水利投资是政府扩大内需的优先重要领域；在宏观经济过度时，政府紧缩性政策必然导致水利投资规模减小。水利投资及回报的长期性容易被宏观经济政策左右。（2）担保

---

① 水利部关于深化水利改革的指导意见［N］. 中国水利报，2014-01-28.

风险。水利项目资金需求大、建设周期长、投资回收慢，难以获得符合条件的第三方保证担保。同时水库、渠道等公益性资产不能形成收益，不能作为水利建设项目融资的抵押物和提供担保，很难利用融资资金进行二次开发。因此，水利投融资平台以财政资金作为还款来源，不便于落实抵质押担保政策。(3) 资本运营风险。由于我国自然资源管理体制改革不到位，市场化的水利价格机制和公益性补偿机制尚未建立，供水价格偏低，且普遍存在水价与成本倒挂现象，水利行业经营投入的正常资金回报率难以得到保障。据笔者调查的福建水投集团为例，2015 年公司盈利甚至不足以计提资产折旧，很多投产的水务项目还要通过贷款、申请资金资助等方式维持运营。

二、流域生态水利建设 PPP 融资创新模式

（一）PPP 模式的内涵及其分类

Public - Private Partnership，简称 PPP，具有广义和狭义之分。从广义的角度看，所谓公私伙伴关系（PPP），是指“公共和私营部门共同参与生产和提供物品和服务的任何安排”;[①] 或者说“泛指政府和私营部门之间的任何协议。”[②] 通过公私合作，由私人部门承担部分原本由政府承担的公共活动，从而在政府与私人企业之间形成委托代理关系。在新公共管理理论角度看，“没有任何逻辑理由证明公共服务必须由政府官僚机构来提供，摆脱困境的最好出路是打破政府的垄断地位，建立公私机构之间的竞争。”[③] 如表 6 - 1 所示，在公私合作类型连续体上，在最左端（完全公营）和最右端（完全民营）之间，存在不同私有化程度的公私合作模式。实行完全公营，虽然可以确保水利建设的公益性目标，但存在着资金不足、管理落后和效率低下的劣势；完全私有化，虽然具有资金充足、管理先进、创新能力较强等优势，但也存在社会责任心弱、承担风险能力不足等劣势。公共民营伙伴关系可以取长补短，发挥公共机构和民营机构各自的优势，弥补对方的不足，可以极大提高公共水务发展进程[④]。公私伙伴关系是政府与私人部门之间对立或者从属的传统关系的革命，是一种制度创新，是公营企业和民营

① E. S. 萨瓦斯．民营化与公私部门的伙伴关系［M］．北京：中国人民大学出版社，2001：105.

② E. S. 萨瓦斯．民营化与公私部门的伙伴关系［M］．北京：中国人民大学出版社，2001：81.

③ 周志忍．当代国外行政改革比较研究［M］．北京：国家行政学院出版社，1999：4.

④ Robinson C，et al. Utility Regulation and Competition Policy. Glasgow：Edward Elgar Publishing Limited，2002：69 - 95.

企业以产出效益和可持续发展为标准而确立的伙伴关系。公私伙伴关系是一种在项目下建立的紧密合作关系，为完成某些公共基础设施服务，包括在公共服务领域里其他的服务内容而明确权利和义务。民营化大师萨瓦斯从三个层次给予概括，一是它是公共和私营部门共同参与生产和提供物品及服务的任何安排；二是指某些复杂且多方参与并被民营化的基础设施项目；三是指政府、社会和企业为改善城市环境进行的一种正式合作。[①]

表 6－1　　公私合作类型连续体

政府部门	国有企业	服务外包	运营维护外包	合作组织	租赁建设经营	建设转让经营	建设经营转让	外围建设	购买建设经营	建设拥有经营
完全公营 →										完全私营

资料来源：［美］E. S. 萨瓦斯：民营化与公私部门的伙伴关系，中国人民大学出版社 2001 年版，第 254 页。

世界银行和加拿大 PPP 国家委员会认为广义 PPP 模式包含为外包类、特许经营类和私有化类（见表 6－2）[②]。其中，外包类是指由政府委托，由私人部门承包整体或部分职能，并通过政府付费实现收益，产权归政府所有，项目投资、运营、商业风险均由政府承担，合同期限一般为短期，外包类包括模块式外包（服务外包、管理外包）和整体式外包；特许经营类是指政府特许私人部门运营公共基础设施，其间私人部门拥有项目所有权和经营权，在特许经营期满后私人部门将项目所有权再交还政府，产权归政府所有，项目投资、运营由社会资本承担，商业风险双方共担，合同期限一般为中长期，特许经营类包括 TOT 和 BOT；私有化类是指政府通过出售方式将公共产品给予私人部门，项目投资、运营、商业风险均由社会资本承担，同时拥有项目产权，合同期限永久，私有化类包括完全私有化和部分私有化（股权转让）。

① E. S. 萨瓦斯著．周志忍译．民营化与公私部门的伙伴关系［M］．北京：经济科学出版社，2002：105.

② 王灏．PPP 的定义和分类研究［J］．都市快轨交通，2004（5）：25－26.

表 6-2　　广义 PPP 模式的分类

分类		具体模式	内容	特点
PPP	外包类	模块式外包（服务外包、管理外包）；整体式外包（DB、DBMM、O&M、DBO）	政府投资，私人部门承包整个项目中的一项或几项职能，并通过政府付费实现收益	产权归政府所有，项目投资、运营、商业风险均由政府承担，合同期限一般为短期
	特许经营类	TOT（PUOT、LUOT）；BOT（BLOT、BOOT）；DB-TO；DBFO；ROT；BTO	政府特许私人部门运营公共基础设施，其间私人部门拥有项目所有权和经营权，在特许经营期满后私人部门将项目所有权再交还政府	产权归政府所有，项目投资、运营由社会资本承担，商业风险双方共担，合同期限一般为中长期
	私有化类	完全私有化（BOO、PUO）；部分私有化（股权转让）	政府通过出售方式将公共产品给予私人部门	项目投资、运营、商业风险均由社会资本承担，同时拥有项目产权，合同期限永久

资料来源：世界银行，王灏（2004），民生证券研究院整理。

从狭义的角度看，PPP 是指政府公共部门与社会资本组成特殊目的机构（SPV），引入社会资本，共同设计开发、共担风险、全程合作的公共服务开发运营模式，如图 6-1 所示，它是一系列项目融资模式的总称，包含 BOT、TOT、BOOT、BTO 等多种模式。在我国将 PPP 表述为“政府和社会资本合作模式”。2014 年，财政部出台了《政府和社会资本合作模式操作指南（试行）》，明确了我国推进政府和社会资本合作的重点领域、实施办法和操作规程。狭义 PPP 更加

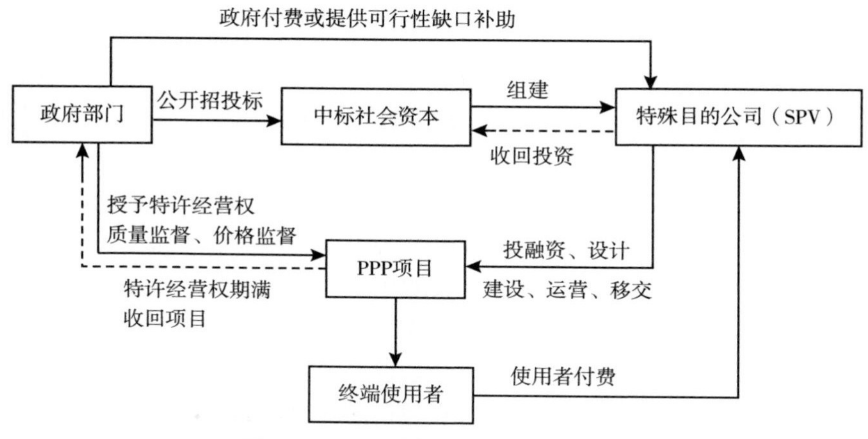

图 6-1　政府和社会资本合作示意图

注重政府和社会资本之间建立“利益共享、风险共担、全程合作”的伙伴式关系，从而形成“政府监管、企业运营、社会评价”的良性互动格局。鼓励社会资本能够更多地参与项目前端设计规划，政府则可以更多地参与后期运营，政府和社会资本都是全程参与，双方合作的时间更长，信息也更对称，从而提升项目整体的质量与效率。

（二）PPP 主体结构

从广义 PPP 的角度看，PPP 主体包括规划者（政府）—生产者（公私合作企业）—需求者三者之间的关系。埃利诺·奥斯特罗姆将传统的公共事务提供主体——政府，分离为两个相互依存的主体：即组织者（或规划者）为政府或其他能代表公共利益需求的公共机构；生产者（或供给者）为由组织者选择的服务生产的供给者，这两个主体与公共服务的需求者（或享用者）即共同需求和享用某种公共服务的由个人组成的用户群体，共同构成了一个多元互动的运行框架。作为公共利益代表的规划者，尽可能地按照公共服务需求者的要求和标准，选择和安排生产者，且生产者和规划者一起协同生产，满足需求者的公共服务需求。正是由于公共事务提供主体分离出两个相互依存的主体即规划者和生产者，公共服务的系统功能才能分解为专业化的组织（生产者）来承担，实现了政府部门与私人部门之间伙伴治理。这样，生产者对于公共服务提供的责任不是规划、不是融资而是具体的操作生产，以达到需求者—规划者—生产者三者间的恰当匹配。生产者的多元化，以及公共服务的提供者多元化，是为提供多种选择以达到三者间恰当匹配的条件。埃利诺·奥斯特罗姆将这种多选择性概括为多中心秩序及多中心论。其核心内容主要包括：（1）生产者是多中心的。作为提供公共服务的生产者，既可以是政府办的生产机构；也可以是专业化的社会公共机构，例如社区机构或者其他非营利性组织；甚至包括各类不同性质的私人企业。（2）规划者是多中心的。在分层治理框架下，地方政府和中央政府作为不同层级公共利益的代表，都可以承担规划者的角色，通过不同契约安排实行公私伙伴治理。（3）生产者和规划者之间的关系是多种类的。由于政府与私人企业在水利建设中出资方式、权益比重不同，水利建设中公私伙伴治理可以采取合同承包、特许经营、补贴等各种不同的形式。在水利建设投资过程中，各级政府及其下属水利部门是水利建设的规划者，社会公众是水利建设的需求者，从事水利开发建设的企业是水利服务的生产者。由于水利服务具有准公益性质，我国水利服务企业大多是具有政府背景的国有企业，社会资本参与水利建设的比重不高，推进水利行业的公私合作机制，关键是既要提高水利行业的资本回报率，又要建立公私合作稳定的契约关系。

从狭义 PPP 的角度看，PPP 作为流域水利项目融资模式，呈现主体多元化特征且结构复杂化的趋势。（1）政府部门。政府部门作为 PPP 项目的规划者，负责项目发起、项目筛选、物有所值评价、财政承受能力论证等项目识别工作，并组织项目公开招标或竞争性磋商，通过竞争机制择优确定最终合作伙伴。（2）社会资本。社会资本是 PPP 项目的投资者，通过公开招标程序取得项目开发权，并与政府公共部门合作成立特殊目的机构（SPV）。（3）PPP 项目公司。PPP 项目公司是特殊目的机构（SPV）的一般表现形式，是 PPP 项目的具体实施者，主要负责项目前期的融资、设计、建设和后期的运营、维护以及特许经营期满后项目移交、项目公司清算等。（4）融资机构。包括银行、国际金融机构、信托、证券公司等，它既可以作为社会资本联合其他具有运营能力的社会资本直接参与 PPP 项目的运作，也可以作为资金供给方为其他社会资本或项目公司提供信贷资金，间接参与 PPP 项目。（5）咨询公司。由具有丰富经验的专业咨询公司负责为政府部门提供 PPP 项目可行性研究报告、物有所值评价报告、财政承受能力论证报告、编制 PPP 项目实施方案等，为社会资本提供投资可行性评估、财务咨询、风险评估等，为 PPP 项目公司提供融资管理、投资计划分析、经营计划分析等，它贯穿于 PPP 项目全生命周期的每个阶段。（6）其他参与方。主要包含设计单位、运营公司、建设公司、材料供应商等，它们在 PPP 项目全生命周期运作中发挥着重要的作用。

（三）PPP 融资方式的选择

流域水利建设按照水利工程的特性划分为纯公共物品、准公共物品和私人物品。具有纯公共物品性质的项目如防洪排涝、内河整治，由政府直接供给或委托外包方式提供。具有私人物品性持的项目如水力发电、航运、旅游观光等，可以实行市场化融资。而准公共物品则介于两者之间，这类物品通常具有一定的收费机制，可借助市场化手段吸引企业投资供给，但由于其往往具有公益性，因此需要政府管制。水利项目具有很强的公益性，按其盈利与否可分为公益性水利项目、准公益性水利项目以及经营性水利项目式。要根据流域水利建设的特点，对不同类别的水利项目采取差别化的投融资策略。对于公益性水利项目，采取公共财政投入模式。同时，为减轻政府财政压力，应积极探索公益性水利项目与经营性水利项目捆绑打包推向市场的运作方式。由于准公益性水利项目既包括公益性较强的部分（防洪蓄水、除险加固等），也包含营利性部分（发电供水等）。因此，应建立双向投融资模式，即“政府投入资金 + 市场化融资”模式。对于公益性较强的准公益水利项目，主要以政府投入为主，建立合理的激励机制和补偿机制动员农民群众通过筹资筹劳等方式参与水利建设。而对于营利性较强的准公益水利项目，采取政府引导市场资金介入的方式筹集资金。对于经营性水利项目，由于项目本身预期收益较好，通常采取 PPP、BOT、TOT 等市场化融资模式，吸引社会资本（含外资）。该模式下，政府与项目公司按照“利益共享、风险共担”原则完成水利项目建设，项目公司是项目建设的主体，而政府角色则转换为市场资金引导者和项目建设监管者。综合上述分析，流域水利项目投融资模式设计（见图 6 -2）。①

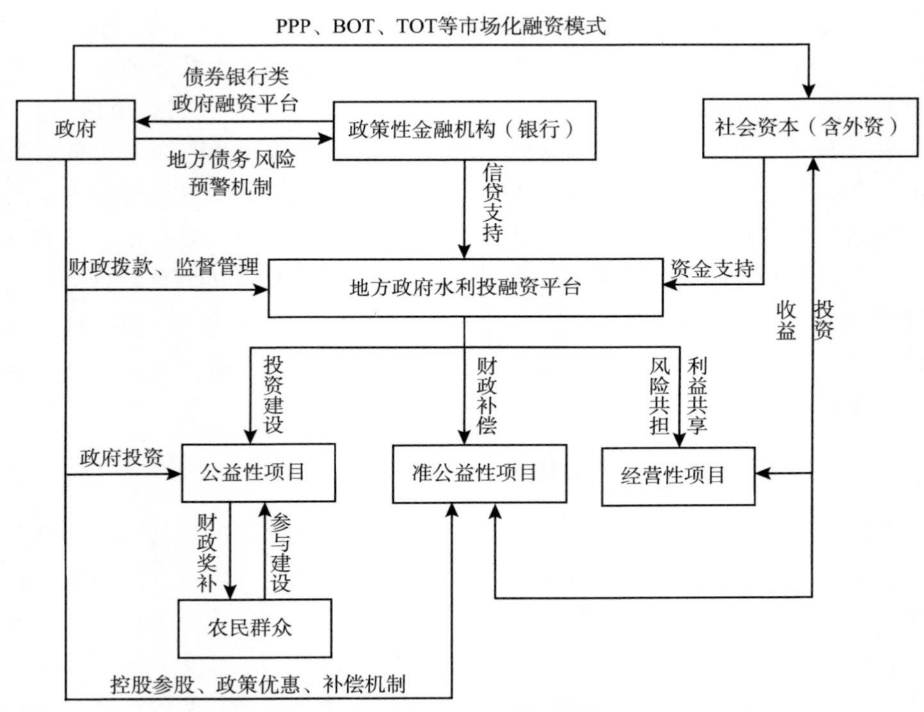

图 6 -2　流域水利项目投融资模式

根据不同的基础设施和公共服务项目，采取机构型还是契约型公私合作，就要取决于交易成本和效率。威廉姆森认为，公共服务供给应当坚持交易成本最低

① 本节部分内容由本人指导的研究生丘水林、朱梦子等协助完成，部分内容已公开发表。丘水林．福建水利投融资机制探索与创新［J］．福建农林大学学报，2017（3）．

化的原则，影响交易成本主要包括资产专用性、交易频率和不确定性。该理论将公共服务供给方式的决策归纳为交易成本问题，它所回答的范式问题为公共服务生产或购买的选择，这取决于交易成本和组织成本的比较。[①] 如果项目的资产专用性强、交易频率低和不确定性小，企业内部管理的组织成本会低于市场交易成本，因而更趋向采取机构型公私合作的方式；如果项目的资产专用性弱、交易频率高和不确定性大，公共服务外包则会产生交易成本（包括搜寻、谈判、监督成本等）小于组织成本，则适宜服务外包。

三、流域生态水利建设公私合作机制优化

在公共水利建设、水务市场化运作实践中，公私伙伴合作展现了一种新公共服务的网络模式，其不论采取哪种模式，它都具有三个网络主体——需求者、规划者和生产者；形成了三类网络服务功能——需求者的委托或授权功能；规划者的规划、融资安排功能、生产者的实施服务生产保障质量和数量功能；形成了无数个网络节点——由不同的主体及其同类主体中的不同个体的集合。正是由于三个网络主体发挥着三种网络服务功能，形成了公私伙伴合作的运行机制。我国推广使用 PPP 模式，是新生事物。尽管政府出台了一系列鼓励政策，但是国家法规政策还不够完善，投资者和地方政府的认识还存在差异。因此，推进我国流域水利公私合作机制改革，还须围绕 PPP 的关键要素，进行配套改革。

（一）完善 PPP 项目合作伙伴的筛选机制

（1）拓宽公私合作领域。按照“非禁即可”的负面清单原则，拓展政府和社会资本合作在流域水利合作的领域。各级政府要出台项目清单库。（2）借助专业咨询机构规范合同框架。为从源头上避免政府主导合同式的“外行管理内行”或者仅委托代理公司出具制式合同情况造成的“先天性缺陷”，借助专业的第三方机构制定规范的合同体系，是保障 PPP 合作的基础。（3）通过公开招标筛选优势资本。通过公开、公平、公正的市场机制，设定一定的合作“门槛”和准入机制，通过对企业专业资质、技术能力、管理经验、财务实力和社会评价等进行综合评估，选择具有项目设计、建设、运营、维护等能力的专业合作伙伴，积极引入信誉好、有实力的专业运营商参与项目的投资建设和运营。

---

① 奥利弗·威廉姆森，西德尼·温特．企业的性质：起源、演变和发展［M］．姚海鑫，邢源源译．北京：商务印书馆，2010：12.

（二）建立 PPP 项目合理的投资回报机制

社会资本投资的内在动力在于产业间的投资利润率差异，社会资本总是从利润率低的部门转移到利润率高的部门，这是市场经济条件下利润平均化规律发生作用的必然结果。PPP 项目拒绝暴利，但必须要有合理的回报率。因此，政府按照略高于同期银行长期贷款利率的标准设立水利建设项目的最低投资回报率，是比较可行的标准，也是 PPP 模式真正得以推广的基础。对于供水、污水处理等经营性项目，主要以使用者付费为主，政府要加强水务价格的监管，应当将企业运行发展的成本和合理收益纳入计价范围，合理定价并建立操作性强的价格调整机制。例如，有条件的城市，水费、污水处理费的调整可适当考虑供排水管网的建设和运营费用，为加快城市水务处理产业化发展创造必要的前提和条件。对于使用者付费不能覆盖成本和收益的项目，应当过过政府服务或产品的方式，提供差额性的财政补贴，使社会资本获得合理的经济回报，从而才能真正推动水利建设中公私伙伴关系持续发展。

（三）完善利益共享和风险共担机制

只有三个主体之间采取以互惠和共享为原则的交易模式，这个公共服务的网络生产才能持续运行。互惠和共享的交易模式是保障三方公共服务利益的机制。通过公私合作机制，政府与社会主体建立起“利益共享、风险共担、全程合作”的共同体关系，社会公众可以获得稳定持续的水利服务；政府通过 PPP 方式投入小于传统方式的投入，两者之间的差值即为政府采用 PPP 方式的收益；社会资本则通过使用者付费、可行性缺口补助和政府付费等支付方式，取得与社会平均利润率相当的资本回报。信任是政府和社会资本合作的基础，两者之间的合作要贯穿项目“全生命周期”。双方在分享利益的同时，按照契约分担风险。通常政府承担着政策变动、土地提供等风险，社会资本承担着投融资、环境污染、需求、运营等风险等。因此，本着平等协调的原则，注重处理好政府与市场主体之间的关系，严格界定政府和市场的边界，既不能“越位”也不能“缺位”，实现“激励相容”和公私合作稳定运行。

（四）规范 PPP 项目合作履约和磋商机制

需求者、规划者和生产者三方之间的相互关系是一个闭合的网络回路。水利建设是社会公众满足自身生存、健康、安全等最基本的生理需求。信息传递的起点源是城乡居民对防洪、防涝、供排水等公共水务的需求，这种公共水务需求从需求方传递给规划方，再从规划方传递给生产方，生产方完成水利建设和水务市场化的公共服务功能，传递给需求主体，完成一次循环。在前环推进后环的多次往复中循环中，形成总体激励机制。因此，政府及其下属机构作为规划者，与社会资本签订 PPP 合作协议至少包括各方责任和义务、价格调整和财政补偿机制、风险分担机制、绩效指标与评价机制、监督机制和退出机制、争议解决方式等。由于 PPP 项目合作时间长达几十年，契约的不完全性使得在项目中出现不可预见的风险因素，因此，建立互相的信息沟通、平等磋商机制是项目稳定运行的基础。在发达国家，社会资本参与公益性项目的投资，均有有效的退出机制。从我国以前的 PPP 项目看，政府违约的现象屡见不鲜，因此，需要转变政府职能，培育一批懂技术、会经营、专业化的人才，是政府推进公私合作的重要保障。

（五）拓展 PPP 项目的融资机制

对于有稳定现金流的经营性项目，地方政府投融资平台、政策性银行、商业银行以及社会资本已主动介入投资。但是，对于缺乏稳定现金流的非经营性项目或收益不足以覆盖项目投资的准经营性（准公益性）项目则难以寻找到合作方。例如，城镇防洪河道建设等纯公益性项目，在实施操作中政府通常以打包方式，配套出让河道两岸土地开发权作为经济补偿，但是根据有关法规城镇国有土地出让须采取招拍挂程序，这些土块能否由 PPP 项目合作方开发存在诸多不确定性因素，在房地产行业不景气的宏观环境下，建设土地开发还面临着巨大的市场风险。另外，我国推进 PPP 项目明显存在配套政策的滞后性。例如，PPP 的关键前置评估——物有所值评价方法尚未出台；PPP 项目所需要资金量大，经营期限长，需要向银行开展长期贷款，这与政策性银行贷款期限最长不超过 10 年、商业银行贷款期限一般只有 3～5 年形成了政策性矛盾。因此，解决纯公益性或准公益性项目 PPP 的政策“瓶颈”，是政府开展政策创新的着力点。拓展 PPP 项目的融资机制主要包括：除了设立水利产业资金、上市发行股票融资，还包括以下融资方式。（1）扩大银行授信。充分发挥地方政府水利融资平台信用等级高的优势，争取扩大银行等金融机构的贷款授信额度，优化银行信贷结构，长短结构，除了 1～3 年期流动资金贷款方式外，争取中长期固定资产贷款和专项贷款方式，解决水利项目长期性资金需求问题。（2）争取债券融资。遴选具有稳定或预期未来收益较好的 PPP 水务项目，试点发行项目收益债券。对于公益性较强、经济效益较差、银行贷款难度较大的水库项目，争取地方政府债券资金。（3）探索开展票据融资。遴选经营性收入较好的 PPP 水务公司，根据年度或中长期投资资金需求，有计划循环发行多期中期票据、短期融资券，利用资金杠杆，降低融资成本。探索在水务上下游产业链企业间票据结算，丰富票据结算品种，扩大企业票据融资，解决临时性资金需求。(4) 实施固定资产融资租赁。对水利项目建设的所需要大型设施如挖掘机、水轮机及发电机等，考虑采用融资租赁、营业租赁、金融租赁或者分期付款、售后租回等方式进行间接融资，降低 PPP 项目直接融资压力。

四、怒江水电开发决策中的公私合作案例

流域水利工程建设中的公私合作，不仅表现为经济层次的 PPP 模式，而且表现为政治层次的公众参与决策，持续近 20 年的怒江水电开发决策的讨论，就是一个典型案例。怒江水电开发能够加强防洪调度、提供清洁能源、改善区域贫困，促进经济社会发展，同时也对自然生态、移民搬迁、自然文化遗产等产生不可逆转的影响。自 1995 年以来，围绕怒江水电开发项目是否上马，中央部委与地方政府、水电开发企业、环境 NGO、专家学者等流域生态利益相关者产生不同的价值需求和权利主张。将怒江水电开发项目是由单纯的流域水电资源利用的项目，演化为以“保护世界自然遗产为重？还是以经济效益为重”的公共决策事件。近 20 年来，我国经济社会发展取得了显著成效，发生了重大变化，流域开发决策由过去经济效益优先向生态优先、绿色发展的理念转变。2008 年国务院的最终决策，既体现了双方意见而又较多向支持倾斜的观点，兼顾了经济发展与生态保护的关系，是一个民主决策、科学决策的过程，其蕴含了多元治理主体参与、多元双向互动的治理结构以及科学有效的治理决策过程。这里以网络治理理论为指导，将政策网络作为公共决策网络治理的分析工具，分析我国政策网络治理机制在我国的适用性和可行性。

（一）怒江水电开发决策引发的纷争

怒江发源于西藏唐古拉山，是我国西南地区的一条国际性河流（流入缅甸后改称萨尔温江），属于世界遗产“三江并流”区域，被誉为是中国南方重要的生态廊道、自然风景长廊、多元和谐民族文化走廊。在我国境内干流全长 2018 千米，水力资源理论蕴藏量为 3640 万千瓦。在云南省境内怒江干流河长 617 千米，天然落差达 1116 米，水力资源理论蕴藏量 1700 多万千瓦。怒江水电资源的开发利用设想源自 1958 年中华人民共和国第二次水能资源普查；并在 1988 年全国第三次水能资源普查时，由能源部水电规划总院下属的昆明水电设计院提出了（一

库六级）资源利用初步规划。[①] 自1995年水利部将怒江水电规划列入工作日程，至2008年作为怒江水电站之一的六库电站在争议声中开工，在历时十几年的漫长决策过程中，中央多个部委、云南省和怒江州政府、华电集团等水电开发企业、民间环保组织、若干家相关的事业单位，为数众多的专家学者以及各类媒体都参与了该项目决策的研讨。由于流域水电开发项目是具有明显的经济效益和生态效益负外部性，围绕水电开发项目是否上马，上述流域生态利益相关者形成泾渭分明的两派观点。

按照美国学者米切尔（Mitchell，1997）关于利益相关者分类的三性原则（合法性、权力性和紧急性），将上述怒江水电开发项目的利益相关者划为核心主体、关联主体和边缘主体。核心主体是指与怒江水电开发项目有直接利益并直接参与项目决策的组织，包括国务院及其相关部委、云南省和怒江州政府、华电集团等政府和大型水电开发企业；关联主体是指利益受怒江水电开发项目影响而又无法参与决策的当地原住民、怒江下游地区人民；边缘主体是指与怒江水电开发项目无直接利益关系，但又积极参与建言决策的专家学者、环保NGO、新闻媒体等。在怒江水电开发项目决策中，出现核心主体、边缘主体内部的意见分歧，支持项目上马的群体和反对项目上马的群体分别形成了观点对立的两派，分别简称为建坝派和反坝派。

1. 建坝派

包括核心主体中的国家发改委、水利部、西部扶贫开发办等国家部委，地方政府和水电开发企业，以及边缘主体中的部分专家学者。（1）国务院相关部委从战略性、全局性上谋划怒江水电开发的综合效益。国务院相关部委是怒江水电开发项目的审批单位，具有最大的话语权和决策权，它们主要从宏观层面综合考虑怒江水电开发项目的经济社会效益，积极支持怒江水电开发项目，主要基于项目对于加快西部自然资源开发，改善区域能源结构，加快贫困地区脱贫致富具有重大意义。当然，也不排除个别官员兼有个人私利的考量，近期国家发改委能源领域系列腐败案就是例证。（2）地方政府立足于加快区域脱贫致富推动项目决策。云南省和怒江傈僳族自治州政府，是区域公共利益的代表，它们从加快落后地区发展角度，高度重视、积极推动怒江水电项目。怒江州兼有极端贫困区、多民族杂居区、边疆地区和高寒山区等多种特殊因素于一体，是我国集中连片特殊困难地区的典型代表。[②] 水电开发项目上马，能增加当地GDP和税收，提供就业岗位，

---

① 怒江为什么要进行水电开发［J］. 中国周刊，2016（8）.

② 韩振海. 关于解决怒江发展问题的政策探讨［J］. 中国经贸导刊，2012（4）下：47－49.

改变当地居民“守着金山饿肚子，捧着金碗讨饭吃”的贫困生活状态。（3）水电企业注重流域水资源开发的综合效益。华电集团是大型国有企业，既讲究经济效益又肩负社会责任。2003 年 6 月，华电集团与云南省政府签署了共同出资组建云南华电怒江水电开发有限公司的协议。四方约定初期投入 2 亿元资本金共同组建云南华电怒江水电开发有限公司，其中，华电集团占 51%、云南省投资公司占 20%、云南电力集团水电建设有限公司占 19%、怒江电力公司占 10%。水电企业除了追求自身企业利润外，还强调水电开发对于提高流域水资源利用效率、满足我国清洁能源消费、促进西部大开发等显著的经济和社会效益。据统计我国小水电的减碳作用（按 2014 年的发电量）几乎要比风能高出 50%，因而对我国碳减排具有重要意义。（4）专家学者和当地新闻媒体从专业角度讨论项目决策的科学性可行性。一批从事生态、电力等自然科学领域的顶级专家学者，他们在经过严谨的专业调查和科学论证的基础上提出了具有很强的说明力的观点。由于贫困落后，人为毁林开荒已严重破坏怒江流域的植被，陡坡垦殖的农业生产方式让泥石流、山体滑坡等自然灾害频发；而水电开发对生物多样性、自然遗产并无实质性的威胁。[①] 而且怒江流域的现状与 20 世纪 30 年代美国田纳西河流域具有极强的相似性，应当借鉴田纳西河综合开发的成功经验，实行多目标的梯度开度。

2. 反坝派

包括核心主体中的国家环保部（总局）、边缘主体中的专家学者、环保 NGO、新闻媒体等。环保部主要从环境保护的角度审查怒江水电开发项目，它们是怒江水电开发项目最初的反对者、后来又转变为谨慎的支持者。2003 年 8 月，在国家发改委召开的怒江项目审查会上，原则同意在怒江中下河段建设两库十三级梯级发电站的规划，与会的环保部官员以该项目未实施环境评价为由拒绝签字，成为该会议上的唯一反对票。而后，与会的环保部官员主动联系了环境 NGO、专家学者，逐步形成了反坝派阵营。反坝派阵营在北京、云南等地多次召开座谈会，指出怒江建坝将付出巨大的生态和社会成本，水电开发会破坏当地的生物多样性、威胁世界自然遗产“三江并流”以及可能带来地震等地质灾害风险，同时对怒江峡谷民族多元化产生重大冲击，对下游缅甸农业和渔业产生重大影响，有损中国的国际形象和周边关系。例如，北京大学世界文化遗产研究中心主任谢凝高认为：“怒江峡谷是一个统一的生态系统和完整的自然景观，梯度水

① 水利部长江水利委员会．正确处理保护与开发的关系合理开发怒江流域水能资源［N］．人民长江报，2005-03-05：3.

电开发将江面层层截断，对自然遗产的真实性和完整性会造成难以挽回的大破坏。”[①] 反坝派阵营还由国内拓展到国际，通过联系国外环保 NGO 和参加国际性环境会议、国际环境论坛，通过国际舆论影响国内的公共决策。反坝派的中坚力量是环保 NGO 及社科院环境与发展研究中心的学者，他们大多是具有人文社科知识背景，但缺乏科学的论证和实际的数据支持。[②]

3. 网络主体多元互动

2003 ~ 2008 年期间，围绕怒江水电开发项目，建坝派和反坝派两大阵容进行了多次的观点交锋，实现了公共事务决策的多元互动。(1) 核心主体博弈。在建坝派阵营中，国家发改委、水利部、西部扶贫开发办等国家部委、地方政府和水电企业都是建坝派，它们之间形成了中央部委与地方政府间的网络合作关系，云南省政府动用各种行政资源，在巩固建坝派网络同盟的基础上，积极向国务院总理、全国人大、政协以及环保部门反映情况，争取更多的支持者。例如，2008 年全国人大环资委副主任委员、原国家环保总局副局长汪纪戎在全国“两会”期间接受《中国经济周刊》采访时指出：对于“怒江开发”，相关部门一定要依照《环境影响评价法》和《环境影响评价公众参与暂行办法》等相应规定展开深入研究，进行充分论证并公开相关信息，不宜“操之过急”。(2) 边缘主体的博弈。他们从各自专业出发，形成鲜明对立的两派。除了在媒体上发表各自观点外，还开展面对面的交锋，进而将各自意见直接上书国务院，以影响决策。2005 年 4 月 4 日，应云南省政府邀请，何祚庥、陆佑楣、方舟子等 12 位知名学者前往怒江考察；8 日考察团参加了云南大学召开的“云大科技论坛互动报告会”，会上建坝派专家与环保 NGO 的代表进行了激烈交锋。何祚庥院士在返京后向国务院上书建议加快怒江水电开发，进而推动项目的决策进程。经过多方几轮的博弈，怒江水电开发项目经历了勘察、规划阶段（1995 年 ~ 2003 年 8 月），暂停、搁置阶段（2003 年 9 月 ~ 2005 年 4 月），重新论证、决策阶段（2005 年 5 月 ~ 2008 年 3 月），2008 年 3 月，国务院最终作出怒江水电开发的决策，并将开发方案由原来六库十三级调整为先开发二级水库，这一最终决策既吸收了多方意见而又较多地向建坝派倾斜，兼顾了经济发展与环境保护的关系，也是一个科学决策、民主决策的过程。党的十八大以来，我国将生态文明建设提升了“五位一体”的战略布局，云南省政府对怒江水电开发态度发生变化，提出停止一切怒江水电开发，转向推动怒江大峡谷申报国家公园，未来 5 ~ 10 年，将怒江大峡谷打

① 沈孝辉. 怒江十问 [J]. 绿色中国，2004 (2)：9 - 16.

② 石凯，胡伟. 政策网络理论：政策过程的新范式 [J]. 国外社会科学，2006 (3)：28 - 35.

造成为世界级旅游目的地。

（二）怒江水电开发项目决策蕴含的政策网络

政策网络作为一种分析工具，适用于解释和描述动态、复杂的公共决策过程。西方学术界对政策网络有主要三种理论流派：一是以赫尔德、木森等为代表的美国学派，侧重于从微观层面研究政策主体之间的互动关系；二是以罗茨、史密斯等为代表的英国学派，侧重于从中观层面重点分析利益集团与政府机构之间关系；三是以克尼斯、施耐德等的德国、荷兰学派，侧重于从宏观视角将政策网络作为政府机制、市场机制之外的第三种治理模式。

在上述三种流派基础上进一步分类：即：英美学者为主统称为利益协调学派，德国和荷兰为主统称治理学派。前者将政策网络看作是国家与利益集团之间关系形式的一般性概括，它反映特定利益集团在公共政策中的地位和作用；后者继承了前者关于利益联盟与合作的思想，同时吸纳了组织间关系理论的元素，将政策网络定义为治理的一种特定形式，即在政治资源分散于各种公共与私营主体的背景下动员政治力量的一种机制。课题组更趋向于治理学派的观点，将政策网络看作是网络治理在公共决策或政策制定中的具体表现。治理学派强调建立在政府、企业和第三部门互动而形成的治理机制，是与政府、市场相区别又介于两者之间的第三种社会结构形式和治理模式。

政策网络不仅只是一种全新的分析工具，更是一种推动传统政府决策模式变更的治理模式，代表着治理主体、治理工具、治理结构和治理机制的深刻变迁。怒江水电开发项目决策过程，推动由传统政府内部封闭循环的决策模式向相关者利益平衡基础上公私合作决策模式转变（见图6－3）。

1. 参与主体多元化

在怒江水电开发项目决策中，国务院各部委、云南省政府和怒江州政府等政府机构，并不是公共政策制定与执行的唯一主体，具有政府背景的水电开发企业、环境 NGO 以及一批专家学者、新闻媒体等同样也是政策制定的重要参与主体，他们虽然是不同性质的流域生态利益相关者，但都共同承担着水电开发建言、决策的责任。当然，在这种公共政策网络治理过程中，强调政府在政策网络中的主导作用，成功治理的关键在于政府对其他主体的有效整合以及对政策网络的有效管理。

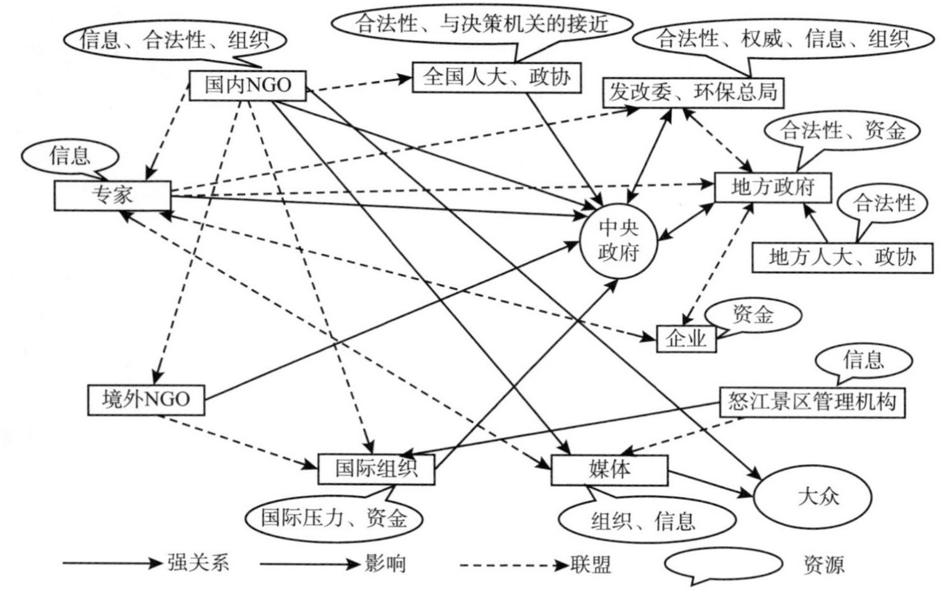

图 6－3　怒江水电开发决策中的政策网络

资料来源：朱春奎、沈萍申：《行动者、资源与行动策略：怒江水电开发的政策网络分析》，《公共行政评论》2010 年第 4 期。

2. 决策程序规范化

在怒江水电开发项目决策中，国务院在水电开发的政策网络中，具有很强的“驾驭”能力，灵活地运用各种治理工具，影响和协调其他主体的行为，发挥“领航”的作用。例如，面对反坝派的不同意见和分歧，没有采取规制性、强制性的政策工具，强行上马，而是暂时搁置的做法；当建坝派提出更充分、科学的权威观点后，又同意重新启动，通过聘请权威专家进行深入调查、充分论证，这一决策过程政府主要采取激励性、沟通性、契约性和自愿性等第二代治理工具，通过确立认同和共同的目标，建立合作、协商、伙伴关系等方式解决公共议题，实现对目标群体行为的改变，达到预期目的。

3. 网络结构复杂化

政策网络有效运转的基础是，相互依赖的网络主体通过集体行为的互动，形成一套有效的治理机制，包括信任机制、协商机制、学习机制等，进而实现共同结果。① 在怒江水电开发项目决策中，以云南省政府作为主要发起者形成了建坝

① 孙柏瑛，李卓青．政策网络治理：公共治理的新途径［J］．中国行政管理，2008（5）．

派，以环保部作为主要发起者形成了反坝派，建立共同解决公共问题的纵向、横向或两者相结合的组织网络，形成资源共享、彼此依赖、互惠互利和相互合作的机制与组织结构。围绕着怒江水电项目开发，既有建坝派或反坝派网络主体内部的信息沟通交流，又有建坝派和反坝派之间的博弈，通过多元主体之间的对话、讨价还价、协商、谈判、妥协等集体选择和集体行动，达成共同治理目标。

4. 决策方式民主化

我国现行的公共决策具有两大特征：一是行政首长领导下的集体负责制；二是决策过程体现中庸和和谐的政治文化。在怒江水电开发项目决策过程中，反坝派联盟的意见导致项目暂停以及后来的开发方案调整。这是因为在民主决策过程中取得一致意见，是进行最终决策的前提。环保部由最初的反对转变为后来有条件的支持，表明国务院及相关部委已基本达成共识。国务院根据我国经济发展阶段、能源消费结构以及生态文明建设的要求，坚持“两优相权取其重　两劣相权取其轻”的原则，最终作出适度开发的决策，力图妥善处理经济发展与环境保护的关系。

（三）怒江水电开发决策公私合作的政策含义

1. 建立以流域为单元的利益相关者协商机制

怒江水电开发项目的网络决策，从一个侧面体现我国政策过程的民主化和科学化进程，但这一政策决策中尚缺乏流域管理机构、怒江流域原住民的参与，使得怒江水电开发项目政策网络主体不完整。怒江水电开发，不仅涉及自然景观问题，而且会导致上游1.2万公顷良田可能被淹、8万～10万原住民被迫搬迁。建坝派学者认为，水电开发项目是改变当地贫穷面貌的唯一出路；而反坝派则运用世界水坝委员会的调研报告，指出全球水坝造成了4000万～8000万的移民，使当地民众生活相对贫困化，因此，怒江水电开发只能使地方政府和电力企业受益，对于这明显对立的关于自身利益的两种看法，当地居地由于地处偏远山区，生活水平和文化水平不高，对怒江水电开发知之甚少，因而无能参与怒江水电开发的决策过程。因此，我国流域生态水利建设的政策网络构建是一个渐进的过程，它需要流域管理体制完善、公民素质的提高和国家民主法制发展等。

2. 网络化治理机制的实施需要适合国情

网络治理机制划分为政策性网络治理机制和体制性网络治理机制。政策性网络治理机制是在制定具体公共政策中通过多元主体互动、信任合作等实现民主决策和科学决策，但是尚未建立规范、完善的网络治理体制；体制性网络治理机制是建立一系列制度安排基础上的网络治理机制。怒江水电开发决策是我国民主化进程中典型的政策性网络治理实践，它体现了不同利益相关者的利益诉求、相互博弈以及政府在决策治理的主导性作用等特征。政策性网络机制是实现决策民主化和科学化的重要途径，同时进一步推动由政策性网络治理机制向体制性网络治理机制，是实现国家治理能力和治理体系现代化的客观要求，也是转变政府职能、打造服务型政府的重要内容。

第二节　流域生态产品生产公私合作机制

良好的自然生态环境，是人类社会赖以生存发展的基本条件，也是当前我国政府供给不足的公共池塘资源，成为新时代政府改善民生福祉的重要任务。党的十八大报告明确提出要“加大自然生态系统和环境保护力度”“增强生态产品生产能力”；党的十九大报告提出“要提供更多优质生态产品以满足人民日益增长的优美生态环境的需要”。然而，承担全国性生态环境服务功能的重要流域源头，往往又是经济欠发达的老少边穷地区，当地干部和群众面临着发展经济、摆脱贫困与环境保护的尖锐矛盾。据统计，在生态脆弱区域中，76%的县为国家扶贫开发工作重点县。这些县域的土地面积、耕地面积和人口数量，分别占到生态脆弱地区土地面积的43%、耕地面积的68%、人口数量的76%①。如何协调好中央政府要“被子”（生态）、地方政府要“面子”（政绩）、农民要“票子”（收入）三者之间的矛盾，是我国城乡区域协调发展中必须解决的重要问题。② 加快由现行以命令控制为主要手段的科层供给机制向契约性政府生态产品购买机制转变，是破解上述诸多矛盾的一把钥匙。

一、生态购买是生态产品生产公私合作的重要方式

（一）生态产品含义及其性质

国内学术界通常从生产或需求的角度来界定生态产品，将生态产品、农产

① 刘彦随，周杨，刘继来．中国农村贫困化地区分异特征及其精准扶贫策略［J］．中国科学院院刊，2016（3）．

② 家住榆林市定边县的石光银，在长城脚下拥有一家治沙公司，先后承包荒沙植树造林达22万多亩，相当于定边县荒沙面积的1/5，目前已成林近20万亩，林木价值超过3000万元。然而，当年国家“允许个人承包荒沙，所造林木谁造谁有”的政策尚未兑现，地方政府将石光银所造林区划入防护林体系，由经济林变为生态林，禁止砍伐。政策调整后，政府并未给予相应的树木补偿，加之多年来植树治沙，石光银已负债800余万元，造成其生产生活陷入困境。因此，加快建立生态服务（产品）的政府购买机制显得重要而紧迫。资料来源：石光银：“千万富翁”何以成“负”翁［N］．人民日报，2013－09－21．

品、工业品和服务产品并列，看作是人类生存发展所必需的物品，强调优质生态产品是当前人民群众对美好生活需求的最大短板。从广义而言，生态产品与生态服务含义相近，两者所指向性是一致的，都是指人类赖以生存发展的生态环境，包括自然生态环境和人工生态环境的总称。本书主要从狭义层次将生态产品和生态服务作适当的区分。所谓“生态产品”是指人类为自然生态系统服务所生产的产品，包括清新的空气、清洁的水源、无污染的土壤、茂密的森林、宜人的气候等，生态产品具有维系生态安全、保障生态调节功能、提供良好人居环境等生态服务功能。而生态服务是政府向全社会提供的生态环境公共服务的总称，包括生态工程性服务、生态产品功能性服务和生态环境管护性服务三大类。可见，生态产品是政府提供生态公共服务的重要组成部分。生态产品具有多种使用价值，作为自然要素，它具有物质形态的使用价值；作为环境要素，它可提供生态服务功能，表现为无形的使用价值。自然要素是环境要素服务功能的载体，无形的生态服务功能是实物性自然要素的衍生品、附属品。离开了物质性的生态产品，生态服务功能就成了无源之水，无本之木。例如，流域源头森林体系中的林木只是物质性生态产品，森林生态系统所具有涵养水源、防风固沙等功能则是无形的生态功能性服务，前者是后者基础，后者是前者附属的功能；前者侧重于追求经济价值，后者侧重于追求生态效益。正如《中共中央国务院印发〈国有林场改革方案〉和〈国有林区改革指导意见〉》公报所指出的：要“推动林业发展模式由木材生产为主转变为生态修复和建设为主、由利用森林获取经济利益为主转变为保护森林提供生态服务为主”。具有私人产品性质的生态产品，如具有生态功能的集中连片的林木、草地等，都凝结着私人劳动，可以通过市场交易实现其价值等。然而，许多自然生态服务包括原始森林、天然湿地、生物多样性等则是则大自然的恩赐，这些不是劳动产品，却由于面临着人类破坏的威胁，需要政府投入管护性劳动加以维持其功能，因而凝结着人类劳动，也是有价值的。由于生态产品的所有权归属不同，使得其所附属的生态服务功能具有不同的性质。例如，由归属私人的森林资源所附属的生态服务功能，则表现私人生态产品的正外部性；由归属集体或国家的森林资源所附属的生态服务功能，则表现为公共生态服务。对于一片森林，如果仅仅看作是作为木材或燃料的物质产品，林木所有者可以通过市场销售实现其价值；如果将森林看作是具有涵养水源、防风固沙、调节气候等功能的森林生态产品，把它封禁保护起来，那么它就成为公共产品，生态产品有价，使用时必须付出“代价”，政府就要对林木所有者进行必要的经济补偿。因此，充分发挥市场在生态产品配置中的决定性作用，加快建立生态产品价值实现机制，这是生态产品市场化供给的应有之义，是培育加快绿色发展新功能的客观要求，也是开辟实现绿色惠民新路径的重要政策力点。

可见，生态产品具有私人产品与公共产品的复合性质。一方面生态产品接近于私人产品的性质，在一定意义上具有消费上的竞争性和受益上的排他性，可直接进入经济系统，通过市场机制自主实现生态产品的经济价值。生产者并未因其生态产品的正外部性而使自身经济利益受到损失，受益者也并不存在故意侵害行为。因此，对于这类生态产品供给不必进行补偿。政府通过政策引导和市场规律作用，推动具有正外部性的绿色产业发展。另一方面由于生态产品具有多功能性，既能提供物质性产品直接耗费或消费，也可提供休闲娱乐、生态保护、文化承传等生态服务功能，它具有消费非竞争性和非排他性特征的公共产品性质。例如，许多国家都对私人所有的林木实行限伐或禁伐政策，向社会提供森林生态服务，为此，政府需要按照机会成本的价格测算，对私人林地开发权进行补偿。

（二）生态购买的主要特征

近年来国内学者延军平等基于生态补偿、生态服务市场化的理论与实践，并针对我国行政主导型生态建设引发的诸多问题，提出了生态购买的概念。生态购买是介于计划经济与市场经济之间的国家市场经济形态，国家作为购买主体，每年就林草所有者提供的生态服务支付相应的货币。[①] 它作为政府解决多目标生态环境问题的经济方案，生态购买与生态补偿优势互补能有效解决生态建设“两头难”的问题。李晓玲（2006）等学者阐释了政府生态购买的具体区域方案设计等。笔者认为，生态购买即政府购买生态产品功能性服务的简称，是指为了改善生态环境质量，政府将本应由自身承担生态产品的种养、管护、监测等事项，通过经济补助、合同外包、特许经营等方式，交给有资质的企业（农户）和社会组织来完成，并根据择定者或者中标者所提供的生态产品（服务）的数量和质量，相应支付费用的相关制度安排。因此，生态购买实质上是政府主导、市场化运作的生态补偿。如果政府自身直接提供生态公共服务，将面临成本、效率、专业化程度等诸多条件的约束；政府通过向社会组织委托生产，提供了生态公共服务，则有利于提升生态公共服务的供给能力，实现公共资源使用绩效的提升，增加社会净福利。

生态购买具有以下特征：（1）各级政府是生态购买的最主要付费者。各级政府作为生态公共服务的提供者，以税收等作为稳定资金来源；符合资质要求的企业、社会组织以及特定区域的个体农民等，是生态购买的对象，全体居民则是平

---

① 延军平，等. 中国西部大开发的战略与对策［M］. 北京：科学出版社，2001：129.

等地成为生态服务的消费者。(2) 生态购买是以生态产品提供功能性服务为主要目标。例如，将个体农户种植的商品林纳入限伐的生态区位林，政府应当通过生态购买（赎买）其林木的所有权或存在权。通常捆绑购买小型生态工程和管护性劳务。将流域防洪、水土保持、防治沙漠等水利工程设施，以及政府承担的管护性事务委托给特定的社会组织建设和运营。(3) 生态服务购买是以法律契约为基础，订立标准化交易合同进行市场化交易。生态购买应当参照《政府采购法》的相关规定，按照“政府承担、定向委托、合同管理、评估兑现”等要求，并根据生态服务的特征，采取合同外包、特许经营、经济补助等方式进行利益补偿。(4) 生态购买价格是政府主导性、动态化、差异化的调节价格。生态购买是一个准市场（准政府）的行为，政府要综合考虑不同类型的生态服务成本、公共财政实力、经济发展水平等综合因素，针对不同区域、不同类型的生态产品种养和管护等事项差异，采取招拍挂、谈判、协商等市场化方式确定价格。政府向社会组织购买生态服务，是生态产品生产公私伙伴供给的重要形式。如同萨瓦斯所描述的那样，“政府仍然保留服务提供者的责任并为此支付成本，只不过不再直接从事生产。”① 生态产品功能性服务提供者与生产者的分离，体现了“掌舵”与“划桨”分开的思想。生态购买方式实质上是政府主导、市场运作的生态补偿机制，它与我国现行的政府主导、行政运作的生态补偿机制有着本质的区别。（见表6－3）以公益林效益补助为例，它是政府对集体农民森林经营用途变更利益损失的补偿，而不是对森林生态效益的价格补偿，从而引致林农生态利益的损失。目前国家已将集体公益林补偿纳入政府财政预算范畴，虽然补偿标准仍低于市场价格，其资金来源比较稳定。相对于我国南方地区采取行政手段实行重点生态区位林，则面临着赎买资金缺口大、农民受偿意愿低等缺点。因此，构建市场化的生态补偿机制（生态购买）任重而道远。

表6－3　生态效益补助政策与生态购买政策的比较

项目	生态效益补助（行政化生态补偿）	生态购买（市场化生态补偿）
理论基础	集体主义理论	公共服务理论
补偿依据	部分损失补偿	成本＋收益损失补偿
补偿方式	行政性下拨资金	签订购买合同

① 萨瓦斯．民营化与公私部门的伙伴关系［M］．北京：中国人民大学出版社，2002：69.

续表

项目	生态效益补助（行政化生态补偿）	生态购买（市场化生态补偿）
决策方式	政府行政权威	政府要约、农户自愿订约
绩效评估	总体性生态效益评价	各个合同执行绩效评价
典型案例	将重点区位商品林划定为公益林；对集体农民林木实行限伐政策	美、英等国家政府直接向提供生态系统服务的农村土地所有者及其他提供者进行补偿

资料来源：作者根据相关资料自行总结得出。

二、政府向社会组织购买生态产品的重要意义

（一）加快转变政府生态管理职能

在计划经济体制下，政府作为生态公共服务供给的唯一主体，扮演着提供者和生产者的双重角色，采取行政命令、直接投资或设立下属机构等方式开展生态建设，形成了行政化的生态公共服务供给机制。改革开放以来，我国形成了以经济建设为中心的发展思路，并将 GDP 和财政收入作为各级政府政绩的核心考核指标，相对忽视生态环境质量的改善。政府官员的生态环境保护意识不强，部门之间责权利模糊不清，政府生态管理职能“缺位”“错位”“越位”等现象并存，导致生态环境保护力度明显不足。因此，在我国当前行政化生态补偿机制的基础上，逐步建立政府向社会组织购买生态产品机制，是加快政府生态管理职能转变、推动政府管理创新、提高政府行政效率的重要途径，也是培育社会中介组织、促进现代服务业加快发展的重要举措。通过将政府购买生态公共服务与生态、环保、水利等事业单位改革相结合，则能推动事业单位与主管部门理顺关系和去行政化，推动有条件的事业单位转为企业或社会组织；也有助于改变传统政府大包大揽的传统做法，通过发挥市场机制作用，构建多元化的公共服务供给体系，尽快补上“短板”，提高公共服务水平和效率。

（二）引导社会资本投入生态建设和环境保护

党的十八大报告明确指出：要“建立吸引社会资本投入生态环境保护的市场化机制”。将政府应当承担的公益性生态环境服务、生态环境工程和生态环境管护性服务推向市场体系之中，是发挥市场机制在生态资源配置中决定性作用的重

要举措。通过建立生态环境领域的投融资体系，改善营商环境，发挥财政资金“四两拨千斤”的带动效应，引导社会资本投入生态环境保护领域，有利于拓展我国民间资本的投资渠道；同时将绿色产业与生态建设、扶贫开发有结合起来，产生乘数效应，推进“经济生态化”和“生态经济化”的进程，使生态建设和环境保护成为有利可图的行业，成为新常态下经济增长的亮点。当前我国的重要生态功能区，往往又是集中连片的贫困区域。这就要求加强我国生态环境保护建设，必须与精准扶贫开发有机结合的道路。要以绿色发展为原则，积极开展引导社会资本参与贫困地区植树造林、生态环境整治的投入，推进绿色产业与减贫无缝对接，走绿色减贫、生态减贫创新之路。所谓绿色减贫是指在符合主体生态功能区划要求、严格管控生态阈值的前提下，将区域自然生态资源与农业产业化扶贫政策结合，通过发展生态型产业实现贫困人口脱贫的工作机制，以绿色增长模式来取代传统的主要依靠资源和环境的增长模式，达到消除贫困和实现可持续发展目标。绿色减贫的本质是将生态保护作为出发点进行减贫，核心是坚持以人为本①，即要在进行经济发展的同时兼顾生态环境保护，实现经济、生态、健康、文化等多维综合减贫效应，实现经济发展、生态改善和农民增收“三赢”。

（三）提高生态公共服务供给水平和质量

我国传统生态建设模式主要是以项目为载体，下拨财政资金，重林草种养过程、轻林草管护和结果评价，局部地区曾出现“年年种树不见树，年年造林难见林”的尴尬局面。中共中央、国务院《关于国有林场改革方案》和《国有林区改革指导意见》中明确指出：“创新林业生产组织方式，造林、管护、抚育、木材生产等林业生产建设任务，凡能通过购买服务方式实现的要面向社会购买。”建立政府向社会组织购买生态产品机制，就是对我国传统生态建设模式“只能保证过程，不能保证结果”的反思，其制度优势在于：变行政机制为市场机制、变过程管理为目标管理、变国家要求为农民主动需要、变国家微效投入为显效投入、变静态投入为动态投入、变无价生态为有价生态、变国家一方投入为全民多方投入。② 生态环境服务作为全社会最公平的公共服务，其供给决策机制是行政化的。正如布凯南认为的：“政治选择则是离散的，即人们不能在边际上就候选对象进行取舍，只能就某一对象表示同意或不同意。其结果是一部分受益，一部

① 刘蔚．绿色减贫增强脱贫内生动力［N］．中国环境报，2016－07－25（003）．

② 易福金，徐晋涛，徐志刚．退耕还林经济影响再分析［J］．中国农村经济，2006（10）：28－36．

分受损。而市场选择是连续的，能够实现帕累托改进状态。”① 生态购买将生态产品的提供者和生产者进行适度分离，有效实现了“有效市场”和“有为政府”的结合。

（四）带动欠发达地区农民脱贫致富

生态购买过程坚持生态治理与发展经济并重、环境保护与改善民生并行的原则，将政府承担的公益性目标与农民追求的个体性目标有机结合起来，推进生态产品的商品化和市场化，既能促进农民增收，又改善生态环境，有助于解决欠发达地区长期存在的生态环境恶化与贫困的恶性循环现象，是市场经济体制下我国实现环境保护与摆脱贫困双重目标的必然选择。在生态产品生产过程进行公私合作，通过生态购买带动农民投工投劳，在家门口增加就业机会和劳动报酬。例如，山西阳曲县政府对农民实施“林木直补”购买方式，只要树木存活，农民每年都能从中获得收益。对林地内现有树木一株每年补贴 0.5 元；新栽植、达到一定标准的树木，每年补贴 1 元/株；低于标准的，先补贴 0.5 元，生长达到标准后补贴 1 元/株，补贴资金均在一年后苗木保证存活时予以兑现；现有和新植灌木林统一按照每公顷 825 元的标准进行补贴。2013 年，太原市财政共为六固村下发补贴资金 10 万元，带动全村人均纯收入提高 20%，随着 41.5 万元补贴资金的到位，预计能带动全村人均纯收入增长 82%。② 个体农民在坚持生态优先的前提下，还发展林下经济或者借助政府提供的基础设施发展家庭农场（林场），提高农业规模化经营效益。

三、我国政府生态购买的实践及缺陷

森林是陆域生态系统的主体，森林生态产品是生态产品的重要内容。因此，植树造林是流域生态产品生产的重要内容。2014 年，我国森林管护面积为 11458 万公顷，其中国有林管护面积 7072 万公顷，集体和个人所有的国家级公益林面积 2059 万公顷，集体和个人所有的地方公益林面积 2327 万公顷。③ 可见我国农村集体林地面积占全国林地面积的 60%，个体农民是集体所有自然资源的重要

---

① 詹姆斯·M. 布凯南. 公共物品的需求与供给［M］. 上海：上海人民出版社，2009：5－6.

② 刘鑫焱. 林木直补怎样掀起植树潮［N］. 人民日报，2013－11－29（6）.

③ 国家林业局. 2014 年全国林业统计年报分析报告［EB/OL］.［2015－05－06］［2017－07－28］http：//www.forestry.gov.cn/main/225/content－763186.html.

经营者，同时也成为森林生态产品的生产者。因此，森林生态服务购买，是近年来我国政府实施生态购买的重要领域。福建省全国首批生态文明实验区，在这里以福建重点区位商品赎买为例作实证分析。

2003 年，《中共中央 国务院关于加快林业发展的决定》提出商品林和生态公益林分类经营的政策思路，并提出要将“直接收购各种社会主体营造的非国有公益林”和“森林生态效益补偿基金制度”作为造林投入和管理的两种重要方式。“逐步改变现行的造林投入和管理方式，在进一步完善招投标制、报账制的同时，安排部分造林投资，探索直接收购各种社会主体营造的非国有公益林。”① 为森林生态产品私人生产、政府购买提供了依据。2010 年起福建省逐步对省内界定的江河两岸、环城一重山、重要交通沿线两侧等重点生态区位的商品林实行限伐政策，不少林业大户由于受原先政府鼓励政策，植树造林使得大量资金锁定在林业资源上难以变现，有的甚至举借债投资而债台高筑，生态保护和林农维权的矛盾突出。2013 年，永安市在全省率先开始了赎买制度探索。2014 年《福建省人民政府办公厅关于开展生态公益林布局优化调整工作的通知》，首次明确提出实施赎买的方式：“采取置换、赎买等方法，逐步将重点区位内商品林调整为生态公益林，将重点区位外零星分散的生态公益林调整为商品林。各县（市、区）政府可探索重点区位内商品林赎买等改革机制。”② 这标志着以赎买的方式将重点生态区位商品林调整为生态公益林得到官方认可，并在更大范围内开始推广实践。而后，福建省陆续出台了一系列支持重点区位商品赎买的政策措施、及时满足林农将林业沉淀资产变现的现实需求，帮助将其森林生态资源变现，接受政府赎买成为林农减少利益损失的被迫选择。

（一）生态购买主体的“碎片化”

政府不是铁板一块，政府内部也有层级，不同层级政府之间要进行公共服务的职责分工。不同层级政府之间在职能、职责和机构设置上表现出明显的“职责同构”现象，中央与地方政府之间的行政性分权，导致各级政府在生态环境服务领域的事权和财权划分模糊不清。重要生态功能区大多数为经济欠发达地区，在生态环境服务领域总是趋向于向上级争取项目，获得专项的财政转移支付。在地方政府内部，生态建设和环境管理职能及各项补助资金分散在各级政府发改、水

---

① 中共中央国务院关于加快林业发展的决定［N］. 人民日报，2003－06－25（001）.

② 福建省人民政府办公厅．福建省人民政府办公厅关于开展生态公益林布局优化调整工作的通知［EB/OL］. http：//www. fujian. gov. cn/zc/zxwj/szfbgtwj/201412/t20141231_905179. htm.

利、国土、林业、财政等各部门，在各相关职能部门间缺乏统一规划、统一管理，且有资金被截留、被挪用的风险。例如，水土保持生态购买由水利部门主导，森林生态产品由林业部门主导。2012 年福建省宁化县创新性地成立国有独资的水保生态建设公司，既受政府委托开展公益性水土流失治理，又与社会资本参股进行经营性水土治理开发。这一机制创新虽然破解了各部门职能重叠又相互割裂及投资分散等问题，提高水利资金利用效率，但又造成了新的政企不分。水保生态建设公司仍然是政府部门的延伸，随时接受政府下派的任务，在打破购买主体“碎片化”困境的同时，又陷入了“内部化”的巢穴，如何解决公司公益性和经营性的矛盾仍是一个难题。

（二）生态购买客体的“内部化”

受传统计划体制的影响，我国各级政府为了提升生态环境管理和生态公共服务职能，习惯于采取增设管理机构和人员编制、下设附属企事业单位等方式，并将部分生态产品种养、管护等事务性等项目委托给下属的企事业单位经营，从而形成了“内部化”的生态购买方式，实质上是政府直接生产提供生态公共服务的模式。在重点区位商品林赎买交易，是典型的政府买方垄断市场。买方是掌握行政、经济、信息等资源优势的地方政府及其代理人，包括国有企业或者社会组织；卖方是知识能力弱、信息不对称的个体农民，两者形成了明显的不对等交易关系，政府总是优先与官员联系紧密、信息灵通的村干部或种林大户的商品林。政府通过成立的林业交易中心，搭建起集“评估、担保、监管、处置、收储五位一体”的林业交易综合服务平台，导致赎买过程呈现出依赖关系而非竞争模式。虽然政府文件规定优先赎买生态区位重要、林地集中连片、接近成熟期和产权关系明晰的商品林，但是由于每年赎买资金有限，赎买过程必然存在“上级内定”“人情关系”等困境；在监督管理环节，有关部门则会出现虚于应付、惯性懈怠等现象；在完成验收环节，也会有故意放水、“睁一只眼闭一只眼”的情况发生。表面上是比较公平的重点区位商品林赎买交易，实质政府行政权力穿插于赎买过程，这种准市场或准政府的交易机制，使得政府的权力边界模糊，而林农的合理利益难得得到保护。加之重点生态区位商品林赎买尚属于改革试点的领域，森林资源价值评估机构数量少，评估资质不高，专业人才缺乏，更谈不上对重点区位商品林赎买过程中交易程序、价格评估、成效等进行有效监督。政府虽然通过公开竞价方式能以更低的价格赎买林地，但客观上造成个体农民相对竞价，公开竞价使赎买交易价格进一步压低损害了农民的利益。

（三）生态购买定价方式的“行政化”

在生态公共服务市场上，政府作为单一的购买主体，拥有强大的组织资源和政治动员能力，企业和社会组织缺乏对等的谈判能力，购买成为单向合作行为。而企业、农户和社会组织作为公共服务的承接者，往往没有足够的能力和地位与购买者进行平等的谈判和协商，从而形成了不对等的市场结构。(1) 赎买价通常低于参考价。我国各地实施的重点生态区位林赎买，其价格是由政府参照林木市场确定的，定价方式具有明显的行政色彩。在买方垄断市场结构中，林农之间公开竞价使得林农只能以更低的价格开展交易，在实践中赎买价格通常会低于林木市场交易指导价。加之有些林农受从众心理驱使，急于将林木资产变现，被迫接受较低的价格，有的甚至主动压低价格以争取优先赎买资格，降低时间成本，公开竞价使赎买交易价格进一步压低，是对个人福利进一步损害。(2) 赎买价格缺乏对林地使用权价值评估。通常政府赎买标的物包含林木所有权和林地使用权两部分。由于林地属于集体所有，没有发生所有权变更，林地具有社会保障的属性，是林农赖以生存的生活资料和养老资产，流转林地意味着林农丧失未来的生活保障。加之政府对不同区位林地缺少动态的价格评估调整机制，存在估值“一刀切”现象，赎买价格标准中缺乏对林地未来收益的衡量。例如，永安市制定的林地赎买价格为13.4元/亩/年，但部分条件好的山场已签订的承包费用就高达40~60元/亩/年[①]。由于林地赎买价格和山场承包价格的差距，导致林地经营者接受赎买意愿不高的问题。由于生态区位林赎买价格偏低，许多林农主动参与赎买意愿较低，这主要受传统思想束缚，对林地情结深厚，认为耕地和林地是家庭最宝贵的财富，保留林地的意愿强烈，对赎买林地使用权的政策有抵触情绪。同时，林农文化程度较低，对政府重点区位商品林赎买政策不了解，对保护生态环境不愿意承担个人的经济损失。尤其在经济不发达地区，林地作为林农获得经济收入的重要资产，林地赎买意味着林农可能丧失未来的生活保障。因此，林农更倾向于谈判协商式定价方式，按照片区基准价为基础，以集体协商的方式确定价格更能接受。

（四）生态赎买资金供求“矛盾化”

私人生产、政府购买是森林生态产品公私生产的重要方式。近年来，福建省

① 涂年旺．永安市重点生态区位林赎买和管理的实践与探索［J］．华东森林经理，2015，29（3）：25－27.

运用财政资金，积极开展商品林赎买试点工作，资金来源主要包括试点市（县、区）地方财政资金、森林资源补偿费返还以及省级财政补助金三部分。2016 年，全省共筹集 1.47 亿元财政资金，完成赎买、租赁商品林 8 万亩，但不及全省重要生态区位商品林总数的 1%，资金缺口成为该政策实施的最大“瓶颈”。随着福建经济社会的快速发展，尤其是高速公路、铁路和城市周边项目的建设，全省生态区位格局发生重大变化，目前位于“三沿一环”（沿路、沿江、沿海、环城市周边）的重要生态区位内尚有约 997 万亩（66.47 万公顷）商品林未纳入生态公益林管理。根据《福建省重点生态区位商品林赎买等改革试点方案》，赎买的资金由各设区市和试点赎买改革的地区多渠道自行筹措，省级财政根据赎买改革开展情况适当补助。目前的实践中，商品林赎买资金绝大多数仍来自各级政府的财政转移支付和专项基金，社会组织、非政府渠道筹措的资金十分有限，各地赎买均存在一定的资金缺口。以永安市为例，按照 3～4 年完成 10 万亩重点生态区位商品林赎买的计划，以每亩平均收储价格 5000 元（每公顷 7.5 万元）计算，总计需要收储金 5 亿元。按照目前该市财政资金安排，每年用于商品林赎买的预算仅 1500 万元，资金缺口巨大①，从全省范围看，资金缺口约 498.5 亿元。因此，单纯依靠财政资金均难以完全满足商品林赎买开展的资金需求。

四、规范政府生态购买运行机制

（一）明晰政府生态购买清单

厘清政府向社会组织购买生态服务的边界，凡是不属于政府生态管理和服务职能范围，以及应当由政府直接提供、不适合社会力量承担的生态公共管理和服务事项，不得向社会力量购买。明确各级政府和职能部门在生态环境保护领域的权力清单、责任清单和服务购买清单。借鉴发达国家的成功经验，采取概述式和列举式相结合的方式，明晰我国各级政府的生态服务购买清单，形成相对稳定地向社会组织放开的生态服务领域的清单目录，为社会组织在承接政府生态环境服务职能提供制度依据。清单可以细化为目录和具体事项。包括因公共设施建设需要，将个体农民的商品林划定为生态区位林的，要纳入政府赎买范围；重要生态功能区的林地、草地、水面等，不论是经济林、生态林还是个人建造的人工湖等

① 涂年旺．永安市重点生态区位林赎买和管理的实践与探索［J］．华东森林经理，2015，29（3）：25－27.

要纳入政府生态购买范围。对于农民拥有的林木资源，政府只购买农民林木的存在权即发挥生态效益，所有权和使用权仍归村民。[①] 近年来，我国已在贵州、内蒙古、福建等省小范围试点国家赎买个体农民投资营造的生态公益林、天然阔叶林、重点生态区位内商品林的林木使用权和所有权。由于生态产品生产与生态工程性、生态管护密不可分。因此，地方政府将从生态系统性的角度，制定以生态产品为主、包括生态工程和生态管护的购买清单。尤其是生态产品生产靠“三分种、七分管”。森林防虫防害防火，湿地、水源地等生态管护，以及相应的科技研发推广等各种公益性服务，凡属事务性管理服务，原则上都要引入竞争机制，通过合同、委托等方式向社会组织购买，由传统的过程管理为目标管理。近期，应完善公益林管护的政府购买服务政策，完善加强沙区资源和生态系统保护与管护政府购买服务政策，鼓励社会力量参与防沙治沙。

（二）培育生态购买交易市场体系

欧美国家实践表明，如果可供选择的公共服务提供商较少，难以形成竞争性市场，容易诱发市场垄断和官商勾结，降低了公共服务的质量。因此，加快培育生态服务政府购买的市场体系，实现公共服务供给的市场化和社会化，这是逐步扩大政府生态购买的规模和比重，推进政府向社会组织购买生态服务的制度前提。政府要分类指导，针对生态产品市场的薄弱环节，明确政策的着力点。（1）培育竞争性市场主体。生态产品生产者通常是重要生态功能区内特定的群体，生态产品交易市场具有典型的双边市场特征。政府要改变过去政府主要依靠行政手段实行强制、低价购买的方式。建立发布政府购买生态产品项目信息的渠道，明确购买区域和范围，确定购买数量、质量与价格。在尊重农民意愿基础上，秉承公开、公平、公正的原则进行协商谈判方式，与个体农民和集体组织签订标准化的购买合同，明确双方的责权利关系，并强化结果考核，真正让市场在生态产品交易中发挥决定性作用。采取税收优惠等政策，培育竞争性市场主体，形成市场化的竞价机制，采取招投标的方式进行交易。（2）明晰生态产品市场交易规则。探索第三方参与的市场监管评估机制，强化项目申请、资质审查、公开招标、考核与评估等全过程的监管。规范市场主体的准入退出机制。对参与生态产品公私合作招标主体实行动态管理，吸纳社会信誉好、资产状况良好的企业进入交易市场；及时解除违反合同条约、涉嫌造假等不合格的企业的购买合同，清理出生态

---

① 杨伟民，等．实施主体功能区战略，构建高效、协调、可持续的美好家园——主体功能区战略研究总报告［J］．管理世界，2012（10）：1－17.

产品市场并赔偿损失，情节严重的追究其法律连带责任。对于市场竞争不充分的科研项目，以及需要扶持的科技成果转化项目等服务业事项，可以根据 2015 年财政部发布《政府采购竞争性磋商采购方式管理暂行办法》规定，探索采取竞争性磋商的办法，进行交易。（3）完善生态产品市场交易的投融资机制。由于生态产品，投资周期长，资金回收慢，综合收益较差，以及各种项目资金投入和长期收益不均衡等特点，必须创新投融资机制。各级政府整合生态建设领域的财政专项资金，设立生态环境建设的融资担保资金，建立政府性投入、市场化运作、法人化管理的运作管理机制。引导政策性银行给予投资主体长期限、低利率的信贷支持。（4）加强市场交易管理。以各地自然资源产权交易中心为平台，开展生态服务市场交易。提升生态服务市场交易的信息化管理水平，建立互联互通的数据库网控中心，与自然资源主管部门的信息数据库进行对接，实现生态服务市场交易信息共享。

（三）探索灵活多样的生态购买方式

政府要根据生态产品公私合作生产的特点，因地制宜地采用经济补偿（补助）、特许经营、合同外包、项目申请制等政策工具，通过多样化的购买方式推进生态服务市场化供给。经济补偿（补助）是政府通过提供现金补贴、贴息、技术援助、减免税等方式，鼓励特定区域的群体保护生态环境，随着公共财政能力的提升，政府应当参照农民的机会成本损失作为补贴标准，并逐步提高兑付的比例。特许经营是指政府按照有关法律、法规规定，授予私营企业或其他非营利性部门在一定期限和范围内提供某项生态公共服务进行经营的权利，并准许其通过向消费者收取费用以清偿贷款，回收投资并获取合理利润。① 国家公园建设中公私合作理等准公共服务都可以特许经营方式。针对当前生态服务政府购买“内部化”的现状，要打破政府行政性垄断，培育市场性市场主体，引导社会资本参与生态建设，促进政府与社会资本多元化的合作机制。② 合同外包是由政府明确规定某种生态产品的数量和质量，并以签订合同的形式将原来由政府提供的生态产品委托给私营企业或其他社会机构提供，生态产品的相关费用则以财政税收来承担，政府依据合同对供给过程进行监管。在特许经营的情况下，政府只是公共利

---

① S. W. Stem, Build - Operate - Transfer—A Revaluation [J]. The International Construction Law Review, 1994: 103.

② 根据财政部《关于印发政府和社会资本合作模式操作指南（试行）的通知》，社会资本是指已建立现代企业制度的境内外企业法人，但不包括本级政府所属融资平台公司及其他控股国有企业。

益的代表，与企业进行谈判，消费者通过水费、门票等方式直接向企业付费。而在合同外包中，政府则是生态产品的直接付费主体。生态产品生产的科技研发等主要采取项目申请的方式进行。对具体的生态购买项目，如前面借鉴的重点区位商品林赎买，在坚持群众自愿与适当引导相结合、效率和公平相结合、市场机制和宏观调控相结合的原则，因地制宜探索多样化的赎买方式。包括一次性赎买（政府一次性直接赎买林地使用权和林木所有权的形式）、混合赎买（将生态补偿与树木所有权赎买相结合的一种模式）、补贴改造（在不改变现有产权归属的情况下，政府基于补贴进行林区的定向改造，以提升重点生态区位林的生态服务功能）。空间产权置换（将重要生态区位内零星分散的商品林置换为重要生态区域外部集中成片的商品林，区位内的原商品林则转换为生态公益林）。

（四）多渠道筹集生态商品林赎买资金

马克思曾精辟地指出：林业投资“一次周转需要十年到四十年，甚至更长的时间”。“漫长的生产时间（只包括较短的劳动时间）从而漫长的资本周转时间，使造林不适合私人经营，因而，也不适合资本主义经营。”因此，即使在倡导市场万能的西方发达国家，政府也是不惜花费巨大的公共财力、物力开展大规模的生态投资或者生态购买，通过购买私人土地、建立补偿基金、实行税收优惠政策等方式，鼓励私人进行生态投资，改善生态环境。因此，要探索建立多元化赎买资金筹集机制，当前我国既要运用财政、金融手段，多渠道拓展资金来源，包括发行绿色债券、建立生态购买基金、发行生态彩票、征收生态税、开发绿色金融产品等，更重要的是要发挥市场机制的作用，积极探索生态产品的价值实现机制。包括创设多层次的森林碳汇交易机制，研究探索不同的森林经营类型，开展森林可持续经营试点项目，进行抚育和林分改造经营，改善现有森林质量、提高林地生产力、保护生物多样性、保持生态系统健康和稳定，增加森林碳汇。在确保生态安全的前提下，适度引入社会资本，引导发展林下经济，盘活存量资产，提升经济效益。碳汇交易是实现森林生态产品价值的重要形式，也是实现政府赎买资金滚动利用的有效途径。简化审批流程，允许更多符合条件的林业碳汇项目直接申报 FFCER 减排量备案，积极开发林业碳汇项目，逐步扩大森林碳汇在我省碳汇交易体系的份额，实现省内流通和抵消。加强与联合国 CDM 执行理事会等国际环保组织的合作，争取将符合条件的造林再造林项目纳入全球林业碳汇交易体系。

（五）加强生态服务购买的绩效考核

生态公共服务是采取政府直接供给，还是通过市场购买方式供给，关键是看生态公共服务供给的绩效评价。“花钱问效果”是现代公共财政的核心价值观，政府购买生态服务就是“花钱问效果”支出观的具体体现。20 世纪 80 年代以来，欧美国家政府购买公共服务的实践，既有成功的案例，也有失败的教训。博伊恩（Boyne）通过对大量有关政府购买服务合同效率研究的分析发现，并不存在对政府购买服务能带来更大效率的确切支持。[①] 伯瑞坦（Brittan）早就指出，民营化本身对效率的影响处于“略胜于无”和“略劣于无”之间，无足轻重。[②] 据统计，美国最大的十家水务公司民营化改革之后，普通家庭水费支付不仅未降低，相反，都成倍甚至多倍地提高了。21 世纪以来，由于公私合作合同到期、规划失败或存在腐败行为等各种原因，法、德、美等国家政府在供水、垃圾回收与处理等领域回购公共服务现象。因此，加快建立我国生态服务政府购买的绩效评价体系，推动建立由购买主体、服务对象及专业机构组成的综合性评价机制，推进第三方评价，将生态环境服务政府购买的绩效评价与公共财政资金分配、政府责任目标考核等工作机制联系起来，按照过程评价与结果评价、短期效果评价与长远效果评价、社会效益评价与经济效益评价相结合的原则，对购买服务项目数量、质量和资金使用绩效等进行考核评价，切实提高政府向社会组织购买生态服务的效率和效益。

第三节　流域生态环境治理公私合作

流域生态环境是人类赖以生存和发展的基础条件，人类的经济社会活动必须在流域生态环境的自然承载力范围以内，才能实现流域区经济社会与自然生态环境的可持续发展。政府提供流域生态环境服务供给过程，从实施策略看，需要“加减乘除”的综合施策。既要实施植树造林、生态修复，开展预防性治理做“加法”；又要实施节能减排降耗，强化末端治理做“减法”。既要加快新旧动能

① Boyne G A Public Choice Theory and Local Government：A Comparative Analysis of the UK and the USA [M]. New York，NY：St Martin's Press，1998.

② Brittans. Privatisation：A Comment on Kay and Thompson [J]. Economic Journal，1989，96（1）：33 - 38.

转换，培育新兴产业，促进产业绿色转型做“乘”法，更要拧紧“环保阀门”，消除环境风险短板做“除”法。从体制机制转型看，面对流域生态环境治理的复杂性、曲折性和长期性，加快治理机制改革，在科层治理机制“命令—服从”“标准—遵守”“违法—处罚”等二元关系模式的基础上，引入第三方治理机制，由“谁污染、谁治理”的传统管制型治理模式向“污染者付费、专业化治理”市场化治理模式转变，是我国流域生态环境治理领域公私合作机制改革的现实路径选择。

一、生态环境第三方治理的内涵与特征

生态环境污染第三方治理是“排污者通过缴纳或按合同约定支付费用，委托环境服务公司进行污染治理的新模式”。[①] 在该模式下，环境污染治理责任从排污者和公共部门转移到专业的污染治理企业。这里的“第三方”，是相对于政府和排污者而言的专业化环保企业，它是依法取得相关资质，生产污染治理技术与设备，提供工程融资、设计、咨询、建设、运营、维护与管理等各种专业化的环境保护服务企业。排污者既包括点源污染排放的工业企业，也包括农业面源污染排放的城乡居民、个体农民等。生态环境污染第三方治理，主要包括专业化分工、契约化治理、市场化运行、污染者付费和责任共担等五个基本要义。（1）专业化分工是第三方治理机制的核心。环境治理主要有传统政府管制型和市场机制型两种的治理模式，前者表现是政府通过法律和法规强制企业自主减排或向政府缴纳排污费并由政府统一处理，以达到改善环境的目的；后者主要是政府通过引入第三方环保企业实行专业化治理，它突破了“谁污染、谁治理”的传统政府管制模式，实现“谁污染、谁付费、专业化治理”的转变。（2）契约化协作是第三方治理的基本行为模式。政府或排污企业与第三方订立具有法律约束力的协议，建立环境服务购买的契约关系，并按照合同约定的治理效果进行。（3）市场化运作是第三方治理运行的决定性因素。政府或排污企业通过工程竞价招标等方式，通常具有买方垄断市场的特征，竞标价格应在尽可能充分调查基础上，保障第三方企业经营的合理利润水平。低价竞价机制容易诱发市场过度竞争和市场失灵。（4）污染者付费是第三方治理机制最基础的原则。第三方治理只是将地方政府或排污企业环境治理的直接责任转变成一种间接责任，但是它们仍然承担主体

---

① 国务院办公厅．国务院办公厅关于推行环境污染第三方治理的意见［EB/OL］．（2014－12－27）［2016－03－04］．http：//www.zhb.gov.cn/ztbd/rdzl/gwy/wj/201501/t20150114_294156.htm.

责任，承担污染环境危害损失赔偿和环境治理费用，而不能转移给社会。(5) 责任共担是第三方治理机制的基本要求。新《环保法》《水污染防治行动计划》等法律法规规定了监管者、排污者和第三方治理企业的责权利，排污者承担治理主体责任，第三方治理企业必须承担委托企业超标排放等污染行为的连带责任。并要求完善履约保障、风险分担等机制，鼓励发展政府与社会资本合作模式、环保服务总承包模式等，以垃圾、污水治理及工业园区为重点，推行环境污染第三方治理①。

我国环境第三方治理，是在市场化改革进程中逐步推行的。2001 年，国家计委发布《关于促进和引导民间投资的若干意见》，鼓励和引导民间资本以独资、合作、联营、特许经营等方式参与污水回收、垃圾处理等，政府采取公共支付方式，推进生态环境公共服务的有效供给，全国城市供水污水处理等民营化取得较快发展。生态环境政策宣传、科技研发、环保监测等事务性服务是政府公共服务的重要职能，也是加强政府与社会资本合作（PPP）的重要领域。1999 年，深圳罗湖区率先打破政府与环卫工人的聘用关系，首次尝试由政府购买生态环境公共服务，环境治理效果良好。2004 年，上海市环保局尝试全市地表水监测任务下达形式的改革，采用政府购买服务的形式，优先让区县环境监测站等在地表水监测项目、监测断面、频率等 8 个标段参与招标。2006 年，无锡市于颁发《关于政府购买公共服务的指导意见（试行)》，实行包括环卫清扫保洁、水资源监测、城区绿化养护等政府购买服务的试点项目等。2013 年，全国工商联环境商会首次提出“环境污染第三方治理”的概念。同年 11 月，党的十八届三中全会明确要求“建立吸引社会资本投入生态环境保护的市场化机制，推行环境污染第三方治理”②。2015 年 3 月，国家发改委和商务部共同公布了新《外商投资产业指导目录》，首次将“垃圾处理厂，危险废物处理处置厂（焚烧厂、填埋场）及环境污染治理设施的建设、经营”明确列入鼓励外商投资产业目录③。推进生态环境第三方治理机制，是实现我国环境治理能力和治理体系现代化的应有之义，是顺应政府职能由“全能型”到“服务型”转变的客观要求，也是推进我国环保产业发展的有效举措。第三方治理机制引入传统流域生态环境治理体系，有利于构

---

① 中华人民共和国中央人民政府．水污染防治行动计划［EB/OL］. http：//www. gov. cn/zhengce/content/2015 - 04/16/content_9613. htm，2015 - 04 - 16/2015 - 05 - 05.

② 十八届三中全会．中共中央关于全面深化改革若干重大问题的决定［N］. 人民日报，2013 - 11 - 15（1）.

③ 中华人民共和国商务部投资促进事务局．外商投资产业指导目录［EB/OL］. http：//www. fdi. gov. cn/1800000121_23_72150_0_7. html，2015 - 03 - 10/2015 - 03 - 30.

建政府、排污企业、专业化环保企业、公众等多元主体治理新格局，形成政府主导、市场运作、社会监督的多元主体互动合作机制，使得生态环境治理成为政府干预行政、市场竞争和社会监督协同调节的领域，它有利于打破传统治理模式下权职不清、投资不足、效率低下等问题。正如Shin（2001）认为，只有政府和私人资金力量的共同参与，才能发展完善有效的生态环境投融资机制。[①] 而“公私合伙制（Public - Private Partnerships）是一种联合了公共部门和私人部门的运作机制，是充分吸收了两方优势的综合机制，既充分体现了社会责任、公众意识和环境保护意识，又充分利用了企业和个人的资源和力量，由于生态环境保护是一个建立在社会公众道德的基础上的公益性事业，又需要整合多方力量才能全面实行”。[②]

二、流域生态环境第三方治理模式比较

环境污染细分为点源污染和面源污染。前者是指规模化农业企业、工业企业等排放的具有明确责任的废水、废气和固体废弃物等。后者是指排放责任主体比较模糊的城乡生活污染物，包括餐厨固体垃圾、生活污水等。城乡居民作为面源污染的排泄者，难以单独作为责任主体委托环境服务公司进行污染处理，只能由地方政府负责辖区污染的治理责任，即政府是区域性环境质量的责任主体。另外，区域性环境污染没有明确的责任主体，如流域水环境污染等，这类污染处理有很强的外溢性，也只能由地方政府承担治污责任。因此，根据公私合作关系不同，笔者将流域生态环境第三方治理模式，分为政府引导下企业间合作与政府代理下的政企合作两种模式（见表6－4）。

表6－4　　流域生态环境第三方治理模式比较

主要区别	治理模式	
	政府引导下企业间合作	政府代理下的政企合作
参与主体	政府、排污企业、第三方	居民、政府、第三方
决策机制	政府引导、排污企业与第三方自主协商	政府主导、第三方企业参与招标

① Shin，Myoung - Ho.，2001，“Finaneing Development Projects：Public—Private Partnerships and a New Perspective on Financing Options.，Paper read at OECD/DAC Tidewater Meetingin Penha Longa，Portugal.

② The National Council For PPP，USA. For the good of the people：using PPP to meet America's essential needs［R］. 2002.

续表

主要区别	治理模式	
	政府引导下企业间合作	政府代理下的政企合作
委托方式	分散委托与集中委托并存	捆绑式环境外包为主
应用领域	大中型企业污染治理、工业园企业污染集中处理	区域生活污水集中处理、流域水环境综合整治
付费主体	排污企业付费	居民付费、政府补贴
付费来源	纳入企业生产成本	居民生活开支、政府公共财政收入

资料来源：作者根据相关资料自行总结得出。

（一）政府引导下的企业间合作模式

在工业集中园区内，开展企业间合作的环境服务外包，具有明显的规模经济效应和集中优势等特点，双方共享节省下来的减排费用。在这种模式中，地方政府主要扮演沟通、协调、环境监督等职能。从环境服务合同签约主体看，可以分为分散委托和集中委托两种形式。前者由单个排污企业与第三方治理企业单独签订环境服务合同，并由根据排污企业或社区的需求提供量身定做、个性化的环境治理服务。通常单体的环境治理的投资规模不大，技术要求也不高，加之受益群体比较明确，收费过程比较简单，比较适合中小型环保企业参与，为中小型环保企业提供广阔的发展空间①。然而，分散委托的第三方治理运行形式难以发挥规模效应、运行管理成本较高，增加执法监管难度，因此，需要配套较健全的执法制度和体系。分散服务运行形式的适用领域包括：（1）农村点多面广的规模化养殖污染治理、农村生活污水处理、区域性土壤污染治理。（2）无法纳入集中治理网络的居民区生活污水治理。（3）污染治理工艺复杂的大型企业污染治理。企业合作间分散委托模式具有操作简单、成本低廉、治理高效等多重优势。在我国东南沿海的诸多大城市中，已有越来越多的饭店及办公楼采用了这种分散服务模式。

集中委托形式是指将一定区域内众多企业的污染治理服务需求及其污染物集中起来，由统一的委托主体代表向第三方治理企业购买其污染治理服务。集中处理的项目大多具有区域集聚和规模优势，且受到政府扶持，具有一定盈利保障，有利于提高治理效率，增加项目的吸引力。同时，将环境污染集中委托治理，可以降低监管难度，促进产业布局调整和区域环境整治协调发展。当然，集中委托模式对于第

① 中国环境保护投融资机制研究课题组．创新环境保护投融资机制［M］．北京：中国环境科学出版社，2004.

三方治理企业的技术实力、管理创新、融资能力等要有较高的要求，因为环境污染集中处理往往需要配备大规模的管网来收集污水进行集中式治理，需要配合工业园区企业基础设施建设，与工业园区同步规划，同步施工，投资费用高昂。当然，企业集中委托形式需要政府对治理项目的审批、融资、运营、税收等实行优惠政策。

（二）政府代理下的政府企业合作模式

行政区域内的环境公用设施建设、流域生态环境修复和环境监测服务等，是地方政府必须提供的环境公共服务范畴。这些项目具有建设资金投入大、资本周转时间长、投资回报率低等特点。政府可以采取特许经营、委托运营及环境绩效合同服务等多种方式，通过“使用者付费”以及必要的“政府付费”，引入社会资本参与流域生态环境治理。从政府企业合作模式上看，相应分为单项环境服务外包和捆绑式环境服务外包两种方式。在实践中，中低利润及无利润项目的环境服务项目占有很高的比重，如果采取政府贴息、财政补助等方式，单项环境服务外包则容易导致财政负担过重而无法推广。[①] 因此，需要从区域整体性、系统性的视角，统筹考虑环境服务捆绑式外包。

捆绑式环境服务外包方式，即以小流域或某区域为整体单元，以区域生态环境质量提升为目标，将所有相关的环境治理项目捆绑成为项目包外包给第三方治理的运行模式。该方式以项目包为基础，以合同为核心，集项目融资、建设与运营为一体，通过各产业链的互相呼应降低风险，提高整个项目包的整体收益。捆绑式环境服务外包是一个双赢的选择。地方政府将区域内环境治理项目捆绑打包统一外包，而无须分别去寻找各自项目的合作企业，可以大幅降低交易成本；同时有利于发挥财政资金“四两拨千斤”的功能，带动社会资本参与环境治理。捆绑式环境服务外包，第三方环保企业与地方政府建立长期稳定的合作关系，避免信息搜寻、项目谈判等所带来的交易成本，实现区域品牌辐射功能；同时便于第三方环保企业发挥全面配套运作优势，将区域环境服务项目统一融资、建设、运营为一体的治理模式。通过主动参与产业链和环境目标的设计，第三方治理企业可以发挥更大的主观能动性，积极探索既能达到合同目标同时又能实现成本最小化或营利最大化的模式，提高项目包的整体收益率，进一步扩大可能营利的空间。[②] 因此，捆绑式环境治理服务模式，是地方政府推进环境治理的主导模式。全国各地都有许多成功的案例。

当然，捆绑式环境服务外包方式也有明显的不足：流域生态环境污染处理涉

① 薛秀泓．环境污染第三方治理从幕后走向前台［N］．中国改革报，2015－01－05（05）．

② 周阿蓉（指导老师黎元生）．我国流域水污染第三方治理机制研究，福建师范大学学位论文 2014.

及的地域范围、产业、利益主体较广，资金投入较大，通常需要建立一个项目公司全面负责区域内环境治理的规划设计、投资、建设、运营及管理，这就需要增加第三方治理企业的内部管理成本，甚至出现内部人控制和权力寻租问题。在实践中，将高利润项目与中低利润甚至无利润项目实行形式上的“捆绑”，容易产生“拉郎配”式的机械组合，增加第三方治理企业的经营风险。

根据第三方环保企业是否拥有治污设施的产权，第三方治理模式可细分为："委托治理服务”和“托管运营服务”两种具体方案。第一种方案也称为私有私营方案，第三方企业掌握部分或全部的设施产权，主要适用于新建、扩建项目。基础设施建设、运营、管理将使第三方企业获得可观利润，并且经济风险和政策风险较小。[①] 当然，该方案要求专业化环保企业具有较强的综合实力，尤其是较雄厚的融资实力和较高的融资效率。第二种方案也称为公有私营方案，第三方环保企业并拥有环境治理设施产权，只是依据托管合同负责设施的运行。第二种方案比较适用于将已建成项目外包给那些融资实力不强、却专注于提供环境技术服务的民营中小型环保企业，同时政府或排污企业拥有环境处理设施的产权会增加其对治理工作的关注及监督，有利于提升治理效率。

三、完善流域生态环境第三方治理机制

当前我国流域生态环境第三方治理尚处于起步阶段，由于在项目招标机制、税收政策落实机制、环境费用支付机制、风险防范机制等领域存在诸多缺陷，地方政府、排污者和专业化环保企业都可能出现道德风险和违约行为。（1）低价中标机制削弱企业利润。当前我国环境服务企业技术储备不足、科技创新能力不强，复杂环境污染处理存在诸多技术困境，规模经济和范围经济效益难以发挥。当前无论是企业间合作模式，还是政府企业合作模式，环境服务外包招标普遍实行低价中标的政策导向，在实践中甚至出现中标价格低于行业平均成本的现象。例如，2015 年，安徽省安庆市城区污水收集处理厂网一体化 PPP 项目，中标方单位污水处理服务费为 0. 39 元/吨的超低价格，而全国城镇污水处理厂单位成本却在 1. 01 ~6. 97 元/立方米，这种明显低于行业平均成本的超低价中标现象，不利于专业化环境服务的可持续发展。（2）财税优惠政策不明显。2015 年 7 月起，我国取消了污水垃圾处理行业增值税免征政策。新政策规定：污水、垃圾及污泥处理劳务需要缴纳 30% 的增值税，再生水产品需要缴纳 50% 的增值税。尽管环

① 曾贤刚．环保产业运营机制［M］．北京：人民大学出版社，2005.

境服务企业可向税务机关申请办理退税优惠政策，但手续烦琐且时间要3~6个月才能办理，加重了企业财务成本，新的税收政策导致污水垃圾处理行业整体收益率从8%下降至6%左右。(3) 环境服务付费机制不完善。环境服务付费形式多样化，点源污染治理通常由排污企业付费，工业园区集中治理通常采取由排污企业缴费、政府担保的形式，而流域生态环境治理通常是由多个项目捆绑在一起，主要是地方政府付费。在实际工作中，地方政府缺乏环境服务付费的保障机制，当出现地方财政状况恶化时，政府拖欠第三方环境服务费用的现象屡见发生，部分地区区域性违约风险增高。逐步将现有的行政事业性收费为经营服务性收费，厘清政府、排污和治理三方的利益。供方是提供污水处理服务的企业，需方是所有排污者。政府既不是供方，也不是需方，而是市场的管理者和监督者。要不断规范市场秩序的基础上，厘清生态服务收费的性质，让政府真正从市场的经营者和投资者角色退出来，即由原来的“越位”回归政府本位。

(一) 培育环境服务龙头企业

推进流域生态环境第三方治理，关键要有科技创新能力强、企业品牌信用度好的环境服务企业。一方面，加大扶持环保企业自主创新能力。创新是提升企业技术水平，降低企业成本的根本动力。落实国家有关鼓励创新的相关政策，第三方治理企业开展技术和服务创新，引入现代化商业模式，通过联合、兼并或者重组，实现品牌化、规模化、网络化运营，加快培育第三方治理龙头企业，提高技术实力、经营管理水平、综合信用及综合竞争力，提升污染治理效率，扩大低成本优势。增加环保企业的信用制度。充分利用行业协会等相关平台，建立健全第三方治理信用体系，构建第三方治理数据库①，录入排污企业和第三方治理企业的资质信息、治理经验、信用记录等相关信息。实行黑名单制度与推荐制度，在数据库或咨询平台中，对于存在违法排污、违规治污、违规合作、谎报信息等现象的排污企业或第三方治理企业予以突出和重点关注，而对综合信用良好的排污企业或第三方治理企业给予支持和推荐。借鉴美国的“国家环境表现跟踪计划”②、日本的“优良产废处理业者认定制度”③，探索和实行污染治理的“领跑

① 常杪，杨亮，等．环境污染第三方治理的应用与面临的挑战［J］．环境保护，2014（20）：18－22.

② 21世纪初美国启动旨在鼓励企业为进一步改善环境治理作贡献以及在公众中建立完美的环境形象的“国家环境表现跟踪计划”。政府为参加计划的企业制定了优惠的环境政策，并颁发荣誉证书。若能列入该计划是公司的重要荣誉，因此，该计划一启动便有253个达标企业提出了申请。

③ 该制度鼓励产业废弃物处理企业更加注重降低环境负荷，获得认定的优良企业不仅可以享有行业许可有效期限延长的优惠政策，还会由于受到市场好评而得到更多排放企业的业务委托。

者”制度，即给予主要污染行业和领域内主动实现超额达标的杰出企业以相应的表彰或奖励，以创造第三方治理的新需求。完善排污权交易制度，健全交易市场，在排污企业排污权账户中计入第三方治理获得的减排量，切实提高排污企业委托第三方治理的积极性。①

（二）健全环保产业发展的投融资机制

环境污染治理行业具有资金投入大、周期长、回收慢、利润低等特点，因此，建立适合环保产业特点的投融资机制，是保障环保产业发展，促进环境第三方治理的重要保障。（1）设立环保产业基金。美国清洁水周转型基金采取循环运作的方式，持续为各州不同规模的社区、农场主开展环境治理提供资金来源。我国可效仿设立大气、土壤、水三大领域的国家环境治理基金，重点支持第三方龙头企业的发展，通过市场化的基金运作模式吸引社会资金投入。（2）实施优惠金融政策。对符合技术规范，满足各类政策规定的第三方环保企业实行零息或者低息贷款政策；引导第三方环保企业通过资本市场融资，灵活运用上市融资、债券融资等工具。加快推行绿色银行评级制度，引导金融机构建立绿色信贷制度，积极动员商业金融机构参与流域水污染第三方治理，激励商业银行等金融机构积极开展金融服务创新，探索节能环保信贷资产的证券化，尝试绿色金融租赁、收费权质押融资、能效贷款、排污权贷款等绿色信贷服务，并给予关系国家发展，与民生密切相关的第三方治理重点项目和发展潜力较强，综合信用较高的第三方治理企业以相应的特别贷款优惠，为第三方治理企业和流域水污染第三方治理事业提供融资便利，切实提高融资效率。②

（三）完善科学合理的依效付费机制

政府在公私合作过程中必须发展管理契约关系和公私伙伴关系的能力。③ 在签订第三方治理协议时，要制定公平、公正的环境服务绩效考核评级体系，针对单项环境服务外包、区域性综合环境治理服务外包等不同类型，制定适用的环境服务绩效评价指标，编制评价标准和适用范围，带动环保行业提高运营管理水平。明确绩效考核周期以及服务费用的支付周期，加强环境绩效考评结果与付费

①② 周阿蓉（指导老师黎元生）：我国流域水污染第三方治理机制研究，福建师范大学学位论文 2014.

③ E. S. 萨瓦斯．民营化与公私部门的伙伴关系［M］．周志忍译．北京：人民大学出版社，2002：342.

周期、服务价格调整、优惠税收等挂钩等。为了降低双方交易风险，可引入污染治理资金实行第三方托管方式，即排污企业或者政府向环保企业支付的费用不直接进入环保企业账户，而是暂时存在银行等第三方托管账户中，待确认环保企业如约完成治理目标，再由第三方支付中介机构将相关报酬转给环保企业。第三方支付的引入，可以有效地避免因报酬支付带来的合同风险，减少排污者赖账、环保治理企业获得报酬后不积极治理等现象的发生。引入“负面清单”制度，督促环保公司爱惜信誉。环保监管部门根据监管情况，定期向社会公布环保公司的运营成效，对治理未能达标排放的第三方公司给予警告，并限期整改；对于未按期整改或恶意偷排的企业，将其列入负面清单。引入信息披露机制、纠纷仲裁机制和互联网信息平台，鼓励第三方治理单位在平台公开相关污染治理信息，接受公众和媒体监督。[①]

四、流域农业面源污染第三方治理实证分析

（一）闽江流域农业面源污染的特征

农业面源污染是指农业生产中各种化学制品废弃物、畜禽排泄物以及农村生活污水、垃圾等处理不当而造成的生态环境污染。农业面源污染具有“点多、面广、源杂、分散隐蔽、不易监测、难以量化”等特点。近年来，闽江流域区内城市和工业点源污染得到有效治理，但流域农业面源污染问题依然比较突出。从污染源看，主要包括三大类：工矿企业废弃物排放所造成的土壤重金属污染、规模化养殖污染以及流域上游支流左右岸化肥农药污染。从空间布局看，由于地形地貌、水文特征以及土地利用方式等差异，导致面源污染呈现空间上非均匀性。从危害性看，由于污染品种多，重金属、硝酸盐残留和有机污染并存交织，不仅会加重流域水体的营养化，加快土壤退化，而且会危及居民健康。由农业面源污染产生的重金属、农药的残留物等有毒、有害物质一旦进入水体，不仅对水生生物造成直接危害，某些有毒物质还可以通过食物链的富集作用使处于食物链高位的人或畜中毒。这不仅是对环境的污染、对经济发展的阻碍，更是对人类健康的威胁。[②]

---

① 周阿蓉（指导老师黎元生）：我国流域水污染第三方治理机制研究，福建师范大学学位论文 2014.

② 黎元生，胡熠．闽江流域农业面源污染治理决策分析［J］．福建农林大学学报，2013（3）.

（二）闽江流域农业面源污染第三方治理的政策举措

在实践中如何将第三方治理引入流域生态环境治理，南平市延平区围绕南坪溪、杜溪、吴丹溪、徐洋溪等闽江上游支流农业面源污染开展有效的探索和实践。20 世纪 90 年代，延平区的樟湖、太平、炉下、夏道等乡镇，是承接闽江下游水口电站库区移民的安置点，为了解决库区移民增收问题，延平区曾出台鼓励发展畜禽养殖业政策，尔后快速形成集中、分散养殖并存，以生猪养殖为的畜禽养殖结构。据统计，在养殖高峰区时，延平区全年出栏生猪 200 万头，畜牧业年产值占农业总产值比重超过 53%，有超 1/4 的农户从事生猪养殖及相关行业（饲料加工业），一年产生的固液粪便接近 1000 万吨。随着畜禽养殖业的快速发展，畜禽养殖业快速成为延平区农产业的支柱产业，在带动农民经济收入的同时却带来严重的流域水污染，农业面源污染成为区域性环境破坏的“公地悲剧”。面对经济发展与环境保护之间的矛盾，地方政府处于两难的困境，既要引导农民致富，又要改善生态环境。随着国家区域环境质量责任制的落实，2006 年以来，政府陆续出台产业转型政策，采取“转、控、拆、治”多措并举，引导畜禽养殖户转岗就业，控制违法新（扩）建养殖场，拆除不符合规定的养殖场，然而效果并不理想，原因在于：个体农民利益驱动，加之环保观念淡薄；修建排污设施资金缺口大；点多面广养殖，监管难度大。实践证明“命令—强制”性的环境治理方式，往往针对的是那些具体的、可以用指标量化的环境问题以及点源污染，具有较高的效率。由于农业面源污染点多面广，且流动分散，因此无法控制和单独测算个体的污染排放量。由政府采用“命令—控制”性的行政手段、约束性的经济手段和强制性的法律手段，向个体农户、农业企业提出的污染物排放控制标准，或令其采用减少污染物排放量的生产技术标准，往往面临着巨大的政策执行成本，难以达成预期目标。由于政府很少将生态环境治理成本与促进农民增长联系在一起，造成社会成本和农民增收之间的分离，导致污染成本上升。因此，对点源污染治理有效的排污收费（税）政策，对于流域面源污染治理并不明显。

党的十八大以来，生态文明建设上升为国家战略，地方政府环境质量责任的压力越来越大。延平区政府积极探索农业面源污染治理方式，逐步形成由原来的行政管控型治理机制向“捆绑式”环境服务外包转变的发展之路，地方政府、养殖户与第三方企业基于环境服务外包合同，形成了一种新型的合作治理关系，有效破解了原先政府与养殖户如同“猫抓老鼠”二元对立的僵局。2014 年 4 月以来，延平区政府在福建全省率先开展流域农业面源污染第三方治理，以各个乡镇为单元，将环境服务外包给正大欧瑞信等 4 家公司（简称“正大欧瑞信”），并签订10年期的合作协议。第三方企业在确保环境达标的基础上，依托政府信用，获得稳定的利益补偿。（1）上级政府补助。向上申请节能减排财政专项资金。（2）个体农户缴纳的排污染。以每头猪30元的标准向养殖户收取污染处理费，其中19元作为公司处理成本，11元作为未来建设基金。（3）提供资源再利用的工业配套用地，或者政府通过补贴土地流转费等方式反哺第三方企业，发展生态有机农业和深加工基地，有效地实现流域农业面源污染治理的专业化、社会化和市场化，提高环境治理的效率和效果。经过典型示范、稳步推广、规范发展三个阶段，第三方治理机制在延平区比较成熟稳定，区域水环境质量明显改善。

闽江流域农业面源污染治理，是典型的政府主导第三方治理模式。地方政府作为社会公共利益的代表，通过环境服务外包的方式，推动流域农业面源污染治理走向市场化、专业化和社会化，破解区域农产业发展与农民增长的矛盾。然而，"在公共部门中运用合同作为治理工具是有限度的"①，加之农业面源污染第三方治理尚处于初步的探索和实践阶段，仍面临着诸多权责利模糊、违约机制难以约束等问题。例如，污染处理设施具有极强的资产专业性，第三方企业经营效益的好坏很大程度上取决于污染处理量和设施利用率。由于我国生猪价格波动大，个体农民生猪养殖规模容易受市场价格波动的影响，第三方企业的污水处理量及其排污收费收益存在着很大的不确定，另外地方政府向上级部门争取的财政补助政策通常是以项目方式下达，而不是财政资金一般性转移支付，政策变化也可能使得财政补助难以稳定持续地增加，从而隐含着地方政府付费的违约风险。因此，完善流域农业面源环境污染第三方治理机制，并不是政府监管职能弱化和责任退出，而是要健全政府主导的网络治理机制，建立"有效政府—第三方企业—规模养殖户"多元主体共建共治共享的现代环境治理体系，核心是要解决养殖户、地方政府与第三方企业之间契约履行、监督及激励、惩罚成本问题，实现多元主体利益共享、风险共担机制，创造更大的公共价值。

（三）闽江流域农业面源污染治理的配套举措

1. 设立环境治理专项基金

参照美国超级基金的运作经验，设立福建环境治理基金。统筹省级财政资金，积极引导社会资金参与，采取中长期无息或低息贷款方式，适应土壤修复治理项目周期长、见效慢的特点，优先支持实施土壤修复的环保企业，重点加强闽江上游三明等地工矿企业相对集中区域的农业面源污染、重金属污染土壤修复工

① 简·莱恩．新公共管理［M］．赵成根译．北京：中国青年出版社，2004：211.

作，积极推动农业面源污染、土壤修复治理领域的第三方治理机制。资金来源可以从排污收费、专项污染治理资金、国有资产拍卖资金等多渠道筹集。采取低息甚至无息贷款方式，支持专业环保公司投资兴建污染治理设施，缓解环保公司的资金压力同时也提升排污企业实行第三方运营的动力。在总结延平区经验的基础上，逐步加以推广。先在水污染治理领域选择 10 ~ 20 家企业进行试点，在获得较好的反馈效果后再大范围推广，开展环境服务产业发展，将把污染物监测、企业环境监测、设施运营等更多领域交给市场。

2. 落实“一控两减三基本”的政策

制定出台农业面源污染防治“一控两减三基本”的实施方案，明确时间表、路线图和结果考核机制。分别围绕“农业用水控制”“化肥农药双减”“禽粪污、农膜、农作物秸秆资源化利用”三个重点，设立农业面源综合防治示范区。推进政府购买环境公共服务，按照“政府承担、定向委托、合同管理、评估兑现”的总体要求，运用市场运作方式，鼓励种养大户、家庭农场等新型农业经营主体参与农业面源防治。借鉴日本、中国台湾等地的经验，政府委托第三方机构，每年按 20% 的比例开展耕地有机质含量随机抽查，五年内覆盖全省基本农田保护区。对参与农业面源污染治理并取得阶段性成效的家庭农场给予适当经济奖励；进一步增加激励农民使用有机肥和生物农药的政策含金量，对过度施用化肥农药的农户开展教育和技术援助。完善农业废弃物循环利用的管理政策。适时出台化肥农药容器押金返还制度，要求化肥农药生产企业回收容器，实现循环利用。

3. 注重农业面源污染防治的工程措施

闽江流域山地多、平原少，具有“八山一水一分田”的地貌特征，流域上游及支流两岸山坡地的过剩化肥农药会随雨水冲刷而进入河道。要发挥区域山地丘陵多且农业多样性资源丰富的特点，发展山地丘陵的多样性农业，优先发展适合山地丘陵的绿色种养殖和高附加值的林下经济，提升多样性农业经营水平。注重林业、农业、水利和环保等多部门协作，将封山育林、水土保持工程措施和农业面源防治结合起来，加强山坡地水源涵养功能；因地制宜在河岸两边建设防侵蚀设施工程，减少农业面源污染物的入河量。明确规定规模化养殖户必须配套建设废弃物和畜禽粪便的转化与利用设施，发展设施养殖业和循环农业。

4. 实施农业生产过程的标准化管理

实行农产品“实名制”销售，建立农产品质量安全可追溯体系，由过去只重视“终端产品质量检测”逐步过渡到“生产全过程质量控制”，做好农产品生产加工全过程的记录，从农产品的种植、加工、销售各个环节监控产品质量。从农产品质量监控的市场力量，倒逼建立区域限定性农业技术标准。探索部分河段实行最大日荷量制度。当前闽江流域水质超标主要分布在支流沙溪沙县石桥、青州河段、大樟溪凤洋河段，主要超标项目为氨氮、溶解氧和五日生化需氧量。树立“生态红线”意识，根据不同河段的水环境质量标准，测定不同区域的最大限额的污染物排放量，进而制定和实施符合流域水质标准的限定性农业生产技术标准。在重要的水源保护区和流域等农业面源污染高风险区制定和执行限定性农业生产技术标准，减少农田、畜禽养殖业和农村生活中的氮、磷等营养盐的排放，推进区域农业生态环境质量的整体改善。

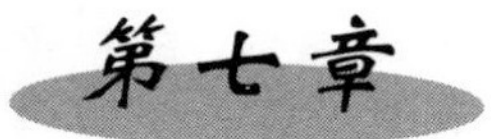

第七章

流域生态服务供给机制的国际经验

生态环境服务是各国政府共同承担的基本公共产品。实践证明，政府以流域为自然地理单元管理自然生态资源，向社会提供水源涵养、生物多样性保护、固碳释氧等各种生态服务最为有效合理，这一措施已被欧美国家在环保、农业、林业、水土资源管理等机构普遍采纳。欧美发达国家走过了“先污染后治理、先破坏后保护”的流域生态文明建设历程，在吸取教训的基础上，逐步形成了多中心、网络化的流域生态服务供给机制，包括以流域为单元的政府间横向纵向协作机制、行政区内部的公私伙伴治理机制、多元化的生态服务供给方式及其配套的政策体系，综合采取工程、技术、法律等综合性手段进行流域生态管理模式创新，开始由以往政府直接管制的流域生态管理政策向流域生态公共服务市场化、社会化、网络化的供给机制转变，大大提高了流域生态服务的供给效率。这里我们着重选取美、英、法在流域生态服务供给中最具特色的做法，即美国流域生态服务的政府购买机制、英国流域水务民营化供给机制以及法国流域生态服务多中心供给机制等。比较借鉴上述国家流域生态服务供给的成功经验，揭示流域生态服务供给机制的一般规律，对于推进我国流域生态服务网络化供给机制的建立具有重要启示意义。

第一节　美国流域生态服务供给中的政府购买机制

美国是典型的资本主义自由市场经济体制国家，也是世界上将市场机制运用于生态环境治理比较成熟的国家之一。20 世纪 30 年代初，受凯恩斯主义经济政策的影响，美国政府就开始实施生态服务购买计划。20 世纪 80 年代初，受新自由主义思潮和观点的影响，西方公共改革运动进一步推动美国政府机构精简，政府购买公共服务的领域随之扩大，政府支出大部分通过公共采购来实现。经过多年的实践，美国已经形成符合市场经济要求、运作规范的生态服务政府购买机制。所谓生态服务政府购买（简称“生态购买”），是指为了改善生态环境质量，政府将本应由自身承担公益性的生态产品、生态工程和生态管护等事项，通过土地产权交易、经济补助、合同外包、特许经营等方式，交给有资质的企业（农场主）和社会组织来完成，并根据择定者或者中标者所提供的生态产品（服务）的数量和质量，在绩效评价基础上支付费用的制度安排。生态购买作为美国政府生态环境治理政策工具箱里的重要内容，既是对传统命令控制型政策的补充，也是实现生态保护与扶贫开发有机结合的重要手段。美国生态购买机制具有购买依据法制化、购买方式多样化、购买程序规范化和购买价格市场化等特点，其经验值得我们汲取和借鉴。

一、美国政府购买流域生态服务机制的主要内容

（一）购买依据法制化

大多数 WTO 缔约方根据《政府采购协定》（GPA），发布生态环境类公共服务政府购买的正面清单。例如，欧盟国家购买公共服务类别表中包含“排污物、废物处理：卫生及类似服务”等项目；加拿大政府采购分类服务表包含“从属林业和伐木业”的服务，包括“森林管理”“污水和垃圾处理、卫生及类似服务”等项目。美国在公共服务政府采购方面则实行类似负面清单制度①。根据美国联邦采购政策局的政策文件，除了 19 项“政府固有职能”禁止委托民间办理外，其他未列入的均属于可以外包的事项。联邦政府职能部门和各州县地方政府实施生态服务政府购买计划，主要根据自然资源管理法规或者地方性立法。例如，1972 年的《清洁水法案》第一次将农业面源污染纳入国家法规，并提出了著名的“最大日负荷量计划”，即在满足水质标准的条件下水体能够接受的某种污染物的最大日负荷量，有效地将水质目标与总量控制密切结合起来。1977 年在《清洁水法案》中又增加了“农村洁水计划”。为严格控制化学品和农药的流通及使用，美国制定了《联邦农药法》，对杀虫剂的种类、性质、特点和使用方法做出了规定。《农药和农药器具标志条例》规定要在正确时间内以最恰当的方式

① 商务部世界贸易组织司．政府采购协定［M］．北京：中国财政出版社，2009：33－35，223－224.

使用，以保证将农产品和农药残留量控制在允许的水平之下。此外，美国大部分州的议会都制定了自己的化肥法律，并且还有一些类似于实施细则的法规，美国关于环境保护的严格法制，迫使州政府采取第三方治理方式，实施流域环境服务供给的政府购买机制。根据美国《国家森林管理法》的规定，每年的国有林养护费用纳入联邦政府和州政府的年度预算，政府采取向社会组织购买森林生态管护服务。基于“拉夫运河事件”的教训，美国国会于1980年批准《环境应对、赔偿和责任综合法》，设立污染场地管理与修复基金（即“超级基金”），对于那些找不到责任主体的“褐土地”治理，纳入政府购买环境服务的范围。2003年，根据《清洁水法案》，美国环保署为各州制定了新的农业面源污染控制计划和资助方针，包括《面源污染管理计划》《国家口岸计划》《地下水保护计划》《杀虫剂计划》《湿地保护计划》等；同年依照《2002年农业法》，农业部实施了土地休耕、水土保持、湿地保护、草地保育、野生生物栖地保护、环境质量激励等方面的生态保护计划，这些计划都是政府通过向农民购买生态服务方式，引导农民自愿参加各种生态保护补贴项目，实现生态环境保护的目标①。

（二）购买方式多样化

美国国土面积为937.2615万km^2，森林覆盖率约占33%。其中国家所有的森林、草地和公园有100万多km^2，其他国土均属于私人产权的林地、草原和湿地等。美国政府除了依托国家公园、公有林等提供生态公共服务外，还通过土地产权交易、合同外包、经济补偿等方式，通过公私伙伴合作，提供生态公共服务。

1. 土地产权交易

土地是生态服务的物质载体。引导私人土地所有者提供生态公共服务，需要购置其土地所有权、使用权或开发权等产权，主要有以下类型：（1）政府收购私人土地所有权。20世纪30年代初资本主义经济大危机期间，由于有支付能力的消费需求不足，农产品相对过剩导致农产品市场价格大幅度下跌，引发部分农场主破产、土地荒芜等系列恶果。为此，美国联邦和州政府采取公共采购等有效措施积极应对。例如，纽约州制定的《休伊特法案》规定：由政府出资购置破产农场主的土地所有权，在可开垦的土地上安置失业工人，开展大规模退耕还林、封山育林等工作。政府收购私人土地进行生态建设，既缓解了大危机时期的经济社会矛盾，又根据市场供求状况促进农用土地用途的合理转换，改善生态环境。（2）政府购买私人土地开发权。20世纪80年代，为了保护战略性农业资源，美

① 方静．农业生态环境保护及其技术体系［M］．中国农业科学技术出版社，2012：67.

国《农地保护法》（1981）和《食物安全法》（1985）均规定，要控制农用地向非农用地转换。为此，政府创设了可交易的土地开发权制度，实施土地管理方式的制度创新。1968 年，开发权转让（TDR）在纽约市颁布的《地标保护法》中首次提及；1978 年，美国最高法院确立这项技术的合法性。开发权转让是一种自愿的、基于市场机制的土地利用管理机制，政府通过将土地开发引向更适合土地开发的地区来推动保护具有高农业价值的土地，保护环境敏感区和保护战略地位的开放空间。例如，新泽西州实施的以“生态资源和农田保护”为主线的转让计划，限制和减少对林地和农田的建筑开发，目的是为获取重要生态建设用地或战略性农业用地的所有权或开发权；对于所有权转为公有的土地，也可将其有限使用权再出卖给私人。① 1996 年，《联邦农业改进与改革法》进一步授权实施“联邦农地保护计划”，从农民和农牧场主手中以农地市场价值的 50% 为限购买农地开发权，通过契约方式要求参与该计划的土地所有者保证在合同有效期内农地不被转化为非农用途。美国林业局森林遗产计划还通过购买发展权以促进森林有效管理和保护土地不被转化为非森林用途等。② （3）政府租用私人土地使用权。例如，2003 年，农业部实施的《湿地保存计划》中，政府提供永久性出让土地使用权、出让 30 年土地使用权、签署湿地恢复成本分担协议等多种可供选择的方案，在充分尊重农民土地产权的基础上进行生态服务供给的公私伙伴合作。

2. 合同外包

地方政府作为区域性公共利益的代表，通过服务外包方式，购买生态环境服务。例如，在卡茨基尔流域治理中，纽约市作为清洁水源的主要需求方，它没有建耗资巨大的水净化处理厂，而是将饮用水源的水环境保护职责外包给社会组织，由专业机构作为独立的第三方负责帮助上游的农场主进行农场污染治理，并且帮助他们改善生产管理与经营。纽约市水务局通过协商确定流域上下游水资源与水环境保护的责任与补偿标准，通过向用水主体征收附加税、发行纽约市公债及信托基金等方式筹集补偿资金。上游地区农场主通过他们的联合组织“流域农业理事会”与纽约市进行协商谈判和交易。经过 5 年的项目实施，该流域中绝大多数农场主自愿加入项目中，流域水质大大超过了联邦水环境质量标准。③ 据推测，纽约市所支付的购买费用包括前期投资和后期管护，远不及建设水净化处理

① J. T. 施莱贝克尔著．高田，松平，朱人合译．美国农业史（1607 ~ 1972 年）——我们是怎样兴旺起来的［M］．北京：中国农业出版社，1981.

② 王超．美国城市化进程中基本农田保护制度的构建与启示［J］．环境保护，2018（12）.

③ Pagiola S. Payments for environmental services in Costa Rica［J］. Ecological Economics，2008（4）：23 - 45.

厂的1/8，更重要的是，在实施该生态环境服务付费项目之前10年，纽约市自来水的价格平均每年上涨14%。但该项目实施之后，纽约市自来水价格的上涨不超过通货膨胀率（4%左右）。[①] 由于卡茨基尔流域上游生态环境得到有效的保护和流域水资源自然过滤净化功能的作用，纽约成为美国仅有的4个饮用水足够纯净而尚未建设水质净化厂的主要城市之一。

3. 经济补偿

政府向生态友好型生产方式提供各种补偿（助），以鼓励农场主绿色耕作。(1) 政策补偿。包括低利率贷款、税收减免、补贴政策、项目支持等形式。例如，纽约市规定流域上游实施为期10年森林管理计划，面积超过50英亩的森林主可以获得减免80%的财产税优惠；田纳西河流域管理局设立经济开发贷款基金，三年间提供的1.1亿美元就创造了达30亿美元的新投资。(2) 资金补偿。包括补偿金、捐赠款、补贴、财政转移支付、贴息等方式。例如，1956年《土壤银行计划》规定，政府按照农民退耕还草还林的面积给予一定比例的津贴；1966年《耕地调整计划》规定，鉴于农产品过剩实施土地休耕的农场主，可以获得政府退耕补偿费和部分培育植被的费用；1985年设立的大草地、大湿地、保护达标和土地退耕保护计划（CRP）等四个保育计划规定，在5年内土壤保持局向符合计划主题的农场主提供了资金补偿；纽约市政府在进行流域管理的过程中安排财政转移支付高达15亿美元，成本分担/补助计划就提供高达4000万美元的补助[②]。艾奥瓦州等设立“农业环境质量激励项目”，规定“只有生态农场才有资格领取奖励”。明尼苏州规定，有机农场用于资格认定的费用，州政府补助2/3。(3) 实物补偿。例如，纽约市政府将其所购买的土地出售给那些愿意在没有优先权的区域进行开发的私人与企业，要求其必须采用最好的管理措施来补偿；纽约市还向减少森林采伐的木材公司颁发在以前无权采伐的区域进行采伐的许可证。(4) 智力补偿。主要有提供技术咨询或指导，培养技术人才、专业人才和管理人才等。如TVA提供的“优质服务计划”和建设的肥料研究中心。

（三）购买程序规范化

美国政府购买生态服务的运作过程，遵循“政府承担、定向委托、合同管

---

① Gouyon A. Rewarding the Upland Poor for Environmental Services: A Review of Initiatives from Developed Countries [R]. Bogor. Indonesia: South-east Asia Regional Office, World A Groforestry Centre (ICRAF), 2003.

② 中国21世纪议程管理中心. 生态补偿的国际比较：模式与机制 [M]. 北京：社会科学文献出版社，2012：227 –230.

理、评估兑现”的总体要求，其规范化的运作程序通常包括四个环节：一是依照法律制定战略规划和实施方案。联邦政府职能部门和地方政府根据相关法规，针对区域性、阶段性生态建设的重点环节，制订各种专项计划，包括保护性退耕计划、森林生态保护计划、土壤治理计划、水土保持计划等。这些计划均明确政府购买生态服务的公共价值和预期目标、购买方式、购买价格和实施期限等内容。二是选择合作伙伴签订购买合同。政府向社会发布基准的、可供选择的生态购买方案后，农场主根据农作物的市场行情确定是否参与退耕或水土保持项目。首先，农场主根据土地肥力及经营状况等向政府反馈休耕的土地面积和可接受的租金率；其次，政府根据环境效益指数和土壤特点两个要素，确定与当地自然经济条件基本相符的租金率；最后，递交竞标结果，由主管部门进行评审。三是实行网络型治理。美国政府购买生态服务项目通常是以合同制分阶段实施的，实施期限通常在5～20年，这期间不仅包含政府与农户之间自上而下、上传下达的治理，还要包括不同的社会组织之间、社区和社区之间的沟通和交流，形成公开、公平的监督机制。四是生态服务政府购买的绩效评估。美国政府公共服务购买通常包括两个方面的考量：（1）成本节约。公共服务购买并非盲目追求低成本，联邦政府规定了一个成本节约的“门槛”比率：只有人事方面的预期节约超过10%才能进行政府购买。（2）绩效评价。根据政府与农场主约定的合同，进行结果考核。例如，在自愿性休耕计划中，农业部制定了一个环境受益指数，用以评估休耕土地的环境受益情况，包括下列标准：表面水质的改进、地下水水质的改进、土壤生产力的持续性等。① 在此基础上根据生态购买的合同类型以及完成情况，给予支付相应的补偿。

（四）购买价格市场化

美国政府强调运用市场调节机制在生态环境保护领域的运用。正如美国前总统布什曾指出的：“只要有可能，我们相信应该运用市场机制，我们的政策应该与经济增长和所有国家的自由市场原则相适应。”② 目前美国已基本形成了包括公共支付（政府购买）、限额交易计划、私人直接补偿、生态产品认证等四大体系的生态环境付费体系。推动生态环境服务付费的基本理念是，希望使高危生态系统保持原样的一方通过现金转移、技术援助等方式，对因维持系统原样而产生

① Ralph E. Heimich. 杜群译. 美国以自然资源保护为宗旨的土地休耕经验［J］. 林业经济，2008（5）.

② 计金标. 生态税收论［M］. 北京：中国税务出版社，2000：103.

机会成本的一方进行补偿。政府实施的各种生态保护计划，均运用经济激励手段来引导农民自愿性参与，以实现生态环境保护，尤其是在购买价格的形成过程中引入了价格机制和竞争机制，通过采取公开竞标的方式向农场主招标，使生态环境服务价值被价格机制捕捉到，并据此价格向农场主支付费用。[①] 这种竞标机制隐含了责任主体自愿和市场交易竞争的原则，租金率是由政府和农场主之间基于供求状况反复博弈所确定的。例如，1965 年，《土地退耕保护计划（CRP）》授权州政府可以购买为期 10 年的种植权，价格主要是参照农民要求的退耕保护土地价格[②]。对开放作为休息场所的退耕土地，还有额外津贴。1985 年，依据《土壤保护计划》，对占全美耕地 24% 的“易发生水土流失土地”实行 10 ~ 15 年休耕，实施休耕还林、还草的农场主将从政府那里获得补助金，且补助金额明显高于从事耕作收益。如果补助达不到农业经营收益，农场主有权上诉，执行部门遭受惩罚。多年的实践经验表明：市场机制、竞争机制和激励机制的有机结合以及完善的法律法规政策体系是生态环境服务付费顺利实行的重要保障。

二、美国政府购买流域生态服务的基本经验

尽管中美两国的经济发展阶段、政治和文化等存在差异，但是，生态购买作为市场经济国家政府实施生态环境保护的重要政策工具，具有较强的适应性和有效性，我们要立足于现实国情，积极借鉴美国的经验，探索具有中国特色的生态服务政府购买机制。

（一）建立政府购买生态服务的制度体系

美国生态购买的经验表明，建立权责明确的自然资源产权制度、公开规范的市场交易制度和高效运行的监管制度，是保障生态购买市场健康运行的制度基础。以水资源为例，作为基础性自然资源、战略性经济资源和生态环境的控制性要素，世界上许多国家都禁止私人拥有水资源的所有权，将水资源看作是一种公共资源，不能成为私权的客体，每个人都享有公平利用水资源的权利。除美国水资源属各州所有外，法国、以色列、日本、西班牙、俄罗斯、南非、澳大利亚、

① Gouyon A. Rewarding the Upland Poor for Environmental Services: A Review of Initiatives from Developed Countries [R]. Bogor. Indonesia: Southeast Asia Regional Office, World Agroforestry Centre (ICRAF), 2003.

② 张健雄．美国的水土保持政策［J］．中国农村经济，1985（6）：59－62.

菲律宾等国和我国的台湾地区都规定了水资源的国有制。① 当然，上述国家法律规定：水资源国有“最终只不过是一国执行的用以促进水资源的更有效率和公平使用而来满足新需求的所有现行策略的一种。它们本身不是结果和目标，而是实现一个目标（稀缺水资源的可持续利用）的途径”。② 正因为如此，在发达资本主义国家，不是所有自然资源都实行公共产权制度，而是根据资源环境的不同特征、不同地位，安排与之相适应的资源环境所有权制度，过分单一的所有权形式降低了资源环境产权配置效率。例如，美国对海洋渔业、森林等自然资源规定了“准入权”“收取权”“专属权”“让渡权”等生态产权，保障了公民的资源所有人权利并明确行使该权利的各项要求，甚至给予公民制定具体操作性规则的管理权，促使自然资源的“主人”为保证自身生态利益的持续获取而主动承担生态资源保护的责任，实现各项自然资源的最佳配置与合理利用。与土地私有制国家不同，我国是以公有制为主体的国家，对自然资源产权安排有其自身的特点。目前，我国对自然资源的所有权是比较明确的，但是自然资源公共产权却缺失合理的制度安排。自然资源作为生态环境服务的物质承担者和提供者，几乎所有的生态环境服务都是由一定的自然资源“生产”的，而所有自然资源都是由一定的所有者所拥有。自然资源的产权包括所有权、使用权和经营权等多项权利，一般认为，使用权和经营权的安排是我国自然资源产权界定安排失效的一大主因。那么，探索建立和完善自然资源所有权、使用权和经营权的分离的制度安排，将使用权和经营权市场化、外包出去，为生态环境建设引入市场力量、提升供给效率提供可能。当前我国自然资源产权模糊不清，产权权能不完整，政府行政权侵犯集体农民土地、林地产权现象屡见不鲜，在生态环境保护中集体土地所有权缺乏有效的经济实现形式。因此，要深入贯彻中央《生态文明体制改革方案》文件精神，完善自然资源产权制度，明确自然资源产权主体，构建反映市场供求和资源稀缺程度、体现自然价值和代际补偿的资源有偿使用和生态补偿制度，着力解决当前自然资源及其产品价格偏低、生产开发成本低于社会成本、保护生态得不到合理回报等问题，真正通过市场交易让生态保护贡献者和利益损失者获得合理的补偿。

（二）推进行政化生态补偿向市场化生态购买转变

美国政府实施的各种生态保护计划，是综合考虑生态保护计划实施所产生的

---

① 曹康泰．中华人民共和国水法导读［M］．中国法制出版社，2003：13.

② 丹·塔洛克．水（权）转让或转移．实现水资源可持续利用之路——美国视角［J］．胡德胜译．环球法律评论，2006（6）.

环境效益和农场主机会成本损失等诸多因素确定补偿标准，政府购买在保证政府宏观调控的基础上引入竞争机制，提高生态服务的供给效率，降低供给成本。可见，政府购买生态服务实质就是政府主导、市场运作的生态补偿机制。21 世纪以来，中央政府实施了退耕还林还草政策、生态公益林补助政策、天然林保护工程等生态环境保护领域的政府生态补偿政策。上述政策实施过程是政府行政主导实施的，没有完全尊重甚至违背农户意愿。政府向农民支付的经济补助只参照农民原来种植作物的机会成本，没有顾及发展机会成本损失的补偿，现行的政府主导型生态补偿，只是生态服务贡献地区农民经济利益损失的部分补助，补偿方式是定向性、行政化、强制性的制度安排，这与基于市场化、自愿性、合同制的政府购买生态服务方式相去甚远。2014 年 9 月，我国实行的第三轮退耕还林还草政策，从前两轮以行政强制为主导的运作模式向尊重农民意愿的准市场化生态服务购买方式演进。从政策操作方式看，由原来“采取自上而下，层层分解任务，统一制定政策，政府推行”的方式，改为“自下而上、上下结合”的方式实施，采取农民自愿、合同管理、自主种植、成本补助等措施①，标志着生态公共服务供给朝着市场化方向进一步发展。加快由行政化的生态补偿向市场化的生态购买转变，逐步提高政府购买生态服务的补偿标准，这是生态公共服务供给市场化的现实路径。

（三）逐步扩大政府购买生态服务范围

生态公共服务可以细分为公益性生态产品、生态工程和生态管护等三大类型。通常生态工程项目是通过竞争性招标实现外包；国有公益林管护和生态产品购买具有较强的区域指向性，主要采取定向协商实现服务外包。美国对于具有重要生态保护功能的私人湿地、森林、耕地、草原等管护性事务，均纳入政府生态购买的范围。随着我国生态文明建设的深入发展和政府公共财政实力的不断增强，按照生态公共服务分层供给的原则，中央和地方政府要进一步扩大生态服务购买的范围，明确不同层级政府间的权责边界。包括：以购买服务为主完善国有和集体公益林管护机制；将因公益性设施建设而新划定的生态区位林纳入政府赎买范围；开展重点区域商品林限伐补偿政策等。近年来，贵州、内蒙古、福建等省已在重要生态区位开展政府赎买商品林试点工作，政府“赎买”不仅要考虑林地的产权及土地价值，而且配套解决农户在林地被收购后的生存发展问题。

① 发展改革委．新一轮退耕还林还草政府不搞强迫命令［N］．中国经济导报，2014－9－28.

（四）注重政府购买生态服务的绩效评价

根据1993年《联邦政府绩效和结果法》，美国政府须对实行公共服务职能是否适合外包以及服务外包绩效进行客观评估，主要运用“成本—效益”分析的评估方法，要求在保障同等生态环境效益的前提下，服务外包成本必须低于政府直接供给成本，其核心目的是节约开支、放松规制和提高政府效率。当前我国生态公共服务供给主要是以行政手段为主、经济补助为辅等政府直接供给方式，政府规划了大量的国家自然保护区、国家公园、国有和集体公益林区，并对集体商品林实施限伐。因此，要借鉴国际经验，培育专业化的生态环保服务公司，形成竞争性的市场，使政府能够从公平、规范的市场竞争中获取优势价格，开展生态公共服务外包。同时，要进一步加强政府直接供给与服务外包市场供给的成本及效益的绩效评价，稳步推动政府向社会购买服务，从而提高生态公共服务供给的效率。

第二节　英国流域水务民营化运作机制[①]

英国是世界上最早实行水务民营化，也是实行水务民营化最彻底的国家。20世纪40年代之前，英国曾实行河岸用水权制度，并在各地设置土地排水委员会负责排水和防洪事务，形成分散式水资源管理体制。随着英国工业化、城市化的发展，居民用水、工业用水和农业用水的需求缺口不断加大，迫切要求变革不合理的水资源管理体制。1973年颁布的《水法》是英国变革水资源管理体制的法律依据。这一时期英国政府根据境内水系在英格兰和威尔士地区设立10个区域性水务局，实行流域统一管理。然而，水资源管理体制国有化后，水务局的性质由营利性转为公益性，英国政府需要承担水务行业巨额的投资支出。1979年以撒切尔夫人为代表的保守党执政，主张国企私有化、削减福利开支和压缩财政支出等；加之，经济的持续不稳定，水务投资面临巨大的财政“瓶颈”。在上述背景下，1989年英国政府颁布新的《水法》，水务民营化改革正式在全行业拉开序幕。这一时期政府将10个区域性水务局整改为10个大型的流域性股份制公司，实行流域统一管理和水务民营化相结合的管理体制。目前，英国水资源管理体制日臻完善，逐渐显现其卓越性与有效性，被誉为国际上城市水业民营化、市场化

① 该小节与丘水林共同完成，并发表于《华北电力大学学报》2016年第2期。

的代表。[①] 笔者认为，英国流域水务民营化后（英格兰和威尔士地区）的流域管理体制适合描述为纵向垂直治理和横向分权监管的综合治理体制。垂直治理结构注重厘清各级流域管理机构的事权、财权，实现流域管理机制协调运行；横向分权监管结构注重国家监管机构与社会监管机构的独立性与协同性，并充分利用市场机制调节水利益主体之间的关系。

一、英国流域水务民营化运作机制的主要内容

（一）建立以流域为单元的垂直治理结构

英国流域统一管理和水务民营化相结合的水资源管理体制是以立法为基础、各层级管理机构责权利明晰为特征的垂直治理结构。1989 年，英国政府颁布新《水法》，将原有的 10 个区域性水务局整改为 10 个大型的流域性股份制公司，并相继设立了环境署、水务办公室和饮用水监督局等非政府部门监管机构，由此形成了包括“国家—流域—社区”在内的垂直治理结构。英国没有专门负责水资源管理的水利部门，在国家层面上，环境、食品和乡村事务部是英国水资源管理体制中的重要机构，对外主要在包括欧盟《水框架指令》在内的涉水法律文件中代表英国的立场进行协商谈判，对内主要制定水政策法律文件并提交威尔士议会审议通过，确保国内水资源管理符合欧盟的要求；监督和审查许可证制度；确定水费水平；对监管机构进行宏观管理等。在流域层面上，英国在英格兰和威尔士地区根据水系分布特点设有 10 个大型流域性水务公司和 11 个区域联络委员会。流域性水务公司是对流域统一规划管理的权力性机构，有权提出控制水污染的政策法令与标准，在经济上具有独立性，不受政府干预。各水务公司在服务区域内对涉水事务实行一体化管理，即从取水、供水、排水到污水处理和回收均由一家水务公司负责，不仅提高了水务公司的经营效率和企业责任感，而且有利于区域水环境的可持续发展。以泰晤士供水公司为例，该公司从水库取水到用户排水的下水道实行全程监控，实现了原水与饮用水、供水与管网、供水与排水、水量与水质、制水与治污的一体化管理，不仅从源头上保证了饮用水的安全，而且在下水道进行污水处理，提高了水务公司的经营效率[②]。区域联络委员会对《流域规划

① 宋国明. 英国水资源及产业管理体制与特点 [EB/OL]. http://www.mlr.gov.cn/zljc/201006/t20100621_722282.htm.

② 姚勤华，朱雯霞，戴轶尘. 法国、英国的水务管理模式 [J]. 城市问题，2006 (8): 83-85.

管理》的内容、措施及合作机制等进行协商与讨论，对规划制定过程的合规性进行检查，并对规划的实施效果进行跟踪与监督。委员会的成员由政府、水务行业、环保组织和社会相关利益团体代表组成，对于横跨多个行政区划的流域，由于委员会成员具有同等代表性的特点，因而能够合理协调流域内的涉水事务。① 在社区层面上，郡、区、乡镇设地方议会负责管理排水和污水管道。为了防止水土流失，保持生态平衡，在农村地区还成立了内地排水区。该排水区由缴纳排水税的农地和建筑物使用者成立用户委员会，并选举产生董事会对排水事务进行管理。②

（二）形成独立协同的分权监管机制

英国水务民营化改革后，三部管制法规：1989 年的《水法》、1991 年的《水产业法》《水资源法》，确立了一套涉及经济社会、环境和水质等诸方面的分权监管机制。从行政上看，监管机构大体可分为两类。

一类是独立于政府部门的国家监管机构，由环境署、水务办公室和饮用水监督局组成，分别负责社会和经济、环境和水质监管，受环境、食品和乡村事务部领导，共同对威尔士议会负责。水务办公室是英格兰和威尔士地区水务民营化后政府调控水价的最重要的机构，主要负责确定水价、颁布水价费率并审批各水务公司申报的水价；对水务公司的投资及运营进行监督；提高经济效率；保护消费者权益等。水务办公室主要采取标杆管理方法对各水务公司的水价、水质、服务水平、运营成本等九个指标进行定量绩效管理，并通过网络平台公开各水务公司的经营业绩及考核结果。当水务办公室和水务公司在修改经营许可证条款等方面发生冲突时，由垄断与兼并委员会和公平交易办公室进行协商和综合裁决③。环境署主要负责英格兰和威尔士地区的环境保护工作，该机构在英格兰和威尔士地区设有 8 个区域办公室，每个区域办公室下设 2 ~ 3 个片区办公室，片区办公室是具体负责环境监管的基本单位，其职能主要为：审批发放取水许可证和排污许可证；预防和控制水污染；监测水务公司水量和水质的变化；制定水资源发展规划和发展战略；恢复流域的生态环境和保护野生动物等。饮用水监督局主要负责保护和监督各水务公司饮用水的质量和安全；定期组织专员通过独立的实验室对水务公司的水质进行检测；处理消费者的投诉；调查和处理涉水事故并有权对相

① 可持续流域管理政策框架研究课题组．英国的流域涉水管理体制政策及其对我国的启示［J］．水利发展研究，2011（5）：78 – 79.

② 孙义福，赵青，张长江．英国水资源管理和水环境保护情况及其启示［J］．山东水利，2005（3）：12.

③ 徐朝阳．英国水务行业私有化变革的启示［J］．资源与产业，2011（4）：33 – 34.

关责任主体处罚等。

另一类是社会监管机构，负责对相关利益团体的监管，由分别代表水务公司和消费者利益的水务公司协会和水声消费者协会（后改为水务消费者委员会）组成。其中，水务公司协会采用会员制，面向所有受政府监管的水务公司。水务公司协会每年定期召开会员大会协商水业重大事项，并确定与政府和议会交涉的事项和原则。此外，水务公司协会不仅在国内水业发挥积极的作用，而且常常与其他国家类似组织形成泛欧联盟，作为欧盟议会的院外利益集团影响议会的决策。水声消费者协会隶属于水务办公室，不仅负责监督水务公司的经营状况，而且可以向水务办公室反映消费者的利益诉求，从而影响公共决策朝着有利于消费者利益的方向发展。

分权监管机制的核心主要体现在水价形成机制、比较竞争机制和消费者利益保护机制三个方面。从水价形成机制来看，英国水价机制完全采用市场化运作方式，实行 RPI－X 价格管制，即水务办公室按照水价全成本回收、水务公司适度盈余的原则，每 5 年根据通货膨胀率、水务公司经营状况和消费者用水成本等重新调整水价上限，水价调整公式为 $P = RPI + Q - X$，其中 RPI 为通货膨胀率，Q 为政策影响因子，表示水务公司为达到英国和欧盟水法律法规而产生的成本，X 为生产力调整因子，表示水务公司因经营效率提高而降低的成本[①]；水务公司则根据自身经营利润、供水成本和用户经济承受能力自行制定水价，但必须低于水务办公室设定的最高限价。水务公司向用户收取水费有两种计费方法，分别是计量计费和非计量计费，计量计费根据用户实际消费的水量收费，非计量计费则根据用户实际可计量财产进行收费。从比较竞争机制来看，水务办公室每年都会通过水价、水质、服务成本和运营成本、资本开支等一篮子的绩效指标比较各水务公司的绩效。通过比较竞争，可以激励各水务公司提高经营效率，降低经营成本，为消费者提供更加优质的服务；可以促进水务市场良性竞争，从而在一定程度上消除垄断。从消费者利益保护机制来看，英国水务民营化后，供水公司由原来的国有化转为私有化，追求利润最大化的水务企业必然倾向于制定偏离市场的水价。为此，英国政府实施了一系列措施以保护消费者利益，如在水务行业引入竞争机制，年用水量超过 5 万吨的用水大户还可以不受区域限制选择水务公司，从而促使水务公司提高服务质量；消费者不仅参与监督水务公司经营，而且还可以通过水务消费者协会向水务办公室申诉；建立水务信息强制公开制度以破解政府和水务公司由于委托代理问题而产生的道德风险和逆向选择问题，从而维护公

① 万军．英国的水价管理［J］．人民长江，2000（1）：57－58.

众的利益。

(三) 实行完全私有化的水务合作模式

在资本主义自由竞争阶段，英国公共供水服务一直是由私人企业提供，政府对于私人进入公共物品供给很少加以限制。政府开放式的监管环境和公平竞争的市场环境，使得企业加大投资以支持服务和产品质量的革新。但技术进步随之带来竞争产业的优化合并和价格上涨，刺激了污水排放需求，为此，私人部门在20世纪初期被全面国有化。20世纪70年代末期，英国又进行大规模国有民营化，最终在20世纪80年代又恢复供水私人化。[①] 1979～1997年撒切尔夫人执政期间，英国政府颁布了《水法》(1989年)《环境保护法》(1990年)《水资源法》(1991年) 和《环境法》(1995年) 等一系列法律奠定了英国水务民营化的法律基础。1989年《水法》出台之后，许多地方开始在水务行业大规模引进私人资本，以减少政府对水务行业大规模基础设施投资计划筹集资金的责任，提高水业经营效率，改善服务质量。在英格兰和威尔士地区，水务行业实行PPP项目下的完全私有化的水务合作模式。在该模式下，水务行业公有资产产权全部剥离，水务行业由私人水务公司自主经营，完全遵循市场配置水资源的经济规律，政府只履行“看不见的手”职能。但是，英国政府赋予水务公司的经营权力至多为25年，25年之后是否收回水务经营权将由政府评估决定。与完全私有化的水务合作模式相适应，英国水务行业主要通过资本市场进行股权融资筹措水务投资资金。私有化水务合作模式的特点主要体现在：(1) 政府补贴基本取消，只负责监管水务公司的投资；(2) 水务公司成为水务产业投融资主体；(3) 实现水务产业投融资完全私有化与政府监管的完美结合。英国政府已经明确表示，不会在水务产业增加新的公共投资，只有当水务公司无法通过股权融资等融资方式获得稳定资金来源时，才会实行公众筹资方式。英国这种完全私有化的水务项目投融资模式同时也成了水务监管体制最为科学和完善的国家[②]。

(四) 运用市场机制调节水利益主体之间的关系

英国政府注重运用市场机制，尤其是水价来调节水利益主体之间的关系，实现流域生态环境改善，水资源可持续发展。英国制定水价和收费的基本原则是：(1) 水价的制定必须充分反映全部成本，确保水务公司收回成本后留有适度盈

---

① 世界银行. 2004年世界发展报告：让服务惠及穷人［M］. 北京：中国财政经济出版社，2004.

② 白金燕. 国外水务产业投融资经验及对我国的启示［J］. 经济师，2011 (1)，(99).

余；（2）充分考虑不同用户的经济承受能力，根据区域、行业和城乡的差异实行不同的收费结构；（3）使用者（排污者）付费、保护者补贴的生态补偿原则。英国政府明确指出“资源定价至少应该包含（水）产品和服务的机会成本，包括资本差别、运行维护成本以及环境成本”，并且后来逐渐认为除了污染防治成本以外，排污者还应该承担污染损害成本①。水价的构成包括两个方面：一是水资源费，主要为水资源保护和开发费用；二是供水系统服务费，由供水费、排水费、排污费和环境服务费等组成。在水价制定方面，环境署和饮用水监督局每年根据污水治理、环境保护和水质水量维护产生的成本制定相关费用的收费标准并反馈给水务办公室，水务办公室通过调整水价上限实现水价的动态管理。水价构成中尤其凸显排污费的重要性，排污费大于用水费，水价反映了水务公司治理污水和保护环境的实际成本。排污费被明确规定用于污水治理和环境保护，努力改善河流水质及流域生态环境，以满足英国《水法》和欧盟《水框架指令》的有关要求。在排污费征收方面，实行“阶梯式”收费模式，即根据用户废水排放量实行不同的收费标准，排污费由水务公司统一收取后将其交给环境署下属的各个区域办公室。在生态补偿方面，对排污者和享受环境改善的群体征收一定费用，如环境署米德兰兹区域办公室在其管辖区域内，仅对在河道、湖泊中的钓鱼行为收取的费用就高达 100 万英镑；对于保护环境而遭受损失的群体给予一定的补贴，如为了鼓励农民在使用消毒水时保持一定的节制，环境署专门出台了一些补偿和激励措施。这些措施不仅为污染治理和环境保护提供了稳定的资金来源，而且强化了企业和居民的环保意识。

二、英国流域水务民营化运作机制的经验启示

英国流域水务民营化后曾出现水价上涨过快、监管机构存在部分分歧、政府回购外包服务等问题，尽管英国完全民营化的水务治理模式存在一些弊端，但是基于水资源的公共物品属性，英国对水资源管理的成功经验具有诸多可借鉴的方面。包括：以流域为单元，建立责权利明晰的各层级水资源管理机构；采用标杆管理方法对水务企业进行定量绩效管理；运用市场机制调节水利益主体之间的关系，实现人水协调发展等。目前，英国水务民营化改革的部分成功经验已经在澳大利亚、新西兰和其他南美国家推行，并取得了一定的成效。针对我国水务行业存在的水资源治理机制不完善、监管不到位、水定价机制不合理和投融资不足等

① 白金燕．国外水务产业投融资经验及对我国的启示［J］．经济师，2011（1），(99)．

问题，应积极借鉴英国水务民营化运作机制的成功经验。

（一）强化以流域为单元的垂直治理结构

目前，我国只在珠江、长江、黄河和淮河等七大水系设立了流域管理机构，对于支流、河流则实行碎片化的区域行政管理。此外，我国水资源行政管理工作由多个部门负责，水利部、规划局、城建部和生态环境部等部门之间财权、事权模糊，造成“政出多门、多龙管水”局面。在水务市场管理上也主要以城市为主，实行属地管理模式，城市之间、行政区域之间缺乏有效的联动协调机制。应积极借鉴英国水务治理经验，明晰各层级管理机构的责、权、利，形成政府管市场准则、企业管经营、行业协会管监督和用户提建议的公共服务市场化机制。以流域为单元，统筹规划管理流域内各支流、河流的水权、水质管理；在流域内各经济区设立区域联络委员会负责协调行政区划之间的涉水事务；在乡镇一级设地方水资源委员会负责管理排水和污水管道。

（二）厘清各级管理部门的监管职能

我国水务市场化改革后，投资和经营主体的多元化，迫切要求政府变革水务监管体制，由过去单一的行政监管向目标多元化的行业监管转变，从而形成与我国国情水情相适应的有效监管体系。可借鉴英国经验，通过修订《水法》及相关法律法规以明确各级监管机构的法律地位及监管权责。在全国设立独立的统一监管机构，分别对水务的经济与社会、环境保护和水质进行监管，并在各经济区设立区域性监管机构，负责对服务区涉水事务的监管。可借鉴英国标杆管理方法建立绩效管理系统，适当调整关键性指标，对各供水企业的绩效指标进行定量监管，并借助网络平台及时发布各供水公司的绩效考核结果，形成信息透明的监管体制。建立健全公开透明的水务信息披露机制，为社会公众参与水务监管提供渠道与支撑。

（三）推进水务行业公私合作（PPP）机制

我国水务行业基础设施投资建设的资金主要来源于中央和地方财政专项水利资金，辅之以国内外银行贷款、证券市场融资等。近年来，随着水务市场化改革力度的加大，民营资本占比逐渐增加。然而受水务行业资金投入大、周期长、风险高等特点，各方参与意愿不强，政府投资依然占据主导地位。英国在水务投融资模式选取上采用 PPP 项目下的私有化水务合作方式，取得了较好的成效。可借鉴英国 PPP 项目投融资模式的部分成功经验，鼓励符合资质的私营企业参与到我国水利开发、供排水、污水处理等重大水利工程中来。由政府部门成立专门的PPP项目管理机构，严格市场准入条件、严控项目属性（外包类、特许经营类和私有化类）。PPP项目管理机构可以设立风险专项基金，用以补偿政策性PPP项目可能引发的系统性风险。此外，应积极推进重大水利工程保险制度，为PPP项目的发展创建良好的发展环境。

（四）制定科学合理的供水价格

我国水务行业现行的水价管制模式主要是依据1998年国家计委和建设部制定的《城市供水价格管理办法》，其缺陷主要体现在：一是以净资产权衡水务公司的投资回报率，这容易导致水务公司在市场化后过度依赖权益投资；二是名义投资回报率常年保持固定，滞后于技术进步和宏观经济变动带来的回报率上升；三是水定价基数是非全成本覆盖的，水价的制定具有很强的公益性。水不仅具有自然属性，而且具有商品属性。可借鉴英国水价形成机制，以全成本为定价基础，实行价格上限管制模式。同时，水价还应根据经济发展水平、城市发展规划及技术进步等因素动态调整，制定合理的水价动态调整机制。建立水价补贴制度，对于农业灌溉用水、低保家庭用水、园林绿化用水等给予适当财政补贴，充分发挥水价的经济杠杆作用。完善水价听证会制度，及时通过网络公开水价核算信息，让社会公众更好地参与到水价改革中。

第三节 法国流域水资源供给网络化机制[①]

法国是一个水资源丰富的国家，境内拥有卢瓦河等6条主要河流。在历史上法国曾实行以用户为基础即以行政区为主的水资源管理体制，流域自然地理单元被各个行政区所分割，形成了碎片化的水资源管理格局。第二次世界大战后，随着法国工业化和城市化的快速发展，流域水资源需求量迅速增长和水污染急剧恶化。1964年颁布的《水法》是法国政府变革流域管理体制的法律依据，由此逐步形成了以流域为基础、系统性解决水危机的管理机制，并强化全社会对水污染治理责任和阶段性目标。此后，法国政府继续对《水法》进行不断修改、补充与完善，1992年颁布的新《水法》正式确立了法国水资源管理的四项原则，为以自然水文流域为单元实行自然资源综合管理体制奠定了基本框架，目前法国流域

① 该节与课题组成员胡熠教授共同完成，部分内容发表在《福建行政学院学报》2015年第12期。

管理系统已日臻完善，逐渐显现出其卓越和有效性，被誉为世界上比较好的水资源管理系统。笔者认为，法国流域管理体制比较适合描述为纵向多层治理和横向伙伴治理的网络型体制。从纵向府际关系看，建立了以流域为单元的多层级治理结构，清晰划分了不同层级管理机构的事权和财权，并且每个层级都设立流域委员会，形成了多中心的决策机制；从横向政企关系看，注重发挥市场机制的调节功能，运用经济杠杆调节水资源利益关系，形成"以水养水"良性循环的格局。

一、法国流域水资源网络化供给的主要内容

（一）建立以流域为单元的多层级治理结构

与中央集权的政治体制相适应，法国以流域为单元的水资源统一管理体制，是以立法为基础、多层级的事权财权纵向分工为特征的多层治理结构。1964 年，法国政府将全国主要江河水系划分为六大流域区，按照行政区划有 22 个大区。由此形成了包括国家—流域—支流—市镇四级层级的水资源管理责任主体、大区和省级机构为辅助的涉水管理行政体制，以及相配套的事权、财权纵向分工体系。从组织架构看，分别成立了国家水资源委员会—流域委员会—地方委员会等三个专业性的水务立法咨询机构，当然，市镇委员会对辖区公共水务也具有自主决策权。在国家层级上，水资源委员会（又称国家"水议会"）负责全国水资源政策的制定；水资源法规、规章或白皮书的起草和批准；向公众就水资源法律政策提供咨询以及取水排水授权和水质管理等方面的协调工作。环境部（后来更名为"国土环境和可持续发展部"）作为国家具体负责水务和环境管理工作的机构，主要职责是依据欧盟水框架目标，制定水资源政策以及法律法规，实施国家水质和水环境保护、监督水资源管理的职能；在具体涉水事务的管理上，还须依靠公共工程部、农业部、卫生部、工业部以及渔业高级理事会等职能部门派出机构的协助。[①] 在流域层级上，设立 6 个流域管理机构作为中央政府的派出机构，下设流域委员会和流域管理局。流域管理机构从 1967 年开始运作，实行决策与执行相对分离的行政分工模式。流域委员会不是由行政长官控制的独立机构，而是流域水利问题的立法和咨询机构，相当于流域区内的"水议会"，主要职能是制定发布水管理政策、批准流域规划、审查工程投资预算、监督项目的实施等。流域管理局是流域委员会的执行机构，属于财务独立的公共机构，承担技术和水

① 王海，等．法国水资源流域管理情况简介［J］．水利发展研究，2003（8）：58－59.

务融资等工作，主要职能是准备和实施流域委员会制定的政策，以便推动流域内涉及各方利益应采取的共同行动，达到水资源的供需平衡、水质达标，保护和增加水源以及防洪等目的。在地区层级上，针对支流流域，设立地方水委员会，主要职能是负责起草、修正支流流域水资源的开发与管理方案，更为详细地确定水资源的使用目标，并监督执行。在地方层级上，市镇领导长（市长）是由选区内选民直接选择产生的，市镇政府主要承担辖区饮用水提供、废水处理以及水行业工程等项目的立项、资金筹措、水价和运行管理公司的确定，实现公众自主参与决策和监督。

法国水资源管理系统充分体现了先进的公共水务治理理念，不是把水当作简单的自然物，而是把水当作水的汇集系统的整体；且不是以行政区为单元进行碎片化的管理，而是以自然水文区域为单元，实行水量、水质、水工程和水处理等综合管理。即将一个汇水面积及其所有相关河流作为一个复杂的物理、化学、地质学、生物学和社会法律的系统，把地面水和地下水作为统一实体实施管理。①流域管理局的职能具有极强的系统性、综合性和协调性。不仅管理地表水，也管理地下水；既从数量上管，又从质量上管，既兼顾水资源的养殖、航行等经济服务功能，又强调服务水资源的生态服务功能，流域机构注重从经济、社会、水环境效益上强化水资源的综合管理，充分考虑流域生态系统的平衡，以实现水资源可持续利用和区域社会经济协调发展。流域委员会还通过民主协调，制定流域水资源开发与管理的总体规划，确定流域水质、水量目标以及相应的措施。由于法国流域水资源相对丰富，流域区际生态利益协调的目标导向在于确保行政区际的水质达标，流域区内的地方政府侧重于资产管理，直接对辖区内的水环境和水质负责。流域机构并不直接参与水污染与水环境的治理，主要从资源管理角度进行水量控制与调节，通过制定和检测河流水质标准等途径，依托行政与经济手段，将收取费、税金的大部分以补助和贷款方式提供给地方政府，用于水资源开发、污染防治、水质改进、人员培训等项目，同时根据地方政府的绩效进一步确定流域机构资助金额的强度和方向，在流域尺度上实现了水量与水质的统一管理。②

（二）形成多中心的水资源决策机制

法国《水法》体现的水资源管理原则之一是“水政策的成功实施要求各个

---

① 袁弘任，等．水资源保护及其立法［M］．北京：中国水利水电出版社，2002：125.

② TERREIR C，BOUFFAED W. 法国水资源全面综合管理：开发公司与流域行政机构的成功合作［J］．中国水利，2003（11）：53－54.

层次的有关用户共同协商与积极参与”，因而在国家—流域—地区三个层级涉水委员会中，都包含着政府、企业和第三部门的民主协商机制。国家水资源委员会是由民选的参众两院议员、社会经济界及用水户协会选出的人员及代表组成。流域委员会和流域管理局是由地方三级（市镇、省、大区）选出的代表以及社会经济界及用水户协会的代表组成，并包括国家有关政府部门的官员。① 流域委员会为非常设机构，每年召开1～2次会议，就水资源重大问题进行民主协商和决议。流域管理局作为常设的执行机构，由环境部委派局长，领导成员中的地方代表及用水户代表（所占比例约为2/3）是从流域委员会成员中选举产生，组成流域管理局的董事会，协调用水户与开发商之间的冲突。董事会的组成成员为：用水户和专业协会的代表、地方官员代表、中央政府有关部门代表以及来自流域管理局职工代表1名。地方水委员会主要由地方选出的代表（占50%）、用水户和政府官员组成。流域委员会具有高度的独立性和权威性，不论是地方行政当局，还是环境部和财政部，都不得干涉流域委员会的决定。流域管理局则是流域区内居民、工业企业、农场主和行政当局为改善水源状态、试用水质量、构筑水环境景观等而进行协商平台，尽管其在某些活动要受环境部的制约，但在法律上是财务独立的公共机构。《水法》明确规定流域水资源开发管理规划必须由流域委员会来制定，一旦获批通过，即成为流域区内上下游政府和企业从事水资源开发利用保护的重要水政策和纲领性文件。一切水事活动均需依法办事，且社会各界都能严格遵守，若有越权或违法行为发生，通过法律手段予以纠正或处罚。市镇政府作为民主选举产生的自治组织，拥有公共土地产权和水权，在辖区内公共水务工程建设、公共水务外包、供水价格制定等领域具有自主决策权。虽然市镇政府注重市场运作进行资产管理，但在涉水服务方面具有较高公共参与程度和透明度，并作为政府公共水务服务质量和绩效评价的重要指标。② 例如，水价听证会是多方协商、民主对话的常用形式。市长有权召开听证会，由市政当局、供水单位、用户代表三方参加，通过民主协商的方式拟订水价方案，最后由市长综合各方面因素拍板决定水价。③

（三）探索多种型态的水资源公私合作机制

法国《水法》规定：“水是国家共同资产的一部分”。国家对供水、污水收

① 石秋池．法国的流域管理［J］．水资源保护，1997（1）：12.

② Adour－Garonne Basin Committie. Management plan（SDAGE）Program of Measures（PDM）［R］. Tulouse France：Adour Garonne Basin Committie，2009，145：1－9.

③ 邱振华，傅涛等．供水服务的模式选择［M］．北京：中国建筑工业出版社，2012（70）.

集与处理等公共水务拥有专营权。在 1982 年《分权法案》和 1992 年新《水法》（1992）出台后，许多市镇政府开始在公共水务行业大规模推行委托经营，吸引私人资本进入水务行业，以减少水务系统融资中的财政补贴，并提高公共水务服务水平。目前法国公共水务供给主要有以下三种模式：一是科层供给模式。建立由市长（镇长）和市镇委员会共同参与的水务管理体系，由地方政府直接、具体负责区域性公共水务系统。二是政府间联合经营模式。由于邻近的市镇政府共同出资建立联合经营的水务企业，共同分担公共水务工程的投资成本。通过对区域性、集中化的供水和污水处理，提高公营水务企业的规模经济效益。三是委托经营模式。委托经营是当前法国最普遍的水务运营模式。根据合同类型，委托经营可细分为承租经营、特许经营、法人经营和代理经营等四种形式。目前在供水管理领域实行委托经营的占比约为 75%，污水处理领域约占 35%，这个比例还在逐年提高。私人水务公司成为法国水务供给的主体，其中苏伊士、威立雅水务和萨尔三家私营公司几乎垄断了法国除市镇公营水务公司控制以外的所有市场份额。只有少数地处农村的公共水务仍由市镇政府直接负责投资、经营和管理，其供水量只占全国总售水量的 20%。[①] 在流域综合开发方面，法国政府也积极探索“捆绑式”外包的第三方治理模式。例如，政府授权罗纳河公司进行流域水电、航运、养殖等的滚动开发与综合利用，经过多年的市场化运作，私人企业将罗纳河流域治理成了世界上少有的美丽的富饶之地，该模式也成为世界公认的流域综合开发与管理的成功范例。根据公共水务的性质差异、公私合作方式等情况，政府建立了多样化、分类管理的水利投融资机制。城市饮用水供应和排水道、污水处理厂以及供水排水科研等水利工程全部由政府负担，市镇公有水务公司的投资成本主要由政府财政拨款来补偿。在公共水务委托经营的情况下，市镇当局和联合工会必须共同筹资来新建和改善基础设施，私人企业则通过资本市场实现项目融资。农村饮用水取水工程则由政府与用水户联合投资，投资来源包括受益区所交水费、贷款和捐赠基金等。重大灌溉水利工程由国家负担一半以上。在私人水道上修建的水利工程由受益方分摊投资等。

另外，法国还根据欧盟的共同政策，实施流域生态服务补偿。1988 年，欧共体开始实行 20% 的农地休耕，对恢复自然植被的农户进行直接补偿，农户有义务按一定比例将低产农地转为生态用地，用于野生生物栖息地，保护生物多样性。政府与农场主签订协议，最低期限 5 年，长期志愿者为 20 年。1993 年以后，欧共体各成员国都出台了资助生态农业的政策法规，例如，法国同年用于农业环

---

① 邱振华，傅涛等．供水服务的模式选择［M］．北京：中国建筑工业出版社，2012：70.

境保护的资金为1.5亿欧元，是1992年800万欧元的近的20倍，2001年增长到3.7亿欧元，成为世界上最大的有机农产品的生产国和出口国。欧盟各国所有的资助项目都规定，农民必须按照生态农业标准耕种5年才能得到资助，否则必须退还所领款项。[①]

（四）发挥经济杠杆调节流域水资源利益关系

法国政府注重通过水价来调节利益关系，并实现维持和改善流域自然生态的目的。在制定水价时，政府主要遵循两大原则：一是成本补偿原则。即水价应覆盖供水和污水处理等各个服务环节所需的成本。二是用水者（排污者）付费、治水者补偿的原则。不仅用水者、排污者付费，而且任何改变水系统状态（水量、水位、水深、河床等改变）都要付费。中央政府除了统一规定收费的上限、畜牧排污收费标准以及面源污染费标准外，其他的收费标准，由流域委员会确定。[②]流域管理局具体负责落实流域委员会所制定的水资源收费政策。城市供水费则由市镇政府根据区域内水量、水质、需求量以及水务成本等因素，制定用水费，并进行动态管理。各个水资源使用者必须缴纳用水费和污染费两种费用。用水费反映供水、污水处理的服务成本，并主要用于从数量上管理水资源的专项资金；污染费主要用于工程建设和管理运行，努力改善水源的质量，以满足流域委员会制定的要求。各个公共供水工程的水资源收费标准是由流域管理局与流域委员会商议后对外公布，并要求与计划中各供水工程的优先次序相一致。在排污费征收方面，根据企业废水排放量及污染程度收取费用，如果达到排放标准可以不付费。在居民生活用水的价格中则增列了污水治理费、水资源保护费等名目，且专款用于水污染治理的资金比重呈加大趋势。除了用于新建污水处理厂外，还根据现有污水处理企业的除污效率即业绩来决定补助金额，发挥激励作用。法国水费的收缴和使用完全体现了“以水养水、专款专用”的原则。这些措施不仅为流域水环境治理提供了资金来源，而且增强了企业和居民的环保意识。1999年，法国政府实施的“治污行动综合税收（TGAP）”计划提高了污染税的比例，并将此前仅限于气体排放和污染管理活动的普通污染税扩充到水和农业污染税收中。当然，法国政府运用经济杠杆保护流域水环境，还注重政府引导、市场运作方式，推动流域、森林等领域的生态补偿。例如，毕雷（Perrier）矿泉水公司为了获得清洁水源，为引导上游农民限制使用杀虫剂和减少水土流失等，公司向每个农场

---

① 方静．农业生态环境保护及其技术体系［M］．北京：中国农业科学技术出版社，2012：66.

② 寇怀忠．法国卢瓦尔—布列塔尼流域管理实践及启示［N］．黄河报，2014-10-16（3）.

支付 15 万美元/年（其中政府补贴 20%），并在生态敏感脆弱区域植树造林，鼓励农民运用先进技术发展有机农业。同时法国政府森林生态保护优惠政策。对于国有林区，采取林业收入不上缴、不足部分再由政府拨款或优惠贷款方式；对于私人造林，采取森林资源税收减免等政策，私人造林地免除 5 亩地产税，按树种分别减免林木收入税 10% ~30%，对森林资产还可减免 75% 的财产转移税。①

二、法国流域水资源供给经验对我国的启示

尽管中、法两国的政治体制、经济发展水平和公众文化程度等都存在明显差距，但是，鉴于流域公共水务具有相同的自然特性和产业性质，法国流域公共水务治理经验具有诸多可复制推广的方面。包括：遵循自然流域规律，以流域为单元确立“水社区”，设置流域管理机构；组成不同层级“水议会”，明晰划分多层级事权财权关系；实施以经济标杆为主的“水政策”，达到“以水养水”的目标等。目前印度尼西亚、波兰、墨西哥、巴西、委内瑞拉等不少国家结合国情积极借鉴经验，部分或者有所改革地采纳了法国流域管理模式。针对我国流域管理中存在行政区际管理碎片化、流域规划落实弱、公众参与度低、经济杠杆调节机制不健全等问题，应积极借鉴法国有益经验，加快推进我国流域治理体系和治理能力现代化。

（一）强化以流域为基础的多层级治理机制

新《水法》第十条规定：“国家对水资源实行流域管理与行政区域管理相结合的管理体制。”目前国务院只在长江、黄河、珠江等七大江河流域设立专门的流域管理机构，多数中小型流域及大江大河的支流没有相应的流域管理机构，流域水资源统一管理主要依托各级水利部门。我国已全面推行的河长制，在强化地方政府对辖区水环境保护职责同时，相对弱化了流域统一规划和管理职能。因此，借鉴法国经验，分层级建立流域水资源统一管理机构，完善事权财权相匹配、责权利明晰的流域多层治理机制。流域管理机构统一收取水资源费税和中央财政转移支付，确保流域管理机构足够的资金②。厘清流域管理机构与地方政府的责、权、利，流域管理机构侧重于从资源管理角度统一做好综合规划、水量控制和调节；地方政府侧重于从资产管理角度承担辖区内水环境治理责任，从而实

---

① 高水平．政府生态管理［M］．北京：中国社会科学出版社，2007：63.

② 王慧军，关易辰．中国水价低与现状不符［N］．中国环境报，2014 -07 -15（003）.

现流域区内经济社会与环境协调发展。

（二）推进水资源供给的政府和社会资本合作（PPP）机制

随着工业化和新型城镇化的快速发展，城乡公共水务投资需求巨大，单纯依靠政府财政投入难以实现预期目标。创建公平竞争的市场环境，严格市场准入条件，引导符合资质要求的水务企业参与我国节水、供水、污水处理等重大水利工程建设运营，实施城乡供排水一体、厂网一体和行业“打包”，实现组合开发。水利部门可以设立水务项目投资基金，可以采取资本金注入、投资补助、贷款贴息、担保补贴等方式，支持公共水务 PPP 项目快速发展。积极探索公共水务政府和社会资本的合作模式，完善政府与企业的项目共建、风险共担和利益共享机制。

（三）制定科学合理的水资源价格

我国现行水价体系划分为“四元”（水资源费、供水价格、污水处理费和污水排污费）和“五类”（居民生活用水、工业用水、行政事业用水、经营服务用水和特种用水）。从国际横向比较和人均可支配收入占比两个维度看，我国水价总体处于较低水平。[①] 因此，要借鉴法国公平透明、民主参与的定价机制，实行全成本水价的核算，公共水价要反映水资源的商品属性，体现供水污水全过程成本和企业的适当利润，按照补偿成本、合理收益、优质优价、公平负担的原则，合理制定公共水务价格；根据水务成本变化及社会承受能力等适时调整，建立反映市场供求、供给成本和环境补偿的水资源价格体系，充分发挥市场机制对水资源配置的决定性作用。公共水务价格的全成本核算并不等同于全成本水价。对于广大农村和农业工程性供水，政府应当给予必要的补贴，降低农业生产经营成本，发挥水价的经济调节功能。

（四）完善流域公共水务的制度保障

法国在流域农业面源污染治理实践中，形成了以国家立法为基础，强制性约束和经济性激励相结合，行政化机制、市场机制和自愿性环境协议机制等多种并存的政策体系。（1）完善生态环境保护法律制度。在欧盟区域内，用于改善农村环境，防止农业面源污染的标志性制度当属“共同农业政策”。该政策于 1992 年 6 月被欧盟部长会议正式采纳，其中包括环境保护措施的引进、农业用地中的造林项目和农民早期退休计划等。1993 年欧盟又出台了结构政策的环境标准。1999

---

① 王慧军，关易辰．中国水价低与现状不符［N］．中国环境报，2014－07－15（10）．

年正式批准实施“2000 年议程”，将环保标准的贯彻情况与对农民的直接支付联系起来，同时大幅度增加用于环保措施的资金。在对化肥和农药的管理方面，部分欧盟国家针对农药和化肥的毒性、用量、使用方法和对生态环境和公众健康可能造成的危害，加强了管理并建立严格的登记制度。这些制度的实施，为农业面源污染的制度建设提供了可靠保障。另外，国外在实施法律法规和标准过程中，一般都强调实施以环境标准为基础的排放控制和强制实施污染控制的“最佳实用”技术。欧盟区各国在 20 世纪 80 年代中后期，陆续以法律形式明确规定各个农田允许的最大施肥量，超量施用者需付费。如荷兰，限制水污染区内厩肥的施用，对农田磷（以 P_2O_5 计）的流失量有明确规定，如果流失量超过允许标准，则必须缴纳一定的费用，且收费标准随着养分流失量的增加而增加。20 世纪 90 年代初，德国和英国构建了“适当的农业活动准则”，严格控制不宜施肥时期的施肥量，河流附近的畜产品农户必须有家畜粪尿的设施。对于违反施肥令和造成污染的，要受到处罚。（2）以绿色补贴为载体实行公私伙伴治理。自愿性环境协议已成为欧美政府与农场主公私伙伴治理的重要形式。OECD 组织专家曾对发达国家自愿性环境协议的契约有效性、经济有效性方面的问题进行了长时间的跟踪研究，结果表明：尽管各国实施自愿性协议取得的效果不尽相同，但它确实能够增强企业和消费者关于达到环境目标的能动性和责任，促进企业更多地参与排放量减少活动，促使环境政策手段更好地适应可持续发展的要求。而且，由于环境自愿性协议是政府与企业共同协商的结果，这种建立在双方信任、合作的基础之上的协议，不仅可以极大地发挥企业的主体作用，强化企业的主动参与意识和从事环境保护的能动性和责任感，而且这种双赢的利益追求，能够大大激发当事人双方参与自愿协议的积极性，提高协议的履行率及环境保护的成功率。[①] 因此，环境志愿协议的管理模式，是可持续意义下环境治理的一种新的有效的举措，对于我国流域水污染治理具有重要的借鉴意义。

① 王琪，何广顺．海洋环境治理的政策选择［J］．海洋通报，2004（3）．

第八章

流域生态服务供给机制创新的福建实践

福建既是我国改革开放的前沿阵地，又是全国首批生态文明试验区，也是习近平生态文明思想的重要孕育地和先行实践地，在先行先试探索流域生态服务供给机制创新方面，具有良好的制度基础和地理条件。从全国范围内看，长江、黄河等大江大河流域面积广，涉及多个省市，任何流域治理机制的改革创新，都面临着巨大的制度成本。福建水系具有相对独立性，福建省重点流域"六江二溪"的主体部分均在本省境内，流域治理机制改革的成本分摊和社会效应均在省域范围内，省级政府具有足够的行政权威，破解流域区际矛盾和政府部门利益分歧，体制机制改革的制度性成本较低。习近平同志曾对福建流域生态建设作出了一系列的重要论述、批示和指示，强调"生态资源是福建最宝贵的资源，生态优势是福建最具竞争力的优势，生态文明建设应当是福建最花力气抓的建设。"21世纪以来，福建以"生态省"建设为指导，探索流域生态服务供给机制逐步由传统科层治理向政府主导网络化供给转型，并在全国较早地在流域生态保护补偿机制、集体林权制度、河长制、水土流失治理、农业面源污染第三方治理等领域积极进行体制机制改革，形成了闽江流域上下游水环境补偿机制、河长制改革"大田经验"、农业面源污染第三方治理"南平实践"、汀江—韩江源头水土治理"长汀经验"等在全国具有典型示范意义的改革样本，形成一批可推广可复制的经验。本书试图在实地调研基础上，着重以闽江流域生态保护补偿机制政策演进、汀江源头水土治理"长汀经验"为重点，分别从流域区际合作和行政内公私合作两个维度，从理论上总结流域生态服务供给机制创新的内在逻辑以及实践性启示。

第一节　闽江流域生态保护补偿机制改革的探索

闽江位于我国东南部，是以福建行政区域为主体的区域性流域，也是福建省第一大河、福建人民的母亲河。它发源于福建、江西交界的建宁县均口乡，由沙溪、建溪、富屯溪等支流和闽江干流组成，主干流长559千米，以南平、水口电站为界，划为上、中、下游，南平以上为上游，南平市区到水口电站之间为中游，水口电站以下为下游。闽江流域在南平以上有建溪、富屯溪、沙溪三大支流呈蒲扇形的支流水系，流域面积42322平方千米，河长333千米，上游沙溪在三明市境内，建溪、富屯溪两条支流发源于南平市。中游汇入尤溪、古田溪，河谷表现为壮年期的峡谷形态，两岸峭壁挺拔，奇峰对峙，江中岩石裸露，礁石起伏，别具一番风光。在南平以下再纳梅溪、大樟溪等支流，这一带沉积作用强，是典型的河浸滩型的河谷，江中沙滩、沙洲嘴每每可见。闽江干流自雄江以下，接近福州市区时，分为南北两条主干河道，经南台岛于马尾汇合，越闽安镇又分两支入海，并形成纵横交错的网状水系，对灌溉和航运均十分有利。闽江的一些支流还流经福州所属各县，如流经永泰县的大樟溪，闽侯县的大目溪，闽清县的梅溪等。

人类自古择水而居。闽江流域自古以来就是福建先民繁衍生息的区域。他们利用自然环境，伐木造舟，驾舟载物，将上游特色的农副产品，如茶叶、大米、木材等，与外地开展贸易往来，传承着一种古老的水上运输方式。当今时代闽江流域是福建经济增长和社会发展中极为重要的水资源屏障，保障闽江流域水环境安全，就是保护福建人民的生命线，对于福建省乃至海峡西岸经济区建设意义重大。21世纪之初，针对福建省闽江流域水污染加剧、水资源无序开发和水环境恶化的态势，时任福建省省长习近平同志在全国率先提出“生态省”建设的战略规划，积极推动闽江流域生态服务供给机制创新。

一、闽江流域自然资源管理体制的基本特征

闽江流域作为以福建为主体的区域性流域，省级政府承担着闽江流域水资源综合开发、水环境治理、水生态修复以及防洪防汛等统一管理的行政职任。由于闽江流域尚未设立综合性的流域管理机构，省级政府主要通过发改委、水利和环保等相关部门职能分工，统筹流域水资源开发、防洪防汛、水环境治理等统一规

划和实施的运行机制。例如，闽江流域规划开发委员会办公室（福建省发展和改革委员附属机构）负责闽江流域水资源综合规划的编制、检查和督促等职责；闽江流域水环境综合整治领导小组办公室（挂靠省环保厅），负责牵头组织闽江流域水环境综合整治项目制定规划、实施和监督；闽江工程局（挂靠省水利厅）负责闽江流域水资源开发、水利工程建设规划和监督等；省直各有关部门负责职责范围内相关工作的监督实施以及省级补助资金项目的立项和监督管理。在省直部门实施流域统一管理的基础上，又强调区域管理职能，上下游各行政区承担辖区内的流域综合管理职能。例如，2011 年，福州市政府还成立了闽江流域（下游）综合管理委员会，统筹行政区域水环境综合整治，取得了显著成绩。2015 年，省级政府在闽江流域开展河长制改革，由分管环保副省长兼任河长、各河段内行政首长担任河（段）长，形成全流域多部门分工管理与各行政区河（段）长分包负责的相结合的流域生态服务供给机制。

二、闽江流域生态保护补偿机制改革的路径

（一）按照自然要素补偿试点阶段（2002 ~ 2014 年）

在按照自然要素分工管理的行政体制下，闽江流域生态保护补偿政策，最初是采取部门主导的政策思路，林业、环保和水利等相关职能部门在各自的职能范围内推动生态保护补偿机制。

1. 森林生态效益补助

森林是陆域生态的主体、自然生态系统的顶层、国家民族最大的生存资本。提高森林覆盖率，增加森林储积量，优化林分结构，是改善流域生态系统的关键性作用。据测算，0.0667 万公顷森林的蓄水能力相当于蓄水量达 100 万立方米的水库。1 棵树 1 年可贮存 1 辆汽车行驶 16 千米所排放的污染物。[①] 1998 年长江、松花江等流域发生特大洪水灾害后，我国政府深刻意识到不能仅重视流域水资源的经济服务功能，必须高度重视维护流域的生态服务功能，逐步建立以维护自然生态平衡为目的的流域森林、水土保持等生态补偿机制，开始实施大规模的天然林保护工程和退耕还林还草工程，通过财政转移支付方式，对长江上游、西部地区等实施垂直性的生态补偿，引导当地政府和农民加强保护生态环境。福建是全国

① 曲一歌．回归植树本衷　绿化优化发展——访中国林科院林业所研究员段爱国［N］．中国经济时报，2016 - 03 - 2（A4）．

森林覆盖率最高的省份，也是全国生态建设的先进省份，省委省政府高度重视森林生态效益补助机制的探索。2002 年后，中央和省里两级政府分别按照每年 75 元/公顷的国家级标准，对闽江上游的南平、三明等林区下拨森林生态效益补助资金。2007 年 2 月，福建省委常委会又专题研究并通过了《福建省江河下游地区对上游地区森林生态效益补偿方案》，要求在中央森林生态效益补助标准每年 75 元/公顷的基础上，下游按照每年 30 元标准向上游支付森林生态效益补助资金，从而使得生态公益林补偿标准提高到每年 105 元/公顷。随着财政收入的增长，森林效益补助资金逐步增加，2017 年省级森林生态公益林已提高至每年 255 元/公顷。

2. 水环境上下游补偿

2004 年，《福建生态省建设总体规划纲要》提出，“要建立生态环境补偿机制，重点在水污染治理、林业生态、土地使用等方面，试行生态受益地区、受益者向生态保护区、流域上游地区和生态项目建设者提供经济补偿办法，探索实行受益地区对保护地区的水环境补偿制度。”2006 年，国务院提出建立闽江源国家级自然保护区，要求发挥自然保护区的生态系统服务功能，完善闽江水环境补偿机制。2008 年，环保部将闽江、九龙江流域等地区列为首批生态环境补偿试点地区，并于次年正式将闽江、九龙江流域环境综合治理列为国家流域治理试点项目。多年来，福建以流域上下游水环境生态补偿为重点，旨在建立能调整相关主体的经济利益关系、激励生态保护行为的有效制度安排。

3. 水土保持生态效益补偿

《水土保持法》第三十一条规定“将水土保持生态效益补偿纳入国家建立的生态效益补偿制度”，但这只是对水土保持生态补偿作了原则性、指导性的规定，目前尚未出台具有可操作性的法规或是细则，并且，由水利部分主导的水土保持生态效益补偿机制尚未全面推广，只是在局部区域开展试点工作。2003 年，福建省选择了 10 个水库开展水源地水土保持生态建设试点，从水费收入中按比例提取生态建设经费，建立水源地生态补偿机制。福建省将水土流失治理、整体生态保护与改善人民群众生活三者紧密结合起来，坚持生态治理与经济发展并重、环境保护与民生改善并行，努力走水土流失治理的群众路线。在水土流失治理重点区域，政府制定出台优惠政策，鼓励农民、合作社等主体进行开发性治理；采取行政命令、村规民约，实行“封禁”与疏导相合，积极探索封禁治理配套措施，让群众成为水土治理的参与主体、责任主体和受益主体。建立群众燃料补助制度实行以电代燃料补贴政策，尽力解决封禁区域群众生活用柴草问题。宁化、清流等闽江上游政府在水土流失重点治理区域对受封禁影响的农民实施电价补贴；永定和上杭县为水土流失区域的果园免费提供种苗，配套完善路网和水网等基础设施；长汀县依托针织、轻纺等劳动密集型产业，帮助封禁区农民转岗转业等，探索形成了若干个富有区域特色的水土保持生态补偿机制。①

这一阶段，闽江流域生态保护补偿，属于职能部门主导、按照自然要素开展的行政化补偿机制，具有以下特征：（1）从补偿主客体看，主客体之间地位不对称，补偿主体主要是省级政府和流域下游设区市（福建）政府，补偿客体是流域上游设区市（南平、三明）政府，根据国家环境质量行政负责制的要求，上游地方政府承担着加强环境保护的法定责任，因此，在生态补偿谈判中处于不利地位，甚至只能依靠“跳部钱进”行政公关方式，争取上级职能部门的支持，取得生态补偿资金。部门间各自为政，政策相互矛盾。由环保部门主导的流域水环境机制和由林业部门主导的森林生态效益补助机制，存在政策重复交叉、但又覆盖面不全等缺陷。（2）补偿标准是由省级行政权威来确定。由于生态补偿基础理论研究比较薄弱，生态补偿标准和计价办法缺乏科学依据，主要是省级政府依靠行政权威，按照地方财政实力来确定补偿标准。（3）补偿资金分配是以短期项目带动实施为主。流域生态保护补偿资金实行项目管理制，主要用于上游地区重要水环境整治工程建设、污水处理设施建设、节能降耗技术改造、林分结构调整、森林管护等短期项目。（4）行政化补偿标准明显低于农民机会成本损失。以生态公益林补助为例，政府向农民支付的经济补助只参照农民原来种植作物的机会成本，没有顾及发展机会成本损失的补偿。据调查，2012 年福建武夷山国家级自然保护区农民得到的生态补偿资金仅占总机会成本的 10.7%。②

（二）流域生态保护综合补偿阶段（2015 年以后）

地方政府依靠行政权威，按照自然要素开展生态补偿试点，具有较高的行政效率。然而，由于职能部门主导生态补偿，在实践中仅考虑职能部门的工作业绩，在资金分配上只考虑与本部门工作业绩相关的指标。例如，林业部门主导的森林生态补偿主要以森林覆盖率、森林蓄积量作为主要考核指标；环保部门主导的水环境生态补偿主要以水质功能达标率作为考核指标；水利部门做了大量的水土保持工作，却无法将河流输沙量、水土流失率等指标纳入考核范围，导致上下游地方政府之间、省直相关职能部门之间存在诸多分歧和意见。2016 年，福建省获批为国家生态文明实验区后，省委省政府深感责任重大，使命光荣，决定加

① 胡熠，黎元生．福建省水土保持长效机制构建研究［J］．福建农林大学学报，2014（5）．

② 王晓霞，吴健．中国自然保护区财政资金投入水平分析［J］．环境保护，2017（11）：53－57．

快完善重点流域生态补偿机制。摒弃以往单纯下游补偿上游、按单个要素补偿的做法。遵循自然生态系统观和流域整体性的理念，探索全流域综合性生态补偿机制，集中体现在以下三方面：

1. 树立流域生态服务网络化供给理念

良好的自然生态系统，既是自然界的恩赐，也是人民群众辛勤劳动、珍惜爱护的结果。闽江流域自然生态系统，属于国家和人民共同的财富。在流域区内，各行政区、企业和居民既是生态保护贡献者，又是生态保护的受益者。因此，从人与自然的角度看，坚持人与自然和谐共生的理念，将闽江流域看作一个自然生态系统，统筹实施以闽江流域山水林田湖草保护修复工程为重点，通过土地、植被恢复、河湖水系连接等手段恢复生态功能。从人与人关系的角度看，要按照"成本共担、效益共享、合作共治"原则，探索流域生态保护补偿机制。闽江流域生态服务补偿，既涉及省、市、县三级政府之间纵向的利益关系，又包含上下游政府、政府与企业（农户）、政府与第三部门等多元利益主体的横向利益结构。各级政府既是流域区内国有自然资源的所有权主体代表，也是国有自然资源资产的管理者，又是区域经济增长的主导者和区域生态公共服务供给者。流域上、中、下游地区的农业生产者、城市居民、自来水公司、水力发电企业等用水主体，他们的经济利益都与流域生态建设的过程及其所产生的影响存在直接且紧密的关系，它们既可以是流域生态建设的贡献者，也可以是生态破坏的直接参与者，其生产经营行为直接影响流域生态环境的质量。因此，建立有利于多元主体参与的生态保护激励约束相融机制，是流域生态服务网络化供给的重要政策目标。

2. 优化流域区国土空间开发格局

为贯彻落实国土主体功能区战略，推动各地区严格按照主体功能定位发展，福建省按照省域国土资源环境承载能力及未来发展潜力，科学谋划了全省空间开发格局，严格落实主体功能定位，建立健全国土空间规划体系。根据《福建省主体功能区规划》，在闽江流域县（市、区）探索实行"三规合一"或"多规合一"，统筹优化空间布局，合理控制开发强度，切实把生态文明理念融入工业化、城镇化、农业现代化发展的各领域和全过程，促进生产空间集聚高效、生活空间宜居适度、生态空间山清水秀，推动形成利于生态文明建设的"绿色布局"。闽江流域相关行政区的主体功能区划，为流域生态补偿机制提供制度和技术基础。

3. 优化资金筹集与分配方案

根据《关于支持福建省深入实施生态省战略加快生态文明先行示范区建设的若干意见》《国家生态文明试验区（福建）实施方案》，福建省于 2015 年、2017 年两次修订《重点流域生态补偿管理办法》，初步形成了省级政府主导、市地和县级政府、用水主体、大型水电企业等共同参与的网络治理结构，体现利益相关者“共同但有差别的责任”，流域区内相关行政区按照受益程度筹集资金，按照生态贡献程度分配资金。在资金筹集方面，综合考虑区域经济发展和地方财税收入的差异，不同地方政府在生态补偿资金出资份额有所差异，即发达地区政府支付额占地方公共财政收入比例较高，省扶贫开发重点县政府支付额占地方公共财政收入比例较低。在资金分配方面，突破了原来以闽江流域三个主要设区市（三明、南平和福州）行政交界断面水质达标的单一性评价指标，实行以全流域 28 个县（市）级行政区为单元，通过森林覆盖率、森林蓄积率、行政交界断面水质达标等综合指标，衡量生态贡献程度，将资金分配倾向于对流域生态建设、环境保护和水土保持等贡献大的市县。详见附录表 4 所示，这种按照“俱乐部机制”的筹资和资金分配方式，将资金侧重分配给了重点生态功能区和农产品生产区，突破了以往上下游生态补偿标准纠缠，例如闽清县、永泰县虽然属于闽江下游地区，但是它们分别属于农产品主产区和重点生态功能区，获得的生态补偿资金远大于其缴纳的份额。2015 年分别获得 2181. 25 万元和 1820. 04 万元的净收益。

闽江流域综合性生态补偿机制具有以下显著特征：（1）实现多元主体的利益公平。贯彻落实了“谁受益、谁补偿”“谁保护、谁受益”的原则，按照“资金筹集看受益、资金分配看贡献”，建立与地方财力、受益程度、用水总量等因素挂钩的政策导向，符合科学理论和现实国情。罗吉斯蒂（Iogistic）生长曲线模型表明：居民生态支付意愿与他们收入存在正相关。位于优化开发区和重点开发区域的财政收入水平更高，地方政府对生态环境支付意愿和能力更强。从资金筹集看，流域内所有市县政府按照财政收入等指标先“众筹”，体现了行政区际共同但差别的成本分摊理念；从资金分配看，按照生态环境的多个指标综合生态贡献度并进行资金分配，体现了区域机会公平的原则。（2）实现流域生态质量综合性指标。将原有上下游水环境生态补偿、森林生态效益补偿政策和水土保持生态效益补偿归并，并将纳入闽江流域综合性生态补偿范畴，建立反映全流域各行政区森林管护、环境治理和水土保持等综合生态效益的流域生态补偿体系，使得补偿体系更加科学和规范。（3）实现多种补偿方式融合。将流域纵向补偿、区际横向补偿和行政区内部补偿有机结合起来，实现资金来源多元化，资金分配科学化，程序运作规范化的特点。流域生态补偿的资金分配符合主体功能区划的要求，详见附表 4 所示，重点生态功能区和农产品生产区所在县市的资金分配额大于资金筹集额。因此，闽江全流域综合性生态补偿机制的探索，是新时代我国生态文明建设的重要实践，对于我国黄河、长江等跨越多个省份的大江大河流域生态补偿机制具有借鉴和启示意义。

三、闽江流域生态保护补偿机制的绩效评价

随着改革的深入发展，闽江流域生态保护补偿机制逐步成熟，既是体制机制适应性现实国情变化的过程，也是流域生态服务供给效率提高、供给效果改善的过程。

（一）具有较高的过程效率和结果效率

生态保护和环境建设是一种公共性很强的物品。由于外部性的存在，闽江流域上游地区生态保护效益的价值不能完全通过市场来实现，单纯依靠市场机制，其保护成本也就无法通过生态产品价格等市场机制在受益地区之间进行合理的分配。福建省虽然在全国率先开展区域性碳汇交易机制，由于森林资源产权模糊不清，纳入碳汇市场交易的森林面积小且碳汇交易价格较低，难以弥补林农的利益损失。由省级政府主导网络化的生态补偿机制，在协商民主的基础上，通过地方性行政法规，规定利益相关者的责、权、利，既可以有效地降低上下游地方政府之间非零和博弈，具有较高的行政效率；又弥补了市场机制发挥作用空间有限的局面。从结果效率看，闽江流域生态保护补偿机制符合卡尔多—希克斯效率。从局部看，实行天然阔叶林禁伐、商品林限伐政策，给上游地区局部农民社会福利的损失；但从全局和长期角度来观察，生态产品是最公平、惠及面最广的公共产品，整个社会的福利盈余远远大于局部私人利益损失。面对局部农民经济利益的损失，单纯依靠政府购买机制，需要大量的资金支持，在短期内难以破解困境。以重点区位商品林赎买为例，2016 年，全省共筹集 1.47 亿元财政资金，完成赎买、租赁商品林 5333 公顷，但不及全省重要生态区位商品林总数的 1%，资金缺口成为该政策实施的最大“瓶颈”，政府通过政府性贷款、发行绿色债券等方式，虽然解决了短期资金的燃眉之急，但它只是将问题由未来解决。因此，要通过培育森林碳汇交易机制，将更多的生态公益林纳入国际森林碳汇交易体系，积极拓展生态产品的价值实现机制。森林生态资源具有多功能性，既可以在市场售卖林木、果实、药材等物质性产品实现价值，又可以提供生态公共产品形态得到政府财政补偿，同时还可以在不影响森林生态系统服务的基础上，发展林下种养经济、森林旅游休养康养、湿地度假、野生动物观赏等产业，将生态产品、物质性产品和原住民文化产品“捆绑式”经营，森林生态产品作为绿色生态产业发展必不可少的生产要素，其价值就转移到生态型农产品和旅游产品中去，从而实现其价值。采取多种产权模式，在国家公园建设引导社区资本参与市场运营，将森林

生态服务的公益性和集体林权的市场化经营有机结合，共同提升经济效益、生态效益和社会效益，达到绿色富民的目的。

（二）流域生态环境质量持续改善

多年来，福建省不断探索和完善闽江流域生态保护补偿机制，通过调节政府、企业和居民的利益结构，引导绿色生产和生活方式，改善流域生态环境，并取得了显著成效。（1）森林生态质量持续提高。闽江流域是福建人民的母亲河，是海峡西岸的天然屏障，流域生态系统在气候调节、水源涵养、水土保持、生物多样性保护、生态隔离净化以及防洪抗旱等方面具有重要功能，发挥着关键作用。据测算，闽江流域水体在气候调节、水源涵养、土壤形成与保护、废物处理与净化、保护生物多样性、食物生产、原材料、娱乐文化等8项服务功能上总价值就高达1701.8亿元/年。[①] 闽江流域作为海峡西岸天然屏障的地位更加凸现。2017年福建省的森林面积达801.27万公顷，森林覆盖率65.95%，继续保持在全国首位。其中，闽江流域所在的三个主要地级市三明、南平、福州的森林覆盖率分别为76.8%、75.3%和54.7%。（2）流域水环境质量不断提升。2003年，闽江流域Ⅰ～Ⅲ类水质比例和水质功能达标率分别仅为85.5%和84.3%，经过10余年的治理，流域水环境质量明显提升，2017年流域Ⅰ～Ⅲ类水质比例和水质功能达标率均达到100%，流域生态系统服务功能显著提升，全省水、大气、生态环境质量保持全优，在2017年全国首次各省（自治区、直辖市）生态文明年度评价中，福建位居第二。目前流域生态服务功能短板主要存在着洪涝灾害、环境污染和水土流失等三个方面，部分环保指标在全国还比较落后。例如，单位耕地面积化肥使用量第30位、单位耕地面积农药使用量第29位，湿地保护率第31位、陆域自然保护区面积占陆地国土面积比重第30位、新增矿山恢复治理面积第26位等[②]，制约着福建生态文明指标评价，也是未来福建生态文明建设的努力方向。

第二节　汀江源头水土治理“长汀经验”的调查

汀江—韩江是横跨闽粤两省的跨省际流域。上游在福建境内称汀江，下游在

① 林秀珠，李小斌，等．基于机会成本和生态系统服务价值的闽江流域生态补偿标准研究［J］．水土保持研究，2017（2）．

② 福建省统计局关于深化国家生态文明试验区建设相关工作汇报材料，2018.4.

广东境内称韩江。地处汀江源头的长汀县是著名的闽西革命老区，是全国南方花岗岩地区水土流失最严重的区域，也是福建省经济欠发达县和需要省财政转移支付补助的困难县。改革开放以来，福建省围绕汀江流域源头生态保护中“短板”，以封山育林、植树造林等水土保持为重点，开展流域源头生态服务网络化供给机制的探索与实践，取得了显著成效，它具有很强的典型性和示范性，对于新时代探索我国水土治理机制具有诸多可复制、可推广的经验。

一、水土治理“长汀经验”的典型意义

长汀地处福建西部、武夷山脉南麓，辖18个乡（镇）、298个村居，总人口52万人，土地面积3099平方千米，属福建省第五大县。早在20世纪40年代就有记载：“四周山岭，尽是一片红色，闪耀着可怕的血光。树木，很少看到！偶然也杂生着几株马尾松，或木荷，正像红滑的癞秃头上长着几根黑发，萎绝而凌乱。在那里不闻虫声，不见鼠迹，不投栖息的飞鸟，只有凄惨静寂，永伴着被毁灭的山灵”。陕西长安、甘肃天水和福建长汀一起被列为全国三大水土流失治理实验区。长汀水土流失历史之长、面积之广、程度之重、危害之大，居福建省之首。“山光、水浊、田瘦、人穷”是长汀水土流失区生态恶化、生活贫困的真实写照。长汀的水土流失源于社会动荡、促于缺煤少电、成于群众砍伐。

1983年，福建省委、省政府将长汀水土流失治理列为全省试点，打响了“绿色革命”的第一枪。习近平同志在福建工作期间，曾五次赴长汀调研，深入贫穷乡村，亲访农户，摸查实情，谋划对策，在长汀水土治理的重要关节点上多次批示，指导工作。2000年，在习近平同志的倡导下，福建把长汀水土流失治理列入为民办实事项目，安排专项资金，掀起了新一轮水土流失治理高潮。2001年10月19日，习近平同志对长汀水土流失治理工作作出批示：再干八年，解决长汀水土流失问题。2011年12月和2012年1月，习近平同志对《人民日报》有关长汀水土流失治理效果的报道进行了两次批示，指出：“长汀县水土流失治理正处在一个十分重要的节点上，进则全胜，不进则退，应进一步加大支持力度……”2012年1月，习近平同志在中央调研组报送的《关于支持福建长汀推进水土流失治理工作的意见和建议》上作出了重要批示。党的十八大以来，以习近平同志为核心的党中央高瞻远瞩，战略谋划，着力创新发展理念，大力建设生态文明，引领中华民族在伟大复兴的征途上奋勇前行。2013年3月7日，在全国“两会”期间，习近平同志亲切接见全国人大福建省代表团时强调：“长汀水土流失治理要认真总结经验，坚持以点带面，促进全省和全国水土保持工作和生态建设，并

要求有关部门给予支持。”水利部、国家林业局先后在长汀召开总结推广“长汀经验”座谈会和全国林业厅（局）长会议。

（一）调研的意义

开展水土治理“长汀经验”调查具有重要意义：（1）长汀县是我国南方水土流失治理的典范和品牌。长汀水土流失时间长、情况严重、成因复杂，因此，其取得的水土流失治理成效和经验尤为宝贵。长汀水土流失治理经验丰富，理念、技术创新，是政产学研有机结合的典范，对我国南方强度水土流失区的生态恢复具有重要指导意义。（2）建立和完善跨省际流域汀江—韩江生态补偿机制。多年来，长汀县人民保护汀江水做出了巨大的牺牲，关停并转了一批中小型企业，拆除汀江干流 10 座小水电站等。长汀县人均可支配收入仅为下游汕头市的 70.8%。为长汀县各乡镇最低。因此，建立汀江源头生态保护补偿机制显得重要而紧迫。2016 年，中央政府和闽、粤两省共同出资 16 亿元，成立汀江—韩江流域上下游横向生态补偿资金。（3）长汀县水土治理是党和政府对革命老区建设的支持和科学决策的成果。凡是水土流失严重地区，大多是经济落后的贫困地区、革命老区。目前我国 70% 以上的革命老区是水土流失严重区域。习近平主席曾多次表示“忘记老区，就是忘本，忘记历史，就意味着背叛”。长汀水土治理样本，被新华社誉为习近平同志生态治理的具体实践。（4）“长汀经验”蕴含着对流域生态环境“公地悲剧”治理机制的探索。长汀从原来的国家级贫困县与典型生态脆弱区，如今建设成为全国生态文明建设示范区，所形成的“长汀经验”——党政主导、群众主体、社会参与、多策并举、以人为本、持之以恒。这种水土保持工作机制，实质上是政府主导型治理在生态建设领域的具体实践，也是我国促进扶贫与生态环境保护协同发展的成功典范。

（二）调研方法

为了全面掌握长汀水土流失治理具体实践，我们以公共治理理论为指导，重点围绕水土流失治理机制开展研究，它包括三项基本内容：一是水土流失治理主体及其相互关系。水土流失治理主体包括政府、企业、农户和第三部门等多元主体。本课题对当地主要领导干部进行个别访谈，调研重点放在水土重点流失区的个体农户。由于各级政府的政策、龙头企业的经营情况可以从互联网获得公共信息，而广大农民群众才是水土流失治理的主体和力量源泉，他们对政府水土治理政策的认知度、支持度和参与度，决定着水土治理工作的成效。因此，我们把调研工作的重点放在了入户调查上。二是治理手段如何。各级政府作为水土流失治理的责任主体，采取行政、经济和法律等综合性的政策工具组合，调动广大农民的积极性，而这些政策的实施效果如何，如何完善等，这是治理手段调研的重点。三是治理制度。包括正式和非正式的制度安排。重点调研如何界定政府和市场职能边界，并探索长汀县当地的传统文化、老区精神等在水土治理方面的作用。

在研究方法上，我们采取了文献研究法、实地访谈法和问卷调查法，在长汀县水土流失最严重的河田镇、策武镇、三洲镇、濯田镇开展农家入户调查，设定样本数量和对象，进行一对一的问卷调查，主要用于统计分析农户参与水土治理和保持的意愿、对现有的补偿政策和措施意见、对水土治理成效的评价等。其后，将回收的问卷进行整理、统计，并利用相关软件对数据进行分析。在此基础上，我们获得了大量的第一手数据和相关文献资料，使得本文的实证分析更有说服力。

（三）问卷设计与实施

1. 问卷设计

本项目面向农户的调查问卷共分为三个部分，共44题：第一部分为农户个人与家庭基本信息。这个部分的问题又分为两类：一是人口特征，包括受访人年龄、受教育程度、家庭人口数和外出打工人员情况，使我们对受访农户的基本概况有一定了解；二是家庭经济特征包括收入总量、收入构成、土地经营情况。第二部分为农户对水土流失和保持的认知程度。包括农户对所在地水土流失程度、水土流失危害、造成水土流失的原因、加强水土保持的好处等的了解和熟悉程度。第三部分为农户水土治理的认知。包括农户对当前水土流失治理主体、参与水土流失治理的意愿、水土治理政策、参与水土治理对家庭经济的影响、获得的补贴方式以及补贴额度等问题的主观认识。这部分的调查有助于我们了解农户对现有水土治理政策、补偿标准的意见及其受偿意愿，并据此分析现有补贴标准存在的问题。

2. 样本选择与调查实施情况

调查样本选择主要从两个角度考虑：一方面，从地域范围上看，选择了以河田镇为中心的汀中地区这一长汀县水土流失最严重的地区开展实地调查；我们的调查范围包括曾经水土流失最严重的河田镇、策武镇、三洲镇、濯田镇。其中，河田镇选择了下修村和根溪村；策武镇选择了德联村、红江村、李城村和策田村；三洲镇选择小谭村、桐坝村和三洲村；濯田镇选择了安仁村、黄屋村、湖头村、东山村和下洋村。此外，考虑到调查的便利性，避免因方言带来的调查障碍，样本村一般为本组成员家庭所在村或附近村。另一方面，从农户经济活动的特点出发，所选择的样本在不同收入结构类型农户中都有一定的分布，以使调查统计结果具有较好的覆盖面和代表性。

我们选择实施问卷调查的时间为 2015 年 2 月。考虑到目前农村常住人口多为老人和少年儿童，可能无法很好地理解问卷中一些项目的内容，这个时间节点恰好是外出务工的青壮年回村过年的时间，而青壮年对问题的理解、认知较好，有助于提高我们调查采集的信息的有效性和客观性。调查采取由本组成员直接入户面对面交流方式进行。共发放问卷 246 份，回收问卷 246 份。所有问卷中全部客观题都得到了回答，但主观题，即需要受访者填入具体数值的 42 题和 44 题，分别获得了 93.5% 和 69.6% 的有效信息。

在入户调查前，我们进行了集中讨论，初步明确了调查方法、调查目的等相关内容。调查过程中，我们向农户简要介绍调查执行的承担单位和联系方式，调查所需时间等事项，并承诺对农户的信息保密，并按随机抽样方法抽取调查农户，然后进行入户调查。调查后，课题组成员对收到的调查问卷数据进行认真审核后，将调查数据利用 PASW Statistics18 软件进行录入和分析。

二、水土流失治理“长汀经验”的内涵

1. 政府引导

政府坚持发挥舆论宣传、规划引领、组织协调、资金筹集和行政监管职能。坚持开展水土保持宣传教育，开展水保宣传教育进人大、进政府、进机关、进学校、进基层、进社会等“六进”活动，努力提高全社会生态安全意识。制定和实施水土治理总体规划，建立项目库，按照轻重缓急，确定阶段性任务，完善行政责任分工和目标考核机制。(1) 建立示范基地。由于水土流失区山林是生态公益林，只能造林添绿、不能伐木出售，如果只种植仅有生态效益而无经济效益的林木就难以持续，于是县林业局决定在兼有经济和生态效益的果茶等“非木质化”利用和“林下经济”上做文章，三洲镇三洲村的万亩杨梅基地就是一个典型成果。(2) 发挥组织优势。发挥农村党员干部在开荒种果中的“领头鹰”角色，发挥带头典范作用。例如，三洲镇党委实施党员“先锋工程”，由多名党员率先种果并创办杨梅协会，通过“党员先锋户 + 示范户 + 困难户”的模式，进行结对帮扶，带领村民种植杨梅 300 多公顷，通过互帮互助，共同发展，共同富裕。(3) 配建基础设施。政府整合多部门资金，对连片种植 33 公顷以上的山场修建果园便道。果园便道的网格化，四通八达的林间机耕道极大地方便了运土、肥料上山，节省建园成本，方便果农管理和采摘活动。(4) 挂钩领导制度。坚持生态立县，始终把水土流失治理作为重大任务，成立正科级水土保持事业局，建立

县、乡、村三级党政领导挂钩制度和县乡部门联系协作机制，及时解决水土治理的资金技术困难。

2. 群众主体

坚持人民群众是治理水土流失的主体和力量源泉。长汀县始终坚持生态治理与发展经济并重、环境保护与改善民生并行，走水土治理的群众路线，努力做到百姓富，生态美。(1) 制定出台优惠政策，鼓励农民群众、企业成为开发性治理的投资主体。按照“新旧账”分治的思路，积极推进集体林权制度改革，实现“山定权、树定根、人定心”，在明晰林地产权基础上，推动山林经营权流转，明晰水土开发性治理的投资主体及其责、权、利。所谓“旧账”，指未治理而且群众不愿治理的水土流失地。所谓“新账”，是指新建和在建的开发建设项目所造成的水土流失。对于“旧账”，政府采取招标、委托承包等方式，鼓励社会资本参与治理。政府对种植杨梅每公顷给予种苗、肥料、抚育管理补助款4500元，新建水池每个补助150元。政府的财政补助性有效发挥“四两拨千斤”的效应，每公顷4500元的补助带动农民4.5万元以上的果园开发投入。对于“新账”，坚持“谁开发、谁保护，谁破坏、谁治理”和“确保不欠新账”的原则，明确开发建设业主就是水土保持的生态补偿主体。出台水土流失治理的财政补助和专项奖励政策，带动社会资本参与水土流失区域的开发性治理，把山地资源优势转化为产业发展优势。(2) 采取行政命令、村规民约和燃料补贴等激励约束相融措施，让群众成为封山育林的责任主体。对水土流失重点区域实行全面封禁治理，充分利用自然力进行生态修复，治理中轻度水土流失最经济、有效的方法。同时从解决群众的生活入手，通过政府出资补贴，引导农民以煤、电、沼代柴。早在1983年，长汀县在水土流失区的7个乡镇对农户实行燃煤补贴，以发放煤票的方式供煤，每个煤球补0.04元，相当于当时煤球价格的27%。煤补引导农民烧煤，有效地解决了当时农村居民的燃料问题，遏制了农民上山打枝、割草、砍柴的现象。但在1999年政府停止了煤球补贴，加之煤球价格较大幅度上涨，又增加了农民的燃料支出。2000年，长汀县出台《封山育林命令》，建立《关于护林失职追究制度》《关于禁止砍伐天然林的通知》等系列保护生态的规章制度，并实行群众燃料补助制度，引导农民以煤代柴、以沼代柴、以电代柴，当地群众告别了延续数千年烧柴草做饭的历史。同时政府大力推广农村沼气池建设，每口补贴800元，尔后逐步提高，2011年达到2500元，相当于一口8～10立方米沼气池成本的50%。2012年起，长汀县对全县因乱砍滥伐造成水土流失率在15%以上的严重水土流失乡镇农户，实行以电代燃料补贴政策，政府对每度电补助0.2元，引导农民以电代柴，从源头上减少农民对植被的破坏。目前，除了汀州镇以外，其余地方基本都有按阶梯发放补贴，并且由于大部分地区烧煤、天然气的较少，所以政府正在逐步将煤、天然气的补贴力度降低，提高电补。

3. 市场运作

长汀水土流失治理已经形成了优惠政策引导、经济利益激励、公共服务外包的市场运作机制。在政府财政资源有限的条件下，政府十分注重通过集体产权制度改革作为突破口，引进市场机制，引导社会资金参与生态产业建设，推进水土流失治理。（1）开展集体林权制度改革，实施山地资源的资产化经营。2003 年 6 月，长汀县将山林权属落实到户，允许农民采取招投标或协议等市场方式转让经营权，使山地主人真正拥有集体山地资源的处置权和收益权。政府发挥政策引导的作用，资源交易完全交付于市场。尽管当时每公顷每年仅收 8.4 元的租赁费，但其标志着荒山经营权已经实现了市场化，成为一种交易的自然资源。（2）将政府直接开发的山林果场经营权折价转让，推动市场化运作。林业、水保部门在收到示范效果后，逐步退出经营性领域，对已经成林、收到较好生态效益的杨梅林以成本价转让或以低廉的承包费发包给农户及企业。把工作重心转移到搞好规划、制定政策和技术指导上。同时按照“谁治理、谁投资、谁受益”和“谁种谁有谁受益”的原则，对于在水土流失治理区域种植非木质利用（如油茶、杨梅、板栗、茶叶等采果采叶的）或补植、套种的林木权属明确的，给予登记林木所有权和使用权，发放新林权证。解除经营者的思想顾虑，让社会资金放心大胆地投入开发性治理之中。（3）建立农业合作组织，开拓市场。由农业合作组织统一提供产前、产中和产后服务，节约流通成本，打开销路，扩大影响力。例如，长汀杨梅基地先后成立了长汀枫林杨梅合作社和三洲杨梅产销协会，为果农提供科技、信息、资金、运销等产前、产中、产后服务。协会和合作社每个季度办一次培训班，聘请专家传授杨梅的优质丰产技术，使杨梅达到无公害标准。他们还通过合作社统一采购农机具、化肥、有机肥，统一供应平价肥料，节省生产成本；以合作社的形式，联系果贩，打开销路，策划杨梅节，扩大影响力。

4. 技术支撑

长汀坚持从实际出发，开展与高等院校及省水土保持试验站对接，实现政企学研的有机结合，聘请行业专家、教授开展现场调查和技术指导，建立起水土流失生态恢复治理的技术保障和支撑体系。根据区域自然条件，按照“一区一策”要求，围绕“山水田林路”综合规划，系统设计，认真编制水土流失治理工作方案，因地制宜，创新治理理念和技术，以小流域为单元，推动生物措施、工程措施和农业技术措施有机结合，人工治理与自然恢复双管齐下，创新实施治理模式。如“等高草灌带”“老头松”施肥改造、陡坡地“小穴播草”等治理模式。

实行边治理、边创新、边总结、边推广，创新提升治理经验，发挥长汀等地在福建省乃至我国水土保持工作的先行示范作用。依托水土保持科普示范园，将水土保持科研、科技教育培训、实用技术应用推广与休闲观光有机结合起来，发挥了很好的宣传、示范和带动作用，为开展技术研究提供实践平台和应用基础。①

三、长汀水土流失治理机制的“隐忧”

（一）政府间协调机制有待完善

水土保持工作涉及水利、发改、财政、林业、环保、交通、农业、国土资源等多个部门的协调配合。由于各个部门的职能和考核目标差异，容易导致各职能部门在水保工作中的权、责、利问题上产生分歧和矛盾，发生互相推脱的现象，而且部门间的职能交叉和权力重叠，会加大协调的难度，从而削弱水土保持政策的执行能力和效果。这些机构总立足于本部门利益考虑问题，努力争取更大的权力并创造可享受的利益，部门间责任、权力边界模糊导致经常出现沟通不畅、协作不力、相互推诿与扯皮的现象。从我们对长汀相关部门的访谈情况看，目前各乡镇未成立环保工作站；农村沼气建设政出多门；各乡镇成立的合作社没有专门的管理机构组织管理等等，都是这一问题的典型表现。仅仅是治理面积统计口径这个问题就无法在部门间取得一致。长汀县水保局认为，省级下达的治理面积任务应该是指对流失斑的治理面积，即仅包含强化治理、坡耕地改造、崩岗治理等面积，对采用封禁、巩固提升等治理的面积不应作为治理面积统计，而该县林业部门将9个水土流失重点乡镇内采取的树种结构调整、造林更新、森林抚育、封育提升等均作为已完成治理面积加以统计。此外，林业部门、水保部门将水土流失区内植树造林面积全部或部分作为本部门完成任务数同时上报上级主管部门，从而存在着治理面积的重复统计。

（二）农民参与水土治理主体地位弱化

（1）水土治理的增收效应不明显。根据入户调查显示，家庭总收入在7500元以下的占6.5%，以户均4人的数量平均，这部分家庭收入水平很低；0.75万～1.6万元的占30.4%；1.6万～3.2万元的占37%；3.2万～4.8万元的占6.5%；

① 兰思仁，戴永务．生态文明时代长汀水土流失治理的战略思考［J］．福建农林大学学报，2013（2）．

4.8万~6.4万元的占6.5%；6.4万~8.0万元的占8.7%；8.0万元以上的占4.3%。大部分受访户的家庭人均收入都在全县的平均水平以下。（2）农村劳动力大量转移。根据三洲镇三洲村村委会干部反映，该村目前的劳务输出所占比例大约是40%，其中二成左右的村民在长汀县城转移就业，二成左右赴外县务工经商。从入户调查数据看，全部受访者家庭都有人在外务工，其中一家有2人以上在外务工的达67.4%。2014年全部家庭收入中，务农收入占比低于5%的非农户占39.1%，占比为5%~50%的非农兼业户为21.7%，50%~95%的农业兼业户占32.6%，95%以上的农业户仅为6.5%。外出务工人数的增加，虽然有利于减少乡村土地和环境的承载压力，改变汀中地区人地紧张关系，为封山育林、生态修复奠定了良好基础，但是青壮年劳动力的外移，使水土治理工作缺乏一批专业化、职业型农民参与，无法像以前一样投工投劳进行开发性治理，这形成了新的问题。

（三）水土流失治理资金供求缺口大

（1）治理难度大。现有水土流失地大多处于交通不便的边远山区，多为陡坡、深沟的形势，不利于植物生长；加之经过常年的雨水冲刷，土壤肥力差，林木成活率低，水土保持生态文明建设任重道远。局部地区侵蚀仍然在加剧，甚至有些地方还产生新的水土流失。从成因上，由于稀土开采所造成的水土流失治理难度极大。水土流失集中区的河田、三洲、濯田等乡镇开采过的稀土矿点就有150多个，加之开采技术原始，由此造成的水土流失极为严重。因此，“要稀土”还是“要水土”，是长汀经济建设与环境保护矛盾的集中体现。（2）巩固难度大。目前已治理的水土流失地，农民大多种植速生针叶林，并取得较好经济效益。但同时造成林分结构单一：针叶林多、阔叶林少，纯林多、混交林少，针叶面积占林分总面积的81%，现有的林分每公顷森林蓄积量仅57立方米，水源涵养能力低、容易诱发生病虫害和火灾，森林资源面临较大的安全隐患。种植的经济林果由于地瘦缺肥，还要继续投入才能见效。并且项目后期管护成本增加，加之项目业主缺乏对项目后期管护的资金预算，配套资金到位率低，造成水土流失治理速度慢、标准低、综合配套差，治理成果不能得到巩固和提高，持续生态效益难以充分发挥。（3）治理成本大。生产要素成本明显增加。作为治理成本中重要部分的肥料价格也成倍增长，复合肥为每吨3000多元，是2001年的4倍。加之农村青壮年劳动力大量转移，导致农村劳动力价格成倍增长，技术工种每天工价由100元上升到200~300元。燃料补贴成本增加。燃煤、液化气、天然气等燃料物价的上涨，致使群众砍枝割草当燃料的现象有所反弹，且燃料补贴可能会存在无法按当时比例给予群众。据调查，仍然有48.8%的受访者家庭使用一定比例的薪材。根据受访者自主报告的薪材使用量占全部生活能源或燃料的比例数据显示，占比为20%和30%的家庭均达到总数的23.8%，占比70%的家庭为总数的9.5%。巩固封山育林的治理成果，关键要解决农民居家的燃料问题。当前农民生活能源消费正由以秸秆、薪柴和煤炭等低质能源为主，向以电力、燃气和沼气等高质能源为主转变，主要采取"电""电+燃气""电+沼气"或"电+燃煤"等不同组合，其中电力是最基本的能源消费。

所有受访者家庭均使用电作为生活能源之一。其中，有23.3%的家庭其生活燃料或能源全部来自电力；电力消费量占全部燃料能源比为30%和40%的家庭占比均为11.6%。只有11.6%和14%的受访农户报告有使用煤和沼气作为生活燃料或能源的情况。有22.6%的受访者家庭使用液化气。目前长汀各地均以农村家庭生活用电量为基础，实行燃料补贴，每度电补贴0.2元，三口之家每户每月补贴为33～40元。这种做法易于操作，但也存在着补偿标准偏低以及电网设施不配套等问题。据测算，全封山导致农村家庭人均每月生活用电量增加40～50度，按照每度电0.56元计算，3口之家每月额外增加电费支出67.2～84元，可见目前的燃料补贴水平只相当于单纯用电农村家庭额外增加电费支出的50%左右，对于采用"电+燃气""电+燃煤"的农村家庭而言，所得的燃料补贴占燃料额外支出的比例更低。加之长汀县级财力弱小，人均财力处于全省末位，长汀是福建省经济欠发达县和需要转移支付补助的困难县，县财政很难调出更多的资金用于水土流失治理工作①。

目前长汀县每度电价格从0.49～0.80元。对于封山育林之后替代能源的补偿标准，农户的预期较高。为了配合水土治理政策，受访者最希望政府能够提供的补贴或帮助扶持是"现金补贴"的占73.9%，其次是技术援助，占15.2%，第三位的是农业经营辅导，占10.9%，没有人选择"非现金物资补助"。农户对现金补贴的偏好进一步加大了治理成本。

（四）企业和农户水土保持责任意识比较淡薄

当前，长汀在推进水土流失治理中，部分干部群众的生态意识和绿色消费理念仍比较淡薄，追求短期经济利益的现象还未完全杜绝，生态保护的危机意识、责任意识尚待强化。从我们的调查情况来看，受访农户虽然对水土流失和治理的

① 中共长汀县委，县政府．滴水穿石，人一我十在更高起点上推进长汀老区新一轮水土流失治理，汇报材料．

主观认识比较正确，但其自身参与水土流失治理责任意识偏弱。在调查过程中询问村民们认为水土治理工作应该由谁来承担时（此项为多选题），97.8%的受访者都选择了“政府”，选择“企业”的有54.3%，选择“农户”的有47.8%，不到一半。此外，还有39.1%的人选择了“非营利性环保组织”由于长久形成的落后生产和生活方式，以及迫于谋求生存的外在压力和追求收入增长的内在冲动，受访农户普遍表现出水土流失治理的公共责任意识薄弱。农户的环境公共责任意识薄弱，导致行为上的机会主义。由于劳动力转移、工资、肥料、燃煤、液化气等价格成倍增长，导致一些经济比较困难的群众（如特困户、五保户等）砍枝割草当燃料的现象有所反弹，个别地方又出现上山打枝割草的现象，甚至还出现了个别人盗伐交通较便利地方的大树，并且一些低收入家庭往往是偷盗砍伐的主体。森林火灾案件的发生多半是一些弱势群体造成的，例如一些留守老人因搞草木灰、扫墓等用火不当引发森林大火。

四、打造“长汀经验”升级版的思路

打造“长汀经验”升级版，不仅要围绕治理理念、治理范围、治理技术等方面进行升级，更重要的是按照生态文明建设“新常态”的要求，进行水土流失治理机制的创新，即要以提升政府治理能力为基础，推进政府与社会资本合作为主线，多渠道筹集治理资金，逐步提高燃料补贴标准，加快绿色产业扶持力度，真正实现在水土流失治理中多元主体利益共赢的目标。

（一）提升政府生态公共治理能力

（1）明确各部门分工与合作。依托省市县各级水土保持委员会，加强各级政府对水保工作的统一领导，推进各部门明确责任、合理分工，建立以契约为保障，在资金、技术、信息等方面形成合力，提升部门间协作效率。进一步落实长汀县级政府生态补偿职能部门，将环境保护、水利、林业、土地等部门纳入水土流失治理体系，构建综合统一的行政部门。行使水土保持生态补偿工作的协调、监督、仲裁、奖惩等相关职责，确保水土流失治理工作有效稳步开展。有效解决目前水保工作中权、责、利的分歧和矛盾，解决部门间职能交叉和权力重叠的问题，确保水土流失治理政策的执行能力和效果。水利部门要会同统计部门制定水土流失治理的统计指标体系，明确各指标的统计口径、含义和内容，避免重复统计。

（2）完善水土保持目标责任制。新《水土保持法》第4条规定，国家在水土流失重点预防区和重点治理区，实行地方各级人民政府水土保持目标责任制和考核奖惩制度。长汀县要按照2012年福建省出台的“属地管理”原则实施水土保持目标责任制，要进一步优化、细化考核内容，既要有水土保持组织、预防保护、综合治理等宏观层面的内容，又要结合水土保持方案编报、实施和验收率，水土流失治理面积，水土保持投入比重等具体量化指标；既有新增水土治理面积的考核，又要关注巩固水土流失的情况，强化长期的效益评估。

（3）加快建立水土保持考核奖惩制度。要进一步细化长汀县水土保持考核奖惩细则。各级政府除了对水土保持目标责任考核结果进行通报外，还应当把考核结果与具体的奖惩、干部使用挂钩。探索将生态建设指标列入干部考核评价体系，对注重工作机制改革、取得显著水土治理业绩的市县在后续项目、资金方面等优先安排。出台建立水土流失损害责任终身追究制，对那些不顾生态环境盲目决策、造成水土流失严重后果的领导干部，终身追究责任。

（二）推进政府与社会资本合作机制

（1）培育新型的水土流失治理主体。尊重加快体制机制的创新，按照“谁治理、谁投资、谁受益”和“谁造谁有”的原则，通过集体林权制度改革、山林经营权流转、项目倾斜、资金扶持、贴息贷款、基础设施配套等优惠政策，吸引新型农业经营主体投入参与生态文明建设和水土流失治理，引进实施一批BT、PPP等项目，加快引导、吸纳企业、农民专业合作、种植大户等到水土流失区的治理和生态文明建设领域，实现治理主体由原来的个体农民向专业生态环保公司、种养大户转变，加快形成全社会共同参与水土流失治理和生态文明建设的生动局面。发挥县林业金融服务中心的作用，通过开展林权抵押资产评估、林权抵押收储担保、林权流转交易等服务，使全县商品林内的林权，以及在生态公益林内套种、补种花卉苗木及非木质利用的林权，从事水土流失治理和林业生态建设的林权所有者凭新《林权证》直接抵押贷款，并给予申报贷款贴息，破解林农“抵押难”“贷款难”问题，拓宽林业投融资渠道。（2）推进政府事务性服务外包。水保工作实质上是一项区域性的生态公共服务供给过程。省、市级政府既要尽可能地下放行政审批权限，增强地方的积极性和主动性；又要把市场能做得尽可能让渡给市场，充分发挥市场机制在水保工作中的激励作用。进一步规范水土保持方案审批、水土保持监测资质审核等行政审批事项，提高效率，做好服务。继续加大政府购买水土保持公共服务的力度，除了水土保持方案技术审查之外，可考虑把生产建设项目水土保持设施验收技术评估、水土保持监测资质技术审查、水保项目的绩效评估等纳入政府购买服务范围。进一步制定鼓励社会资本参与水土流失治理的优惠政策，通过引入竞争机制和利用外部优势资源，将本应由政府承担的“历史旧账”，委托私人部门或非营利部门来完成，政府负责监督合同的履行，并支付报酬。进一步规范水土保持服务外包的程序，采取市场化运作，实行项目法人责任制，遴选有资质的企业或业主参与水土流失治理，并通过行业协会等第三方组织进行项目监管、绩效评估机制。对于单纯具有生态效益的水土流失治理，政府负有不可推卸的责任。可以设立国有资产经营公司，负责水保资金的统一管理、水保项目的招投标、投融资以及水土保持管护体系建设。有条件的地方，可以积极探索水土保持管护的专业化服务、市场化运作机制。

（三）多渠道筹集水土流失治理资金

按照“破坏者付费、使用者付费、受益者付费和保护者得到补偿”的原则，建立水土保持生态补偿机制，完善水土保持利益相关者的责、权、利分担机制。除了继续向中央政府争取更多的财政转移支付，鼓励各种援助、捐赠等外，还要加快建立水土损失赔偿机制和水土保持生态受益补偿机制。（1）强化征收水土保持补偿费。2014 年 5 月，我国《水土保持补偿费收费管理办法》和《水土保持补偿费收费标准》（试行）正式实施后，原各地区征收的水土流失防治费、水土保持设施补偿费、水土流失补偿费等涉及水土流失防治和补偿的收费予以取消。目前福建省正在制定《福建省水土保持补偿费征收使用管理实施办法》和《福建省水土保持补偿费收费标准》，将明确福建省水土保持补偿费的征收和管理机制。建议加强与高速公路、铁路、大型开发性生产企业等相关部门和单位的沟通协调，强化重点开发建设项目水土保持补偿费的征收力度，并将水土保持补偿费作为生态环境成本纳入企业的生产成本。加快完善稀土矿产资源开发的生态补偿机制。（2）从水土保持受益行业经营性收入中按比例提取。水电开发是典型的水土保持受益的生产建设项目，流域上游的水土保持使得进入水电站的泥沙量减少，防止了库区有效库容的减少，同时也使得水电站上游的来水量相对平稳，提高了水电的发电量。我国新《水土保持法》也明确规定，已经发挥效益的大中型水利、水电工程，要按照库区防治任务的需要，每年从收取的水费、电费中提取部分资金，专项用于本库区或上游源头区、水源涵养区和饮用水水源保护区等区域水土流失的预防和治理。建议按照汀江中段棉花滩水电企业的发电量或电费的一定比例，筹集水土保持生态效益补偿资金。按照水电站上网电量每千瓦时征收 0.005 元的标准提取水土保持生态补偿金。2014 年棉花滩水电站年发电量 15.2 亿千瓦时，按照发电量征收 0.005 元，可筹集 760 万元。凡是直接或间接从汀江—韩江流域取水的地区、企业和居民，都是汀江源头水土保持的受益主体。建议对受益主体按照汀江—韩江流域内所得水费的一定比例提取水土保持生态补偿资金。

（四）逐步提高水土流失重点区域燃料补贴标准

正确评估水保生态效益、确定补偿标准是保证水土保持生态补偿机制持续运行，平衡各利益相关方的关键。合理分配主客体之间的水土保持生态效益，探寻科学有效的测算方式，实现利益主体间的帕累托最优。在能源使用方面，引导由薪材为主的传统能源消费方式向煤炭、电能、液化气等能源相结合的多元消费结构转变，采取“液化气 + 电”“煤炭 + 电”“沼气 + 电”3 种燃料组合，以电能作为人们最基本的消费能源。大力推行“以电代薪”的燃料补贴政策。（1）分类指导。水土流失重点预防区燃料补贴资金，应当由省市县三级财政按照 1∶1∶1 的比例筹集，并在财政预算中设立燃料补贴支出科目，规范财务支出，自觉接受人大、审计和舆论的监督。水土流失重点治理区燃料补贴资金，可从中央和省级下拨的水土治理项目资金列支，水保项目结束后，参照水土流失重点预防区的政策，由省、市、县三级财政共同负担。（2）逐步提高个体农户电费补贴标准。根据福建省经济发展阶段和地方政府财力，对全封山的水土流失重点预防区逐步提高个体农户电费补贴标准。政府可以通过减少或免除种植大户以及有关企业的燃料补贴，而把有限的资金用于提高水土流失重点区域的个体农户的电费补贴标准。目前长汀电费限额减免，补贴水平是每度电 0. 2 元，补贴额度是全额电费的 1/3。这与农户心理预期相差甚远：只有 4. 3% 的受访者能够接受占家庭全部燃料或能源支出的 30% 的补偿水平；43. 4% 的受访者认为补偿标准应在 40% ~50%；26. 1% 的受访者认为应在 60% ~70%；另外 26. 1% 的受访者认为应在 80% 以上。（3）加强省级燃料补贴资金的统筹力度。按照必要补偿的标准和全省水土流失重点区受封山育林影响的农村常年人口的数量，测量实施燃料补贴政策的资金需求及其省、市、县三级财政分摊比例。（4）完善配套政策。水土流失区往往是“水头电尾”，须加快农村电网改造步伐，提高农村电网负荷水平。坚持水土流失治理与精准扶贫开发相结合、资金补偿与技术补偿相结合，积极发展适合留守老人、妇女等闲散劳动力从事的农业产业和家庭手工业等。

（五）加强水土流失区生态产业后续扶持政策力度

开发性治理是加强水土流失治理的重要举措。但是，长汀县生态农业大部分以初级农产品为主，并没有进行相应的深加工，自然风险和市场风险日益突出，经济效益低下。因此，要采取积极发展区域共同品牌、培养农民专业合作组织、积极引入有知识有文化的青年返乡创业、大力发展互联网电商等措施，加强水土流失区生态产业后续扶持政策力度。大力实施产业结构调整升级，积极发展劳动力密集型产业，提升纺织、稀土、旅游等产业基地吸纳劳动力能力，引导生态人口超载区域农村居民的有序外迁，减轻水土流失区生态承载压力。

（六）完善水土保持的科技支撑体系

（1）建立水保科研机构的协同创新机制。以重大水保科技项目为载体，促进高校、科研院所水保科技资源的整合。重点抓好水土保持科技研发人员、水土保持科技推广人员和水土保持农民技术员等三支队伍的培养，完善官产学研一体化的科技创新机制，为长汀水保工作提供人才支撑和智力支持。（2）加大水土保持科技投入。充分发挥政府在水保科技投入中的引导作用，通过财政直接投入、税收优惠等多种政策，调动高校、科研院所和企业投入水土保持公益性科学研究的积极性。进一步优化水保资金投入结构，提高科技投入占水保资金总投入的比重，建立起科技与生产紧密结合的运行机制，提高水土保持科技成果转化率和科技贡献率。鼓励科技人才以技术、资金入股等参与水保治理。（3）完善水土保持应用技术推广体系。继续完善水土保持标准体系建设，加强技术指导和科技推广，强化业务指导职能，加强对地方水保工作的引导。鼓励有条件的水土流失区县、乡镇政府设立专职的水保技术员；加强对水保技术员和广大群众的培训，采取户外教室与实用技术培训相结合的措施，促进科技成果向现实生产力的转化；要不断总结和大力推广新的实用技术。发挥水土保持试验示范与科普教育基地的示范、推广和扩散作用，带动周边地区的土壤侵蚀综合治理与开发。推进区域水土流失的综合协同治理，推进多学科的协同配合，促进山水林田路统一规划和管护。（4）加快建设水保信息化平台。组织实施水土流失遥感综合调查与监测、水土保持信息平台的核心技术攻关，分步推进水土保持信息化工作，充分利用省市水土保持研究中心平台，争取国家重大水土保持科技支撑项目等重点课题，构建“福建省水土保持遥感综合监测与分析评价信息平台”，争取在水土保持信息化管理工作中取得突破。①

五、“长汀经验”可复制可推广的经验

据相关数据显示，我国目前年均土壤流失总量约为45.2亿吨，而入海泥沙量仅为20亿吨，近25吨沉积在河道中的泥沙使河床升高，河道阻塞，流域内径流量调节功能紊乱，进而引发的洪涝灾害给整个生态系统和社会经济都带来严重

① 胡熠，黎元生．福建省水土保持长效机制构建研究［J］．福建农林大学学报，2014（5）．

损失。水利部、中国科学院和中国工程院联合开展的“中国水土流失与生态安全综合科学考察”研究显示，水土流失给我国造成的经济损失相当于每年 GDP 总量的 3.5%。[①] 因此，水土保持是我国流域生态公共服务供给的重要“短板”，加快流域区为单元的水土保持工作，提升流域水土涵养功能，是各级政府加强流域生态服务供给的重要内容。长汀县生态文明示范区建设是否成功，很大程度上要看形成了多少在全省乃至全国可复制可推广的制度成果。长汀县以水土治理突出成效而被评为全国首批生态文明建设和现代林业发展示范县，“长汀经验”对于全国水土流失治理及生态文明建设有哪些重要的借鉴意义？这里我们将“长汀经验”划分为可复制和可推广两个类型。可复制是指符合发展趋势的制度改革成果；可推广是指市场化运作机制和技术创新成果等，各地要因地制宜，但又不可全盘照搬。

（一）可复制的制度改革成果

（1）严格的封山育林的制度。长汀县在严格封禁做到“三个建立”，即“建章立制 + 专业护林队 + 以电（煤、沼气）代薪的燃料补贴”。其中，建章立制方面，长汀县制定相关的保护山林的政策法规。这些地方性的政策规章是保护山林、实施生态修复的重要保障，是可直接复制的。（2）可交易的集体林权制度。长汀将水土流失治理与集体林权制度市场化改革有机结合起来，初步建立“产权归属清晰、经营主体落实、责权划分明确、利益保障严格、流转顺畅规范、监管服务到位”的现代林业产权制度，实现“山定权、树定根、人定心”；林权可抵押、可流转机制，有效推动水土资源资产化经营。（3）水土保持的责任追究制度。《福建省水土保持条例》（2014）已复制推广了“长汀经验”，该条例将“谁开发谁保护、谁造成水土流失谁治理、谁影响水土保持功能谁补偿、谁承包治理谁受益”的原则作为全省水土保持工作的基本原则，并明确县级以上政府应依据水土流失调查结果，划定水土流失重点预防区和重点治理区。对在禁止区域范围从事挖砂、取土、采石、挖土洗砂和其他可能造成水土流失活动的，实施没收所得，违规罚款等措施。（4）领导定点挂钩制度和政绩考核制度。将水土流失治理成果纳入考核，将治理任务与领导工作考核挂钩，在水土流失治理中就更能明确阶段性的目标，使领导以及相关部门更加重视，有利于水土流失治理有条不紊地进行。有目标考核就会有动力，有挂钩制度就有责任，这是确保水土治理工作有序、有效、持续开展的关键性制度安排。

---

① 陈雷．全面总结推广长汀经验　扎实做好水土流失治理工作［J］．水土保持应用技术，2012（3）．

（二）可推广的市场化运作机制和技术创新成果

长汀县水土保持工作机制是政府主导型治理在生态建设领域的具体实践，也是促进扶贫与生态环境保护协同发展的成果典范。这些指导思想在全国水土流失区域的适用性高，具有高度的可推广性。习近平总书记、福建省省委原书记孙春兰、水利部部长陈雷等主要从工作机制的角度，要求推广“长汀经验”。具体有以下机制可推广：（1）水土保持的管护机制。行政主导的运作机制是可推广的，但必须因地制宜，与时俱进。随着我国政府职能的转变，政府向社会组织购买生态管护服务成为新的常态，市场化的运作机制是大趋势。（2）以电（煤、沼气）代薪的燃料补贴机制。水土流失的成因主要是由经济发展比较落后条件下传统农村和农民生产生活方式造成的。长汀水土流失治理措施的重要聚焦对象是“农民”，实施燃料补贴，改变传统烧柴习惯，这是水土治理行之有效的成功经验。目前该政策在福建省的大田县、清流县等部分乡镇推广。鉴于各地的财政实力，燃料补贴政策只能在人口密集、农民对薪材采伐量大的部分区域推广，暂时无法在福建省和全国大范围推广。（3）疏堵结合的开发性治理机制。长汀县在开发性治理方面采取疏堵结合的措施。“疏”即通过实施生态移民造福工程、发展非农产业等措施，通过人口集聚减轻水土流失区农业人口对生态的承载压力。“堵”即采取优惠政策引导、经济利益激励、公共服务外包的市场运作机制；因地制宜，科学选准树种，将水土流失开发性治理与绿色产业发展相结合，带动农民持续增收等。这些综合措施改变了当地农民的生产生活方式，促进水土流失治理的长效机制的发展，其做法具有普遍可推广的价值。（4）因地制宜的水保技术创新和推广机制。长汀县水土治理是官产学研相结合、科学治理的典范，该县创新利用“反弹琵琶”“等高草灌带”等新技术，并且根据水土流失程度不一采取相应措施。各地区可常聘请专家或邀请高校、科研单位到实地开展水土流失治理新技术、新模式实验，借鉴发达国家水土流失治理技术和经验，研发因地制宜的科学治理技术，使得水土流失治理技术都有充分的理论支撑，并且指派科技特派员教授农民。（5）政府主导、市场化运作机制。单纯的水土流失治理通常只有生态效益，而鲜有经济效益。其所提供的生态服务具有非竞争性或非排他性的纯公共产品特征。但是，果树、林木等经济作物又是具有经济效益的私人产品，其附属着生态效益。长汀县在水土流失治理中，坚持有效市场和有为政府的紧密结合。对于只有生态效益的项目，政府采取由直接投资方式，通过委托外包等方式进行治理；对于具有经济效益的项目，政府采取种苗补助、明晰产权等方式，鼓励私人生产经营，由市场提供生态服务。长汀经验表明，水土流失治理资金需求大，除了要建立水土保持生态效益补偿机制外，还要更多地考虑采取多种公私合作方式，考虑社会资本参与水土治理，实行专业化治理、市场化经营，探索建立市场化的补偿机制。全国其他水土流失地区可以借鉴“长汀经验”，将市场化运作机制引入水土流失治理工作中。例如，对水土保持工程、水土保持管护性事务等实施政府购买，加强政府生态购买的规范运作和绩效评价等。

当然，“长汀经验”也有其特殊性。长汀县集国家历史文化名城、世界客家首府、著名革命老区和原中央苏区县等诸多荣誉。长汀县水土流失治理工作取得的巨大成效是与各级党委、政府及相关部门高度重视和大力支持密不可分的。1983 年至今，中央到地方在政策、资金、项目、技术等各个方面给予了持续不断的扶持，为长汀县水土流失治理注入了强大的动力，如此高强度的关注与政策支持在福建和全国县域具有特殊性。目前来看在其他水土流失地区复制或推广的可能性不大。所以各地应鉴于以上可复制与可推广的经验，建立因地制宜的水土流失治理机制。

（三）综合系统地推进流域水土治理工作

长汀县作为全国的水土保持工作示范区，通过对其的深入调研，我们可以以点带面总结出适用全国的水土流失治理机制构建经验。目前，汀江源头长汀县水土保持工作无论是在理念上还是在技术上都较先前有了巨大进步，水土保持效率得到极大提高，但是，汀江源头长汀县水土流失治理仍存在着一些不足和潜在的困难、风险，例如，稀土资源开采所诱发的水土流失仍屡禁不止、流域上下游水土保持生态补偿机制尚未建立、开发性治理所培育的绿色产业对农民增收效应不明显、政府与农户之间简单的补偿与保护的双向关系不利于水土保持工作的进一步发展等等。长汀水土流失治理机制目前存在的问题，需要国家尽快完善水土保持生态补偿机制的相关法律法规；借鉴发达国家水土流失治理技术和经验，更大更广地引导市场机制在水土流失治理中的作用，地方政府也应该积极进行试点实践，在符合中央精神的条件下，不断改革创新，建立起符合当地实际情况的水土流失治理机制。

从全国范围看，我国各大流域区内水土流失面积巨大，矿产资源开发、林木乱砍滥伐等人为原因是造成水土流失的直接原因，尤其是相对落后的中西部地区，传统落后的农业生产与生活方式，并非完全是环境友好型的，而是粗放型和生态破坏型的。当前，我国水土流失治理在许多地方还存在着“头痛医头、脚痛医脚”的应急式治理倾向，通过项目带动“撒胡椒粉”式地下拨财政资金，不仅造成水土治理资金使用效率低下，更表明缺乏着眼于长远、系统的考虑。我们既要重视各种高新技术在水土流失治理的直接应用，也要关注工业化和城镇化带动的农村劳动力转移、农村产业结构调整、农民增收结构变化等对水土流失治理的效应。因此，复制推广长汀经验，大力推进全国水土流失治理和生态文明建设，不仅仅是要转变工业社会的生产生活方式，也不同于简单地回归传统的农业社会。因为我国水土流失重点区域的自然条件千差万别，各地经济社会发展水平和农民生产生活方式有着明显差距，只有顺应工业化、城镇化和农业现代化的发展趋势，大力推进水土流失重点区域社会经济的系统变革，即一方面推动传统的封闭落后的农业生产方式向更加开放的集约高效的现代农业生产方式转变，推动以林木为单一燃料的农村生活方式向依靠电力、沼气等多种清洁能源并存的农村生活方式转变，实施能源消费替代战略。另一方面是推动传统的粗放型矿山资源开采方式向循环利用、集约高效的现代工业园区转变，加快发展城乡生产和生活服务业，促进农业和农村劳动力有序转移。只有在这样深入系统的社会经济变革中，才能持续有效地推进生态文明建设，极大减轻水土流失区的生态承载压力和水土流失治理压力，促进生态恢复，改善当地人地矛盾，才能持续推进水土治理。

研究结论与前景展望

综合以上八章的研究，形成以下主要结论。

一、研究结论

（一）生态服务是公私混合供给的公共产品

生态服务是多学科共同使用的学术范畴。成果基于学术史的回顾，认真梳理了不同学科对生态服务的认知分歧。指出：自然地理学科侧重于从人与自然的角度，将生态服务看作是自然生态系统对人类提供的惠益；社会学科侧重于从人与人的关系的角度，将生态服务看作是政府为向全社会提供的基本公共服务范畴。

生态服务有广义和狭义之分。广义的生态服务是指自然生态系统对人类提供的惠益，既包括自然力作用形成的生态系统服务，又包括人工生态环境所提供服务。狭义的生态服务就是指人工生态环境所提供服务，即人类依靠生产劳动改善生态环境向自身提供的生态福祉。在全球生态危机背景下，提供生态公共服务属于政府的基本公共服务范畴，可以细分为生态工程性服务、生态产品功能性服务和生态环境管护性服务。本书所用的生态服务，是从狭义而言。

流域作为特殊的自然地理区域，是区域生态服务供给的重要单元。从人与自然的关系看，流域生态服务是指流域生态系统为人类提供产品、调节功能、文化功能和生命支持功能等多种服务，是包含水域、陆域生态服务的有机统一体。前者是流域生态服务的核心，后者是流域生态服务的保障。从人与人的关系看，流域生态服务划分为生态产品功能性服务、生态环境管护性服务和生态工程性服务。流域生态服务供给机制是指为维持和改善流域生态系统服务功能，政府制定的有关资金筹集、生态保育、环境治理等制度安排。它包括流域生态服务“由谁供给、为谁供给、供给什么、怎么供给”等一系内容。

（二）“一主多元”是我国流域生态服务供给机制创新的目标模式

公共服务供给理论主要包括科层供给、市场化供给、自治化供给、志愿性供给和网络化供给等五种理论流派。与此相对应，公共供给机制划分为政府科层供给、市场化供给、自治化供给、志愿性供给和网络化供给等五种形态。不论是国际环境治理的“机制复合体”理论，还是我国流域生态治理体制改革的实践，都表明：不同供给机制既表现出各自的适用空间，又表现出多种供给机制互动、融合趋势。以政府主导型网络供给机制为主，多种供给机制并存的“一主多元”体系，是我国流域生态服务供给机制创新的目标模式。政府主导型网络供给结构的基本框架包括流域生态服务分层级供给、区际伙伴供给和公私伙伴供给三个方面，其供给绩效如何，可以从公正、效率、效果和适应性等4个维度开展评价。

（三）河长制是流域科层机制向网络化供给机制的过渡性制度环节

我国在不同等级流域管理职权划分上表现为“职责同构”与“上下雷同”的组织格局，在实践中存在着流域管理与区域管理的职能分工不清、政府间事权划分模糊、政府和市场、社会利益协调机制不畅等诸多问题。以多中心治理理论为指导，按照区域公共服务分层供给的基本理念，推动当前我国由以行政区分包的流域属地管理体制，逐步过渡到按照流域等级划分的生态服务分层供给体制，实现流域等级与行政区层级相匹配，实现由以命令控制为特征的科层机制向以激励约束相融、目标责任考核为特征的流域分层管理机制转变。

河长制改革是流域整体性治理的生动实践，实行纵向行政分包、区际协调、跨部门资源整合以及公众参与等措施。从当前河长制运行情况看，存在着纵向分包治理成本分摊不均衡、横向功能整合面临诸多掣肘以及公私合作程度低等内生困境。因此，提升流域生态环境整体性治理能力，要以深化河长制改革为突破口，明晰流域分层治理的责、权、利，推进流域环保机构整合，拓展流域治理公私合作领域等。河长制作为我国流域环境治理的重大制度创新，它只是由流域科层机制向网络化供给机制的过渡性制度环节。

（四）构建全流域综合性生态补偿机制

当前我国省域范围内的区域性流域保护生态补偿体系已比较成熟并稳定运行，然而，跨越多个省份大江大河流域生态保护补偿机制尚处于破题阶段。基于全流域生态服务网络化供给的理念，要积极探索由以往“区际补偿”思路向“区际众筹”思路转变，加快形成“成本共担、效益共享、合作共治”的流域保护和治理长效机制。新一轮政府机构改革打破了原来按照要素资源分散管理的碎片化体制，建立自然资源统一管理体制，这就为整合现有农、林、水、矿等各领域生态补偿资金，建立全流域综合性生态补偿机制提供了制度基础。21 世纪以来，闽江流域生态保护补偿机制，逐步由按照自然要素分散补偿向全流域综合性生态补偿机制转变，由原来的区际生态外部效益补助思路向行政区际生态服务供给成本分摊思路转变，由原来的行政权威的决策机制向政府主导型网络机制转变，形成了有特色、可复制、可推广的经验，为当前我国长江经济带等跨越多个省份大江大河生态补偿机制建立提供实践基础。

（五）开展多元化流域生态环境治理公私合作

流域生态公共服务可细分为生态工程性服务、生态产品功能性服务和生态环境管护性服务三大类。要根据生态工程的性质差异，分类探索 PPP 合作模式，包括完善项目合作伙伴的筛选机制，建立项目合理的投资回报机制，完善利益共享和风险共担机制，规范项目合作履约和磋商机制，拓展融资机制等，既要保障社会资本合理的利润回报，又要防范地方政府债务风险。要针对流域生态产品系统服务供给的“短板”领域，进一步明晰政府向社会组织购买生态服务清单目录；厘清政府与市场在生态产品供给的边界，培育生态服务交易市场体系；根据不同生态产品特征，探索生态服务购买方式，完善生态服务购买的绩效评估。推动流域生态环境治理模式由传统管制型向第三方治理机制转变，是我国公私合作机制改革的重要选择，要按照“专业化分工、契约化治理、市场化运行、污染者付费和责任共担”第三方治理五个基本要义，培育环境服务龙头企业、健全项目投融资机制和科学合理的依效付费机制。

（六）善于借鉴国际流域治理的成功经验

研究表明，美国政府购买生态服务具有购买依据法制化、购买方式多样化、购买程序规范化和购买价格市场化等特点，美国的经验对于当前我国推动行政化生态补偿向市场化生态购买演进具有重要的启示和借鉴意义。英国水务民营化的特色在于按照市场机制调节资源价格，水价的制定要充分体现全部成本，并以此调节利益主体之间的关系。英国的经验对于我国科学合理地制定水价、完善水价形成机制具有重要的借鉴意义。法国以流域为单元的生态服务网络化供给机制更加完善，形成了纵向分层治理和横向伙伴治理有机结合的体制，对于我国构建政府主导型网络化供给提供了现实的参考标杆。

二、前景展望

党的十九大报告描绘了我国“两个一百年”奋斗的宏伟蓝图，标志着中国特色社会主义进入了新时代，经济进入高质量发展的新阶段，生态文明建设面临着“三期叠加”的新环境，构建中国特色流域生态环境治理机制，也成为新时代生态文明建设的应有之义。我们要以习近平生态文明思想为指导，用高质量发展的要求来对照、观察、分析判断流域生态服务供给面临的新形势新任务；立足于全球视野和国际眼光，坚持流域自然的系统思维，以问题为导向，总体谋划和分步实施流域生态服务供给机制创新；坚持鼓励地方实践创新；贯彻落实以人民为中心的发展观念，提高体制机制改革的效率和效益，推动流域生态环境治理体系和治理能力现代化，加快实现人与自然和谐共生的现代化。在该研究领域中，仍有许多值得深化的研究空间。

（一）总结和凝练中国特色流域生态环境治理的制度体系

推进我国流域生态服务供给机制创新，提供更多优质生态产品，满足人民群众对优质生态环境的需要，既要从流域这一特殊的自然地理区域出发，借鉴发达国家流域生态治理的成功经验，更要立足于现实国情，积极探索适合中国国情的流域生态服务供给机制。笔者认为，政府主导型网络化供给机制，就是借鉴国际经验，立足现实国情，具有中国特色的流域生态服务供给机制创新的目标模式。从国际上看，基于流域自然系统的特性，网络化治理是发达国家流域生态服务供给的普遍经验，既注重流域统一管理，又注重行政区内部政府企业公众伙伴治理；既注重政府在流域综合规划、经济利益激励约束等方面的引导功能，又注重开展市场机制对环境服务的调节功能。未来推进我国流域生态服务供给机制创新，既要借鉴发达国家的有益做法，更要体现自身的制度优势和特色。我国是社会主义生产资料公有制国家，中国共产党的领导是中国特色社会主义最本质的特征，也是中国特色社会主义制度的最大优势。“东西南北中、工农商学兵，党是领导一切的”。在我国政府主导型网络化供给机制中，实行河长制、环保督察制、落实“一岗双责、党政同责”，将生态文明建设成效作为地方党政官员的政绩考核范围，这些都是中国特色的制度创新，较之国外政党轮流执政下的政治体制具有更高的行政效率；开展随机环保督察制度和公众的舆论宣传监督，对于解决突出环境问题发挥极大的震慑作用，中央集权的行政权威比联邦制国家更加明显。

近年来，我国生态文明体制改革重点仍然是规范科层治理机制，大江大河流域机构改革仍尚未破题，行政区域管理“腿长”、流域管理“腿短”的体制缺陷仍未完全解决。

（二）积极借鉴国际上基于市场机制的政策工具

当代“新治理”理论将关注点从公共机构拓展到组织网络，核心是将政策分析和公共管理的“分析单位”从公共机构及单个公共项目转变为政府用来实现公共目标的工具。[①] 随着2020年我国生态文明体制改革目标的完成，未来我国流域治理将更多地关注基于市场机制的环境政策工具创新，真正让市场在生态产品和服务的配置中发挥决定性作用。这就要求加快自然资源产权制度改革，创设生态产品和服务交易市场机制，培育多层次、多种类型的市场交易体系。加强顶层设计与推动地方实践相结合，依托国家生态文明试验区，积极借鉴国际上成熟的、基于市场的环境政策工具，包括生态公益信托、生态银行、环境治理基金、绿色信贷等新型政策工具，开展政策工具创新和执行效果的绩效评价，形成可复制可推广的有效经验，将这些改革的措施和成功的经验进一步提炼，适时转化为普遍性的制度安排。着眼于构建人类生态命运共同体，研究拓展生态产品和服务的国际市场空间；鼓励国外资本参与平等竞争，引入先进的环境保护技术、清洁生产技术和生态农业技术等，降低生态环境治理成本。

（三）培育社会资本夯实网络化供给机制的社会基础

所谓“社会资本指的是社会组织的特征，例如信任、规范和关系网络，它们能够通过推动协调和行动提高社会效率”。[②] 信任是多元主体合作的基础，没有信任就不可能实行网络治理；规范是社会资本存续和发展的条件，它既是实现治理方式多元化的保障；网络关系是社会资本的基础，它是实现多元治理主体目标一致性的前提。当前，我国社会信用体系尚不完善，生态环境治理公私合作中，地方政府拖欠工程款项屡有发生，营商环境有待加强；农村地区由于集体经济的削弱，社会成员之间的互动和信任趋于衰减，生态环境公共服务无人问津。因此，加强社会成员的信任互惠、规范，培育多种形式的环境伙伴合作机制，引导公众参与网络能促进社会信任，它们都是具有高度生产性的社会资本。因此，大力培育社会资本，是实现流域生态环境网络化供给机制的社会基础。

---

① 莱斯特·M. 萨拉蒙. 政府工具［M］. 肖娜，等译. 北京：北京大学出版社，2016：7.

② 罗伯特·D. 普特南. 使民主运转起来［M］. 王列，赖海榕译. 南昌：江西人民出版社，2001：195.

全国主要江河流域水环境指标及闽江流域生态补偿分配表

表 1　　全国废水及其主要污染物排放量年际对比

年度	废水排放量（亿吨）			化学需氧量排放量（万吨）				氨氮排放量（万吨）		
	合计	工业	生活	合计	工业	农业	生活	合计	工业	生活
2001	433.0	202.7	230.3	1404.8	607.5	—	797.3	125.2	41.3	83.9
2002	439.5	207.2	232.3	1366.9	584.0	—	782.9	128.8	42.1	86.7
2003	460.0	212.4	247.6	1333.6	511.9	—	821.7	129.7	40.4	89.3
2004	482.4	221.1	261.3	1339.2	509.7	—	829.5	133.0	42.2	90.8
2005	524.5	243.1	281.4	1414.2	554.7	—	859.4	149.8	52.5	97.3
2006	536.8	240.2	296.6	1428.2	542.3	—	885.9	141.3	42.5	98.8
2007	556.8	246.6	310.2	1381.8	511.0	—	870.8	132.4	34.1	98.3
2008	571.7	241.7	330.0	1320.7	457.6	—	863.1	127.0	29.7	97.3
2009	589.7	234.5	355.2	1277.5	439.7	—	837.8	122.6	27.3	95.3
2010	617.3	237.5	379.8	1238.1	434.8	—	803.3	120.3	27.3	93.0
2011	659.2	230.9	428.3	2499.9	354.8	—	938.8	260.4	28.1	232.3
2012	684.8	221.6	463.2	2423.7	338.5		912.8	253.6	26.4	227.2
2013	695.4	209.8	485.1	2352.7	319.5		889.8	245.7	24.6	141.4
2014	716.2	205.3	510.3	2294.6	311.4		864.4	238.5	23.2	138.2
2015	735.3	199.5	535.2	2223.5	293.5	1068.6	846.9	229.9	21.7	134.1

资料来源：中华人民共和国生态环境部网站，2001～2015 年环境统计年报。自 2011 年起环境统计中增加农业源排放统计，故化学需氧量、氨氮的排放量明显增大。

表 2　　全国主要江河流域土壤侵蚀量①

流域名称	计算面积（平方千米）	多年平均（1950～1995 年）		2012 年		2013 年	
		径流量（亿立方米）	侵蚀总量（亿吨）	径流量（亿立方米）	侵蚀总量（亿吨）	径流量（亿立方米）	侵蚀总量（亿吨）
长江	142. 26	7659. 10	23. 87	8058. 51	9. 55	6344. 72	5. 551
黄河	49. 15	364. 70	16. 00	351. 40	2. 38	304. 50	3. 826
海河	18. 20	16. 90	2. 01	2. 74	0. 0027	4. 91	0. 006
淮河	20. 10	285. 44	1. 58	139. 68	0. 44	98. 80	0. 018
珠江	41. 52	2866. 10	2. 20	2750. 40	0. 64	2780. 40	0. 668
松花江	52. 83	613. 00	0. 19	468. 10	0. 14	1148. 00	0. 323
辽河	22. 00	35. 02	1. 53	24. 11	0. 15	51. 38	0. 343
钱塘江	5. 71	202. 7	0. 11	326. 13	0. 499	186. 78	0. 148
闽江	5. 85	577. 10	0. 12	749. 66	0. 0367	480. 18	0. 0163
塔里木河	11. 73	148. 95	1. 30	199. 08	1. 48	180. 74	1. 042
黑河	4. 39	15. 64	0. 16	19. 20	0. 0608	19. 70	0. 0536

资料来源：《中国水土保持公报 2013》，中国水利部网站。

表 3　　闽江流域县（区、市）主体功能区划一览

主体功能区类型	南平市	三明市	福州市	宁德市	泉州市
优化开发区域	—	—	鼓楼区、台江区、仓山区、晋安区、马尾区	—	—
重点开发区域	延平区、建阳区、邵武市	梅列区、三元区、永安市、沙县	福清市、长乐区、闽侯县、连江县、罗源县；平潭综合实验区：平潭县	—	—
农产品主产区	建瓯市、顺昌县、浦城县、松溪县、光泽县、政和县	宁化县、尤溪县、将乐县、明溪县、清流县、建宁县	闽清县	古田县	—
重点生态功能区	武夷山市	泰宁县、大田县	永泰县		德化县

① 土壤侵蚀量由大江大河输沙量通过输移比推算而得，受降雨分布、地表状况等影响，年际变化大，短系列不宜用于效益分析。

表4　　2015年度闽江流域生态补偿资金　　单位：万元

行政区		筹集资金	分配资金	净收益
福州市	福州市（本级）	7532.52	0	-7532.52
	福州市（辖区）	4702.52	1284.91	-3417.61
	闽侯县	2302.58	1040.29	-1262.29
	闽清县	209.84	2391.09	2181.25
	永泰县	133.01	1953.05	1820.04
	福清市	2021.02	1147.57	-873.45
	长乐区	1797.9	171.54	-1626.36
	福州市小计	18690.79	8598.55	-10092.24
	平潭综合实验区	594.33	502.60	-91.73
三明市	三明市（市本级）	511		-511
	三明市（市辖区）	684.58	2054.79	1370.21
	明溪县	70.2	2632.98	2562.78
	清流县	83.63	2707.27	2623.64
	宁化县	133.86	2647.30	2513.44
	大田县	253.36	1901.27	1647.91
	尤溪县	341.6	2344.78	2003.18
	沙县	416.96	2078.42	1661.46
	将乐县	210.49	2264.57	2054.08
	泰宁县	73.1	2657.27	2584.17
	建宁县	66.15	2395.75	2329.6
	永安市	815.29	2560.77	1745.48
	三明市小计	3671	26155.17	22484.17
南平市	南平市（市本级）	441.48		-441.48
	延平区	484.33	2016.40	1532.07
	顺昌县	194.24	2721.44	2527.2
	浦城县	265.45	2696.78	2431.33
	光泽县	129.68	2633.70	2504.02
	松溪县	119.93	2204.05	2084.12
	政和县	141.96	2478.64	2336.68
	邵武市	653.94	2302.99	1649.05

续表

行政区		筹集资金	分配资金	净收益
南平市	武夷山市	414.34	2509.27	2094.93
	建瓯市	463.89	2805.59	2341.7
	建阳区	573.16	2435.96	1862.8
	南平市小计	3873	24804.82	20931.82
龙岩市	连城县	149.58	3525.31	3375.73
	龙岩市小计	149.58	3525.31	3375.73
宁德市	古田县	219.44	1858.24	1638.8
	宁德市	219.44	1858.24	1638.8
泉州市	德化县	459.27	1910.63	1451.36
	泉州市小计	459.27	1910.63	1451.36
合计	全流域	27666.41	67355.32	

闽江流域区际生态受益补偿标准探析

内容提要： 目前闽江流域区际生态受益补偿标准是由省级政府依靠科层制的权威确定的，因而缺乏对流域生态的科学计价。本文运用生态重建成本分摊法，测算了闽江下游福州市对上游南平市的生态补偿标准，并且认为该方法在我国现阶段具有较强的操作性、可行性和普遍推广价值。

关键词： 闽江流域；生态受益；补偿标准

一、闽江流域区际生态受益补偿的现实依据

闽江是福建省第一大河，也是福建人民的母亲河，流域面积约 60992 平方千米，主要分布在福建省境内，是水系相对独立的区域性河流；它是由沙溪、建溪、富屯溪三条支流和闽江干流组成，主干流长 559 千米，常年径流量 621 亿立方米。其中上游建溪、富屯溪两条支流发源于在闽北南平市，泾流分布在该辖区的 10 个区、县（市），闽江干流自雄江以下，在福州市辖区流经闽清、闽侯、福州市区、福清和长乐等。由于区位特点与生态功能定位等多种因素的影响，南平市始终是闽江流域的天然屏障，是福建省生态保护的重要功能区，同时也是经济相对落后地区。2004 年南平市辖区 10 个市、县（区）总人口为 304.41 万人，国民生产总值仅为 321.7 亿元，同年闽江下游福州段相关行政区总人口为 337.86 万人，国民生产总值却达 1031.94 亿元，后者国民生产总值是前者的 3.2 倍。

近年来南平市投入大量资金，用于植树造林、禁伐减伐树木、修建污水处理厂等，同时关闭几十家污染密集型企业，为保护闽江流域生态环境而牺牲了部分发展权，并影响了该地区经济社会发展和人民生活水平的提高。而福州市作为闽江流域生态建设的受益地区，平均每年从闽江干流取水约 4 亿吨，用于农业浇

灌、工业生产和第三产业发展等，同时闽江干流也是福州段相关行政区城乡居民饮用水的重要来源地，因此，闽江水质状况与福州经济发展和居民生活质量紧密相关。福州市拥有较强的经济总量和财税收入，对生态环境表现出较强的支付意愿和支付能力，因而作为闽江流域生态建设的受益地区，既有义务且有能力实施区际生态补偿。

2004 年 12 月出台的《福建生态省建设总体规划纲要》提出：要试行生态受益地区、受益者向生态保护区、流域上游地区和生态项目建设者提供经济补偿办法，探索实行受益地区对保护地区的区际生态补偿制度。而后福建省政府要求福州市政府在“十一五”期间每年向南平市政府支付 500 万元的补偿资金，这种行政命令式的区际生态补偿对于闽江流域上游生态建设、维持流域上下游行政区际生态建设“义务与权益”的平衡和促进区域经济社会协调发展等都具有重要意义，但其补偿标准缺乏对生态计价的科学测算，迫切需要科学的理论支持，本文试图作初浅的探讨。

二、闽江流域区际生态受益补偿测算办法的比较与选择

目前学术界对区际生态补偿测算办法存在着效益补偿论、价值补偿论和成本补偿论三种明显不同的意见①，其中价值补偿论又由于价值理论基础不同，形成两种不同的价值补偿观点：有人主张以马克思劳动价值理论为指导，按照生产过程中消耗的劳动和物化劳动进行补偿；有人主张以西方效用价值论为指导，按照生态产品服务功能价值来进行补偿。基于上述意见和观点，笔者认为，生态价值和生态效益是两个截然不同的概念，以生态效益作为补偿依据，就好比把使用杀虫剂后增产粮食的价值作为杀虫剂的价值一样，是极不合理的。按照生产过程中消耗的劳动量进行补偿，虽然可以对新增的劳动投入量进行比较客观、公正测算，但是由于流域的生态系统是人们长期投入、精心保护而累积形成的，业已存在几十年的生态存量所含的物化劳动难以核算。以生态产品服务功能价值为依据进行补偿，虽然是国际上普遍推广并为我国生态学界所日渐接受，但目前生态环境价值尚未纳入国民经济的核算体系，存在计量的困难，即使进行测算，也是金额太大，难得支付，因此，以生态价值为基础进行市场化区际补偿方式在现阶段仍然难以推行。基于生态资源的国有性质以及生态产品的特性，在生态建设产权

---

① 杨光梅，李文华，闵庆文．基于生态系统服务价值评估进行生态补偿研究的探讨［J］．生态经济学报，2006（3）：20－24.

模糊和生态产品市场交易发育不成熟的条件下，面对经济高速增长带来的生态环境迅速恶化的局面，成本补偿方法更是一种现实的选择，即将流域上游生态重建的成本在相关行区进行分摊①，这里笔者将之描述为生态重建成本分摊法。所谓生态重建成本分摊法，就是将受到损害的流域生态环境质量恢复到受损以前的环境质量所需要的成本，以上下游的生态受益程度和生态支付意愿为依据，在相关行政区之间进行分摊。生态重建成本分摊法主要包括生态重建成本的测算和分摊率的确定两项内容。

三、闽江流域区际生态受益补偿资金的测算

（一）生态重建成本匡算

生态重建成本核算具有两种方法：一是以上游地区为水质达标已经付出的投入为依据；二是以今后上游地区为进一步改善水环境质量和水资源总量而新建生态保护和建设项目投入为依据。② 根据闽江生态建设的具体实际，笔者运用第一种方法对闽江上游（南平市）的生态重建成本进行测算，这是因为：2003 年闽江流域水污染出现反弹后，在中央和省级政府垂直性生态补偿政策的推进下，闽江上游（南平市）重点实施工业点源治理、城市公共卫生设施建设、畜禽养殖业整治、水土保持等项目，取得了明显的成效，2005 年闽江流域福州与南平两地市行政交界断面水质基本恢复到国家规定的Ⅲ类标准。

生态产品的公共产品特性决定了闽江上游（南平市）生态治理投入多元化的特点，生态重建资金主要来自中央和省级政府的垂直补偿、农民（企业）经营性自筹和南平市的公益性投入。由于区际补偿只是垂直补偿和区际内部补偿的补充形式，因此，生态重建成本中应扣除中央和省级政府的垂直补偿资金、农民（企业）经营性自筹资金，只有南平市生态治理和保护的公益性投入才能作为上下游分担的基础。南平市生态治理和保护的公益性投入是指正常运行并为闽江流域生态治理发挥功效的涵养水源、环境污染综合治理、城镇垃圾和污水处理设施、水土保持等项目的折旧成本和运行成本，包括直接投入（V）和间接投入（$V_{损}$）两部分，前者是指南平市、县（区）和乡（镇）政府在涵养水源、环境污染综合治理、城镇垃圾和污水处理设施建设、水土保持等项目的直接投入；后者是指

① 欧名豪，等．区域生态重建的经济补偿办法探讨［J］．南京农业大学学报，2000：4，109 -112.

② 王钦敏．建立补偿机制，保护生态环境［J］．求是，2004（13）：55 -56.

由于产业结构调整、生态林保护等造成农户（或企业）承担的间接费用或损失。生态治理既包括长期投入项目，又包括短期投入项目，这里采取 2003～2005 年南平市生态治理投入的直接成本和间接成本的年均值作为南平市的生态重建成本。经过实地调研和分项累计，可得 2003～2005 年南平市生态治理直接成本和间接成本的年均值分别为 1662.9 万元和 1618.6 万元。（见表 1 和表 2）

表 1　　2003～2005 年南平市生态治理项目和资金结构　　单位：万元

项目名称	资金来源			
	中央政府和省级政府投入总额①	市县（区）乡政府投入总额②	农户（或企业）的自筹资金总额③	市县（区）乡政府投入的年均额②÷3
1. 城市公共卫生综合整治投入	7660	3593.7	0	1197.9
①南平市污水处理厂	3900	2413.7		
②南平市区垃圾处理厂	3760	1180		
2. 畜禽养殖业水环境污染综合整治	1488.32	244	3692.9	81.3
①农户家用沼气池建设	768.32	144	1392.9	
②规模化养殖企业污染整治	720	100	2300	
3. 生态林建设投资	4674.5	510	0	170
4. 水环境有关的科技项目投资	2852	199	0	66.7
5. 其他水环境综合整治项目	239	361	缺	120.3
①指导农民科学施肥	185	0	缺	
②建设绿色食品项目投资	0	36	缺	
③水葫芦打捞	54	325	104	
6. 水土保持	660	80	5234	26.7
①“青山挂白”和矿山整治	0	0	80	
②小流域综合治理	660	80	5154	
合计：南平市生态综合整治公益性直接投入的年均额（V）				1662.9

资料来源：南平市环保局、财政局、水利局、林业局、农业与畜牧局等相关部门提供。

表 2　　2003～2005 年闽江上游（南平市）生态治理的间接成本测算

单位：万元 万亩

年份	生态林面积	生态林管护费用①	中央和省级政府补助资金②	生态林管护费用与中央和省级政府补助资金差额①－②
2003	714.7	3573.5	1506.9	2066.6
2004	639.9	3199.5	1525.1	1674.4
2005	727.7	3639	2524.2	1114.8
三年合计的间接成本				4855.8
三年平均间接成本（$V_{损}$）				1618.6

按照国家标准，目前我国生态林管护费用每公顷 75 元/年，南平市生态林管护费用与中央和省级财政补助差额实际上就是生态治理的间接成本支出，2003～2005 年南平市生态林管护费用与中央和省级财政补助的年均差额为 1618.6 万元，这部分表现为林区农民经济损失或机会成本，应当由上下游政府共同分担。

（二）分担率的确定

上下游地区成本分摊率可以由各自的生态受益程度以对生态环境的支付意愿来确定。包括以下步骤。

（1）根据福州和南平两地市从闽江流域的取水量比重来反映直接收益系数。由于环境良好的流域提供给周围地区优质水源、调节流量和气候、调节地下水位以及生物多样性等生态服务，并且存在着有利于周围环境外部性，尤其是上游优质流域为下游提供了多种生态服务功能。由于上下游生态服务功能价值是一个极其复杂的过程，这里采用取水量比重来反映直接收益系数。2004 年福州从闽江干流和南平从闽江的取水量分别为 3.97 亿吨、25.30 亿吨，按照取水量的比重计算得出，福州和南平两地市的直接收益系数分别为 0.1356、0.8644。

（2）根据恩格尔系数和生长曲线计算上下游行政区对生态的支付意愿。2004 年福州、南平两地市城镇居民的恩格尔系数（Engel's）分别为 39.1% 和 42.80%；福州、南平两地市城镇居民恩格尔系数的倒数（1/En）分别为 2.5575 和 2.3408。根据罗吉斯生长曲线公式 $y = k/(1 + ae^{-bt})$①，计算出福州、南平两地市城镇居民对环境的支付意愿为 0.3911 和 0.3409，在此基础上，再采用 2004 年闽

① 欧名豪，等．区域生态重建的经济补偿办法探讨［J］．南京农业大学学报，2000（4）：109－112.

江流域福州段和南平段相关行政区的 GDP 值占两地市相关行政区 GDP 值总和的比值（0.7624∶0.2376）进行修正，计算出福州与南平地区的间接收益系数为 0.7864∶0.2136。

（3）上下游流域生态建设成本分担率（系数）是由直接收益系数和间接收益系数共同决定，即由上下游地区的取水量比重、两地市对流域生态环境治理的支付意愿和支付能力来确定。作归一化处理，福州与南平的分担率（K_i'）分别为 0.3661、0.6339。

（三）闽江上下游地区分担生态治理成本的金额

根据下列公式，可以测算出福州对南平市应支付的补偿金额 V_i：

$$V_i = K_i' \cdot (V + V_{损})$$

式中：$K_i' = \dfrac{K_i}{\sum_{i=1}^{2} K_i}$（i = 1，2）；V 为南平市生态治理的直接成本，V = 1662.9 万元；$V_{损}$ 为南平市生态林保护造成的间接成本，$V_{损}$ = 1618.6 万元。并根据上述的分担率 K_i' = 0.3661、0.6339，可以计算出福州市应支付的补偿金额为 1201.4 万元，应在每年 500 万元的基础上追加 701.4 万元。南平市既是生态贡献区，又是生态受益区，应负担部分生态治理成本 2080.1 万元，根据上述，近三年南平市生态治理的直接投入 1618.6 万元，应追加投入 461.5 万元，用于支付林区农民的经济损失。

（四）结论

运用生态重建成本分摊法，不仅能够比较准确地测算生态重建成本，相对客观、公平地确定补偿金额，便于各方接受，同时也能够有效建立流域上下游行政区的双向激励约束机制，因此，该方法是具有较强的可行性、操作性和普遍推广价值。区际生态补偿不只是单纯的经济问题，更是涉及统筹区域之间、城乡之间协调发展的政治问题，流域上下游政府运用生态重建成本分摊法，围绕资金的筹集、使用和管理等进行协商谈判，形成流域生态建设的共同治理机制，必将是我国深化环境管理体制的重要课题。

（该文原发表于《农业现代化研究》2007 年第 3 期，作者黎元生、胡熠）

基于 CVM 的闽江流域生态服务补偿标准探析

摘要：文章将闽江流域上下游视为一个由生态服务供求双方形成的虚拟市场，运用条件价值评估法（CVM），开展闽江流域生态服务补偿的支付意愿（WTP）与受偿意愿（WTA）调查。结果表明：流域居民生态保护意识较强，参与生态服务补偿的意愿较高，但上下游居民的生态建设责任认知存在差异，补偿意愿差距较大。同时，测算得基于 CVM 的闽江流域生态服务补偿标准为 125102.21 万元/年，远高于现行补偿标准。因此，政府应结合居民的补偿意愿，多渠道筹集补偿资金，逐步提高补偿标准，同时，拓宽农民收入来源，夯实农民增收基础。

关键词：条件价值评估法；流域生态服务补偿；支付意愿；受偿意愿

一、条件价值评估方法简述

流域水资源的流动性、稀缺性、公共物品特性和人类活动的两面性，导致了复杂的区际生态利益关系，随着经济社会的快速发展，流域区际生态利益关系日益复杂，区际生态利益失衡问题日渐突出，严重影响了经济社会和谐发展。

流域生态补偿是调节流域区际生态利益失衡的制度创新，是国家和生态保护受益地区基于保护生态环境、促进人与自然和谐发展、实现流域协调可持续发展的目标，运用行政手段和市场途径以优惠政策、资金、实物等形式对由于保护流域生态系统而失去部分发展机会的地区进行补偿的制度安排。流域生态补偿机制在国内外已有广泛的研究与实践，其中，补偿标准的确定与测算是补偿机制构建的重点和难点，也是当前学术研究的聚焦点。

20 世纪 90 年代，国外便开始了流域生态补偿（或环境服务付费 PES）的理论研究和实践探索[①]，主要经历了基础理论研究—理论应用—生态补偿实践的过程。基础理论研究成果包括外部性理论、科斯定理、公共物品理论、生态环境价值论等，基于基础理论的研究，国外研究者开展了补偿标准确定方法的相关研究，根据不同的理论依据形成了生态系统服务功能价值核算法、市场价值确定法及半市场确定法等补偿标准确定方法。我国对生态补偿的研究始于 20 世纪 90 年代中后期，以理论探索性研究为主，研究视角主要集中在理论基础、基本原则、补偿主体、补偿对象、补偿范围、补偿标准、补偿资金筹集等方面。其中，在补偿标准确定方法研究上，可大致将其分为传统的成本效益分析和价值评估分析（或称效用分析）两类，前者主要关注对自然生态功能的治理性补偿，研究思路各异，成本效益的评价指标体系也未能形成统一认识，补偿标准不利于实践，而后者结合了对人的经济补偿，反映了环境资源的社会属性，体现了以人为本的可持续发展原则，因此逐渐受到推崇。

条件价值法（CVM）是典型的陈述偏好的价值评估法，可定量测量环境资源与服务的使用价值及非使用价值，是评估环境资源与服务非使用价值的唯一方法。它通过构造环境资源与服务的虚拟市场，直接调查受访者关于某一资源保护行为或环境效益改善的支付意愿（WTP）或者关于资源或环境质量损失的受偿意愿（WTA），并根据受访者的补偿意愿（WTP 或 WTA）估量该环境效益改善或环境质量损失的经济价值。其经济学原理是：假设受访者的效用函数受个人偏好（s），市场商品（x），待估非市场商品（q）影响，其间接效用函数由个人偏好（s）、市场商品价格（p），个人收入（y），待估非市场商品（q）共同决定，面对从 q_0 到 q_1 的环境状态改进可能，即 $V_1(s, p, q_1, y) \geqslant V_0(s, p, q_0, y)$，受访者若要实现这一改进则必须支付一定费用。即 CVM 通过问卷形式，调查受访者的偏好，推导不同环境状态下受访者的等效用点，并测算补偿意愿的分布规律，进而获得环境资源与服务的经济价值。该方法操作简单、灵活，且相对成熟，20 世纪 70 年代开始，被广泛应用于评估包含流域在内的各种公共物品及相关政策的效益，80 年代末引入国内后日渐流行，是目前我国流域生态系统服务价值实证研究的主要基础性工具。

闽江是福建第一大河，是福建社会发展和经济增长中尤为重要的水资源屏障，流程短，水量充裕，水资源足够满足上下游行政区经济社会发展的需求，经

① 徐大伟，常亮，侯铁珊，等．基于 WTP 和 WTA 的流域生态补偿标准测［J］．资源科学，2012（34）：1354－1361.

过多年努力，水质总体较好，因此，流域上下游行政区生态利益失衡，既不表现为水资源分配的利益争夺，也不是跨界水污染赔偿问题，而是上下游行政区在流域水生态、水环境和水安全保护与整治等方面的责、利、权模糊不清①。作为全国生态建设先进省份，虽然闽江流域区际生态补偿机制构建取得一定成效，但总体尚处于探索阶段，补偿标准设计中行政主导特征明显，流域生态补偿标准可持续性较低，补偿标准设计模式的激励性有待改进，从长远来看，还需要积极引导流域居民参与流域生态保护和补偿。故，开展闽江流域居民生态补偿意愿调查是完善流域生态补偿机制建设的现实需求。

二、研究区域概况与 CVM 调查实施

（一）研究区域概况

闽江是以福建行政区域为主体，水系相对独立，水资源自给自足的区域性流域。它发源于福建、江西交界，由闽江干流及富屯溪、建溪、沙溪等支流组成，水力资源丰富，常年径流量位居全国第七，多年平均地表水资源总量（福建部分）占全省 53.93%，流经 36 个县、市（福建部分），流域面积为全省陆域面积的 50%，流域人口是全省人口的 35%，经济总量占全省近 40%，是福建社会发展和经济增长中尤为重要的水资源屏障。

闽江流域上下游是一个流域生态服务的双方市场，上游地区是流域生态保护的贡献者与受益者，下游地区是流域生态保护的单纯受益者。2003 年福建开始在闽江流域试行上下游生态补偿，下游福州市政府每年向上游三明、南平市政府支付 1000 万元资金，2009 年提高到 3000 万元，2011 年再次提高到 8000 万元。这种由科层制主导的生态服务补偿有效地推动了流域上游的生态保护，但是过分突出政府在补偿中的主体地位，容易导致生态补偿主体单一且封闭。加强流域生态保护，完善流域生态服务补偿涉及流域生产生活的众多方面，必须充分考虑流域居民的生态保护意识、基本社会经济条件及补偿意愿，故本文拟运用条件价值评估法（CVM），将闽江流域上下游看作一个虚拟生态市场，开展流域上下游居民生态服务补偿的支付意愿（WTP）与受偿意愿（WTA）调查，为科学制定闽江流域生态服务补偿标准提供参考。

① 胡熠．流域区际生态利益网络型协调机制［M］．北京：社会科学文献出版社，2013：246－285.

（二）问卷设计与调查实施

问卷设计借鉴美国大气与管理局（NOAA）提出的十五条主要的 CVM 实施指导性原则及国内外 CVM 问卷的设计经验，共三部分，首先，引言部分介绍闽江流域水生态概况、上下游生态利益失衡现状，并说明下游参与生态补偿建设的必要性和完善闽江流域生态服务补偿机制的重要性，为调查做必要的铺垫；其次，核心部分通过对流域生态建设的认知程度、参与意愿、补偿数额、补偿方式等调查，获得下游居民的支付意愿（WTP）和上游居民的受偿意愿（WTA）；最后，通过受访者家庭人口数、收入、受教育程度、消费结构等基本社会经济信息调查，分析居民参与补偿建设的影响因素，同时，问卷采用支付卡方式，并经过预调查最终确定内容。

为了准确地估量闽江流域生态服务的非使用价值，真实地反映受访者的实际补偿意愿，提高研究成果的可信度，本文采取随机抽样、入户调查方式，同时开展下游居民的支付意愿（WTP）调查和上游居民的受偿意愿（WTA）调查。WTP 调查选取了下游福州市用水来自闽江的鼓楼区、仓山区、台江区、晋安区、福清市、长乐区、闽侯县和闽清县。同时，考虑到林业是上游地区的重要产业，森林生态效益补偿是当前闽江流域生态服务补偿的主要部分，WTA 调查选取了上游地区生态公益林面积较大的三明市的永安市、宁化县、尤溪县以及南平市的建阳区、建瓯市和浦城县。各县、市按照其 2012 年相应的家庭户数根据比例确定样本数量，调查时间为 2013 年 7 ~ 8 月。

（1）下游居民生态服务补偿的支付意愿 WTP 调查共发放 500 份问卷，有效问卷率 95.20%，有效问卷基本信息统计见表 1。

表 1　　WTP 调查有效问卷基本情况　　单位：%

<table>
<tr><td rowspan="2">参与意愿</td><td colspan="3">愿意</td><td colspan="2">不愿意</td></tr>
<tr><td colspan="3">89.71</td><td colspan="2">10.29</td></tr>
<tr><td rowspan="2">支付意愿</td><td colspan="3">WTP >0</td><td colspan="2">WTP =0</td></tr>
<tr><td colspan="3">68.28</td><td colspan="2">31.72</td></tr>
<tr><td rowspan="2">责任认知</td><td>承担建设责任，且有支付责任</td><td colspan="2">承担建设责任，但无支付责任</td><td colspan="2">不承担建设责任，且无支付责任</td></tr>
<tr><td>68.28</td><td colspan="2">21.43</td><td colspan="2">10.29</td></tr>
<tr><td rowspan="2">意愿支付方式</td><td>交付生态保护税</td><td>多交水电费</td><td>捐款</td><td>义务劳动</td><td>其他形式</td></tr>
<tr><td>36.00</td><td>24.00</td><td>23.07</td><td>8.00</td><td>8.92</td></tr>
</table>

从有效问卷来看，受访者参与生态建设的意愿较高，支付意愿较强。68.28%的受访者愿意支付生态服务补偿费用，其中，意愿支付方式主要有交付生态保护税、多交水电费和捐款；31.72%的受访者不愿意支付补偿费用，其中，10.29%的受访者认为下游居民没有义务承担上游的生态建设；而其余21.43%的受访者意识到了流域生态建设的责任，不过他们坚持应由政府支付补偿与建设资金。

分析整理受访者的非零支付意愿情况，可获得如表2的WTP累计频率分布。

表2　　WTP频率分布

WTP/元·(户·月)$^{-1}$	绝对频数/人	相对频率/%	调整频率/%	累计频率/%
5	20	4.20	6.15	6.15
10	38	7.98	11.69	17.85
15	8	1.68	2.46	20.31
20	56	11.76	17.23	37.54
25	9	1.89	2.77	40.31
30	32	6.72	9.85	50.15
40	41	8.61	12.62	62.77
50	44	9.24	13.54	76.31
60	18	3.78	5.54	81.85
70	7	1.47	2.15	84.00
80	5	1.05	1.54	85.54
90	2	0.42	0.62	86.15
100	19	3.99	5.85	92.00
150	4	0.84	1.23	93.23
200	5	1.05	1.54	94.77
250	1	0.21	0.31	95.08
300	6	1.26	1.85	96.92
350	1	0.21	0.31	97.23
400	3	0.63	0.92	98.15
450	2	0.42	0.62	98.77
500	4	0.84	1.23	100.00
WTP>0	325	68.28		
WTP=0	151	31.72		
总计	476	100		

目前学术界关于 WTP、WTA 的计算，常用的主要有加权平均、中位和算术平均三种方法，本文采用算术平均法，即下游居民生态服务补偿的总支付意愿 = 受访者平均 WTP［元/(户·月)］×非零支付意愿比例×12（月/年）×下游福州市用水总户数（万户）。根据上述信息可算得，受访者平均 WTP 为 58.14 元/(户·月)，且非零支付意愿比例是 68.28%，同时，据 2013 年《福建统计年鉴》，截至 2012 年年底，下游调查区域的城镇人口共计 399.56 万人，按 3 人/户（福州市城镇家庭平均水平）可算得下游共有 133.19 万用水户。

因此，下游居民生态服务补偿的总支付意愿 = 58.14 元/(户·月)×68.28%×12（月/年）×133.19（万户）= 63448.51（万元/年）。

（2）上游居民生态服务补偿的受偿意愿。WTA 调查同样发放 500 份问卷，有效问卷率 93.60%，有效问卷基本信息统计见表 3。

表 3　WTA 调查有效问卷基本情况　单位：%

参与意愿（政府承诺给予补贴前提下）	愿意			不愿意		
	认为政府会给予补贴		自愿支持	认为政府不会给予或只给予很少的补贴		
	47.65		38.89	13.46		
受偿意愿	WTA >0			WTA =0		
	79.91			20.09		
责任认知	农户	政府	政府为辅，农户为主		政府为主，农户为辅	
	9.62	15.17	21.79		53.42	
实际获偿	获得			未获得		
	47.01			52.99		
非现金意愿受偿方式	基础设施建设	优惠政策	就业指导	土地补偿	提供生活、生产资料	其他
	20.30	24.15	20.73	9.83	1.71	3.21

从有效问卷来看，流域生态建设得到了大部分上游受访者的支持，其接受生态补偿的意愿较强，但责任意识偏弱，参与生态建设的意愿一定程度上受到政府政策性的经济支持及其落实情况的影响。具体地，有 79.91% 的受访者愿意接受一定费用作为生态补偿，且 86.54% 的受访林农表示在政府提供现金补贴的前提下愿意配合政府进行森林生态建设，但同时仍有 13.46% 的林农认为政府不会给予或只给予很少的补贴，故不愿意积极配合生态建设，追究其原因，一是政府补

贴政策的落实及保障程度有待提高，调查中仅有 47.01% 的受访林农表示曾经获得过相关的政府补偿，二是大多受访林农将环境保护责任看作是政府应当承担的职能和能力，或者政府应该承担主要的责任。

分析整理受访者的非零受偿意愿情况，可获得如表 4 的 WTA 累计频率分布。

表 4　　WTA 累计频率分布

WTP/元·(hm²·年)$^{-1}$	绝对频数/人	相对频率/%	调整频率/%	累计频率/%
75	2	0.43	0.53	0.53
150	6	1.28	1.60	2.14
225	3	0.64	0.80	2.94
300	12	2.56	3.21	6.15
375	13	2.78	3.48	9.63
450	13	2.78	3.48	13.10
600	10	2.14	2.67	15.78
750	35	7.48	9.36	25.13
900	9	1.92	2.41	27.54
1050	8	1.71	2.14	29.68
1200	16	3.42	4.28	33.96
1350	11	2.35	2.94	36.90
1500	43	9.19	11.50	48.40
2750	70	14.96	18.72	67.11
3000	33	7.05	8.82	75.94
3750	17	3.63	4.55	80.48
4500	28	5.98	7.49	87.97
5250	11	2.35	2.94	90.91
6000	9	1.92	2.41	93.32
6750	10	2.14	2.67	95.99
7500	15	3.21	4.01	100.00
WTA > 0	374	79.91		
WTA = 0	94	20.09		
总计	468	100		

采用算术平均法，则上游居民生态服务补偿的总受偿意愿 = 受访者平均

WTA ［元/(hm^2·年)］×非零受偿意愿比例×上游生态公益林总面积（万 hm^2）。根据上述信息可算得，受访林农平均 WTA 为 2410.5 元/(hm^2·年)，且非零受偿意愿比例为 79.91%，同时，根据福建省林业厅统计，2013 年闽江上游省级以上生态公益林共计 96.968 万 hm^2。因此，上游居民生态服务补偿的总受偿意愿＝2410.5 元/(hm^2·年)×79.91%×96.968 万 hm^2＝186755.90 万元/年。

为了较为准确地反映受访者的真实补偿意愿，本文采用受访者的支付意愿与受偿意愿两者的算术平均值作为补偿标准，因此，基于 CVM 的闽江流域生态服务补偿标准为 125102.21 万元/年。

三、结果分析

（一）流域居民参与生态服务补偿的意愿较高

从问卷结果看，流域居民的生态保护意识较强，参与生态服务补偿的意愿较高。80%以上的受访者支持流域生态的保护与建设，68.28%的下游受访者愿意支付生态服务补偿费用，79.91%的上游受访者愿意接受生态服务补偿，其中，生态建设责任认知及政府补贴的落实与保障程度是影响居民参与生态建设意愿的主要因素。

（二）流域上下游居民的生态建设责任认知存在差异

从问卷结果看，大部分下游受访者能意识到流域生态建设的重要性，68.28%的受访者认同其有义务承担上游的生态建设，并愿意分担生态建设资金，然而受访林农则普遍表现出生态建设公共责任意识薄弱，仅有 31.41%的受访林农认为流域生态环境保护应以农户为主或完全由农户来承担治理责任。分析样本基本社会经济特征发现，下游受访者经济条件较好，文化水平较高，职业多样，收入较稳定，大部分处于小康水平及以上，而上游受访林农普遍家庭人口较多（平均 4.2 人/户），核心劳动力的年龄较高（皆在 30 岁以上），受教育程度低（基本为高中下学历），家庭收入不高，恩格尔系数较高（53.33%），属于满足基本温饱但是小康不足的欠发达状况，长久形成的落后生产和生活方式，以及迫于谋求生存的外在压力和追求收入增长的内在动力，影响了农户的生态建设责任意识，即上下游居民的社会经济条件差异导致了生态建设责任认知的差异。

（三）流域上下游居民的生态服务补偿意愿差距较大

从问卷结果看，下游受访者的平均支付意愿是58.14元/（户·月），总支付意愿是63448.51万元/年，但上游受访林农的平均受偿意愿是2410.65元/（公顷·年），故仅生态公益林补偿上的总受偿意愿便高达186755.90万元/年，为总支付意愿的2.9倍。上游的支付意愿与下游的受偿意愿差异，从经济学角度分析，首先，随地区经济发展和生活水平提高，居民对水质、水量、生态环境要求提升，流域生态资源稀缺性变得愈加明显，低替代弹性导致WTA远远超过WTP；其次，WTP受制于收入水平，而WTA不受收入约束，因此，收入效应也会导致WTA和WTP的不对称；此外，由于面临风险决策，人们在获得时往往倾向于规避风险，在失去时往往倾向于偏好风险，即人们的效用损失程度要大于获得效用增加的程度，故前景效用也会导致WTA大于WTP，所以支付意愿与受偿意愿的较大差异是多种因素综合作用的结果。

（四）流域居民的生态服务补偿意愿远高于现行补偿标准

当前闽江流域生态服务补偿实践中，流域水环境综合整治专项资金已达1.5亿元/年，流域森林生态效益补偿增至27635.77万元/年，现行补偿标准共计42635.77万元/年。从问卷结果看，基于CVM的补偿标准是现行补偿标准的2.93倍，其中，下游总支付意愿是现行补偿标准的1.49倍，上游仅生态公益林方面的总受偿意愿便高出现行补偿标准3.38倍。

四、建议

（一）逐步提高生态服务补偿标准，严格落实补贴政策

就补偿标准而言，政府的补贴政策与林农参与生态建设的意愿存在很大的相关性，补贴政策的落实及适当额度的补贴制度尤为重要。调查中林农希望获得的平均年补贴额度为2410.65元/hm^2，而地方政府往年实施的实际补贴额度仅为176.25元/hm^2，微薄的补贴所带来的效用是杯水车薪的，而且林农反应近年来政府下发的补贴往往受到当年政府财政情况的影响，存在着不稳定的情况。因此，流域生态服务补偿标准应结合居民的补偿意愿，以125102.21万元/年为参考逐步提高，同时，应加强政府补贴保障，增加林农参与意愿，提高林农配合程度。

（二）推进生态税费改革，多渠道筹集补偿资金

就补偿资金而言，不能仅依赖于政府的专项支出和财政转移支付，还应结合流域居民的生态补偿意愿，构建开放式、多主体、多样化、多渠道的生态补偿筹资体系。由于我国现有的生态税费征收未能真正体现对资源的生态属性予以补偿的性质，故政府可以尝试在原有的相关生态税种的基础上增设以生态环境补偿和恢复为目的的税种，完善生态税体系。同时，从问卷结果看，受访者意愿支付方式调查中，交付生态保护税最能为居民接受，说明征收生态税有较为良好的社会基础，其次是多交水电费，故水管部门可尝试调整下游水价，以取得对上游的生态服务补偿。

（三）拓宽农民收入来源，夯实农民增收基础

就补偿方式而言，直接给予经济补助的方式并非是最有效的，从长远来看，还必须充分考虑生产、生活实际，拓宽农民收入来源，增加非农收入，从根本上提高被补偿地区的社会经济发展水平和环保能力。从问卷结果看，一般林农从生态服务补偿实践中得到的补助较少，实际补贴额度与理想额度相去甚远，此外，受访林农也很重视对生产活动的支持和帮助，在非现金意愿受偿方式调查中，24.15%的林农希望政府能够提供优惠政策扶植当地的经济发展，20.73%的林农希望政府能够安排就业或提供就业指导。因此，政府应坚持生态补偿与扶贫开发相结合、资金补偿与技术补偿相结合，大力发展林下经济，积极发展适合闲散劳动力从事的农业产业和家庭手工业，拓展农民收入来源，夯实农民增收基础，这是建立流域生态——经济系统平衡的根本出路。

（该文原发表于《云南农业大学学报》2015 年第 3 期，作者周阿蓉、黎元生）

附录四

汀江源头长汀县水土治理入户调查问卷

调查日期：________年________月________日　　　调查学生姓名：________

地点：________省________市________县________乡________村

问卷编号：________

您好！首先感谢您抽出宝贵时间参与我们的调查。我们是福建师范大学“新常态下我国水土流失治理机制探索”课题组。我们希望收集一些您参与水土治理与保持的意愿、参与水土治理与保持对您的影响、对现有补偿政策的看法、对水土治理与保持的成效的评价等方面的信息。您的回答将完全保密，并在任何情况下不可能被识别。此外，针对某些问题如果您无法提供精确的数字，只需要提供给我们最合适的数值范围或估计。

感谢您的参与！

2015年1月

一、个人与家庭信息

（一）人口特征

1. 您的性别：________

A. 男　　B. 女

2. 您的年龄：________

A. 14岁及以下　　B. 15~64岁　　C. 65岁及以上

3. 您的婚姻状况：________

A. 未婚　　B. 已婚　　C. 离婚　　D. 丧偶

4. 您家户籍人口数为：________

A. 1 人　　B. 2 人　　C. 3 人　　D. 4 人

E. 5 人及以上

5. 户籍人口中一年有半年以上居住在家中的常住人口有：________

A. 1 人　　B. 2 人　　C. 3 人　　D. 4 人

E. 5 人及以上

6. 您在村子中是：________

A. 一般村民　　B. 队长或组长或合作社负责人

C. 村委或村干部

7. 您当前是否务农？________

A. 是　　B. 否

8. 如第 7 题选择 A，那么，以何类活动为主：________

A. 农业（种植各类农作物，含果、茶、中草药等）

B. 林业（林木栽培、林产品采集等）

C. 畜牧业（畜禽饲养）

E. 渔业（水生动物养殖捕捞等）

9. 您的受教育程度：________

A. 未上过学　　B. 小学　　C. 初中　　D. 高中

E. 大专及以上

10. 您家庭中有几口人外出务工或经商：________

A. 1 人　　B. 2 人　　C. 3 人　　D. 4 人

E. 5 人及以上

（二）家庭经济特征

11. 您家庭的主要收入来源（可多选）：________

A. 工资性收入（外出务工等）

B. 家庭经营性收入（以家庭单位进行的农业和非农经营）

C. 财产性收入（土地房屋出租、合作社股息等）

D. 转移性收入（政府补贴、退休养老金、亲友资助等）

12. 2014 年，您全家的总收入为：________

A. 7500 元及以下　　B. 7501 ~ 16000 元

C. 16001 ~ 32000 元　　D. 32001 ~ 48000 元

E. 48001～64000 元　　F. 64001～80000 元

G. 80001 元及以上

13. 2014 年，您家庭总收入中农业收入所占的比例为：________

A. 小于 5%　　B. 5%～50%　　C. 50%～95%　　D. 95% 以上

14. 2014 年，你家庭总收入中外出务工人员的收入占比有：________

A. 小于 5%　　B. 5%～20%　　C. 20%～50%　　D. 50%～80%

E. 80% 以上　　F. 无人出外打工

15. 2014 年，您家庭共获得各类补贴是________元，其中与水土保持有关的补贴为________元。

16. 您家庭共有________亩地，其中山林地________亩。

17. 如果有土地，土地的经营情况是：________

A. 自家经营　　B. 免费交由亲戚好友经营

C. 有偿租赁给他人经营　　D. 撂荒

18. 您家庭有没有租赁别人的土地？

A. 有　　B. 没有

19. 如 18 题选择 A，那么租了________亩。

二、对水土流失与保持的认知

20. 您认为您所在地区目前水土流失严重吗？________

A. 不清楚　　B. 几乎没有　　C. 一般　　D. 严重

21. 您认为当地水土流失发展的趋势如何：________

A. 不清楚　　B. 有减轻的趋势

C. 变化不大　　D. 有扩大的趋势

22. 您认为水土流失会对您的生活、生产有影响吗？________

A. 不清楚　　B. 没有影响　　C. 有一定影响　　D. 影响很大

23. 您认为以下哪些活动会导致水土流失？（可多选）________

A. 不清楚　　B. 乱砍滥伐　　C. 挖山修路　　D. 陡坡开荒

E. 挖山开矿

24. 您知道水土流失的后果吗？（可多选）________

A. 不清楚　　B. 造成土地贫瘠，降低产量

C. 加剧洪涝干旱等灾害　　D. 破坏水利设施和道路

25. 您认为加强水土保持重要吗？

A. 不清楚　　B. 不重要　　C. 重要　　D. 很重要

26. 您认为加强水土保持，能给农民带来哪些影响（多选）：________

A. 不清楚　　B. 增加农作物产量和收入

C. 减少洪涝灾害　　D. 改善自然环境

三、对水土治理与补偿的认知

27. 您认为水土治理工作应该由谁来主要承担？（可多选）________

A. 政府　　B. 农户

C. 企业　　D. 非营利性环保组织

28. 您看到目前是谁在参与水土治理？（可多选）________

A. 政府　　B. 农户

C. 企业　　D. 非营利性环保组织

29. 您认为目前的水土治理方式有哪些？（可多选）________

A. 完全封山育林　　B. 种植经济适用林

C. 清理河道　　D. 建设水利设施

E. 不清楚

30. 您认为目前的水土治理是否取得了效果：________

A. 不清楚　　B. 没效果　　C. 效果一般　　D. 效果很显著

31. 您家庭的山地是否被划入"全封山"区：________

A. 是　　B. 否

（如果本题选 A，则继续回答 32 题，否则跳至 33 题）

32. 划入"全封山"区后，家庭年收入减少了：________

A. 没有减少　　B. 1000 元及以下

C. 1001 ~2000 元　　D. 2001 ~3000 元

E. 3001 ~4000 元　　F. 4001 ~5000 元

G. 5001 元以上

33. 您是否获得了与水土治理相关的政府补贴？________

A. 是　　B. 否

（如果本题选 A，则继续回答 33、34 题，否则跳至 35 题。）

34. 您获得的补贴项目是（可多选）：________

A. 林地、荒山种植补贴　　B. 基础建设补贴（如自建水池等）

C. 替代能源补贴（用煤用电建沼气池等）　D. 移民、搬迁补贴

E. 开发建设补偿（如开发项目占用宅基地的补偿等）

35. 政府补贴是否都能及时、足额发放：________

A. 是　　B. 否

36. 对于水土流失治理的各项政策，您的家庭是否给予了积极的配合？________

A. 是　　B. 否

（选 A 回答第 37 题，选 B 回答第 38 题）

37. 您积极配合水土治理政策是因为（可多选）：________

A. 水土治理能够改善自然环境

B. 水土治理能改善耕种条件，提高种植收入

C. 政府给予了合理的补贴

D. 不配合政策的话会受到处罚

E. 保护家乡的环境是每个人的义务

38. 您不积极配合水土治理政策是因为（可多选）：________

A. 林木种植家庭主要收入，封山育林会导致收入减少

B. 不烧木材而采用替代燃料会大大增加家庭生活支出

C. 政府的补贴没有达到希望的水平

D. 不按政策做的其他农户没有受到应有的处罚

39. 如果您支持水土治理政策，最希望政府能够提供的补贴和帮助是：________

A. 现金补贴　　B. 技术援助

C. 非现金的物资补贴　　D. 农业经营辅导

40. 如果要求您配合封山育林的政策，您觉得合理的补偿标准为：________

A. 125 元/亩及以下　　B. 126 ~ 200 元/亩

C. 201 ~ 275 元/亩　　D. 276 ~ 350 元/亩

E. 351 ~ 425 元/亩　　F. 426 ~ 500 元/亩

G. 501 ~ 650 元/亩

41. 如果要求您配合燃料替代政策，您认为合理的补贴要达到家庭全部燃料或能源（电、煤、沼气等）支出的：________

A. 20%　　B. 30%　　C. 40%　　D. 50%

E. 60%　　F. 70%　　G. 80%　　H. 90%

I. 全部

42. 目前，您家庭生活能源或燃料的使用占比（直接填写，加总不能超过 100%）：________

A. 薪材　　B. 液化气　　C. 电　　D. 煤

E. 沼气　　F. 其他

43. 实行“全封山”后，您家庭每月生活能源支出大概增加了：________

A. 50 元及以下　　B. 51 ~ 100 元　　C. 101 ~ 150 元　　D. 151 ~ 200 元

E. 201 ~ 250 元　　F. 251 元及以上

44. 您家庭生活能源每个月的生活能源支出大约为：

（1）电费：________度 × ________元/度 = ________元；

（2）液化气：________瓶 × ________元/瓶 = ________元；

（3）煤：________个 × ________元/个 = ________元；

（4）沼气：________元。

以上合计约：________元/月。

汀江源头水土治理“长汀经验”调查问卷统计情况

一、问卷采集分布情况：

地区	策武镇	三洲镇	河田镇	濯田镇	总计
收集数量	59	65	64	58	246

二、个人与家庭信息

被调查对象（个人），男性占67.4%，女性占32.6%；未婚占65.2%，已婚占34.8%。97.8%的被调查个人年龄在15～65岁，为成年人。97.8%的被调查个人为一般村民，2.2%的为村委或村干部。被调查个人中，当前务农与非务农的比例各占50%。受教育程度方面，4.3%从未上过学，17.4%为小学程度，6.5%为初中程度，19.6%为高中程度，52.2%为大专及以上程度。

家庭户籍人口3人的占6.5%，4人的占26.1%，5人及以上的占67.4%；其中，一年中有半年以上居住在村庄里的常住人口1人的占6.5%，2人的占28.3%，3人的占37%，4人的占13%，5人及以上的占15.2%。家中外出务工人员，有1人的占32.6%，有2人的占41.3%，有3人的占13%，有4人的占6.5%，5人及以上的占6.5%。

家庭主要收入来源（多选项）为工资性收入的占52.2%，家庭经营性收入的占71.8%，转移性收入的占2.2%。没有以财产性收入为主的。2014年家庭总收入在7500元及以下的占6.5%，基本上处于贫困线上下（人均纯收入1300元，4人户）；7501～16000元的占30.4%；16001～32000元的占37%；32001～48000元的占6.5%；48001～64000元的占6.5%；64001～80000元的占8.7%；80001元及以上的占4.3%。

务农收入占比低于5%的非农户占39.1%，5%～50%的非农兼业户为21.7%，50%～95%的农业兼业户占32.6%，95%以上的农业户仅为6.5%。外出务工收入小于5%的占13%，5%～20%的占19.6%，20%～50%的占26.1%，50%～80%的占13%，80%以上的占17.4%。

三、对水土流失与保持的认知

	不清楚	几乎没有	一般	严重	合计
您认为您所在地区目前水土流失严重吗？	8.7%	23.9%	60.9%	6.5%	100%
	不清楚	有减轻的趋势	变化不大	有扩大的趋势	合计
您认为当地水土流失演进的趋势如何？	15.2%	47.8%	34.8%	2.2%	100%
	不清楚	没有影响	有一定影响	影响很大	合计
您认为水土流失会对您的生活、生产有影响吗？	0	19.6%	54.3%	26.1%	100%
	不清楚	乱砍滥伐	挖山修路	陡坡开荒	挖山开矿
您认为哪些活动会导致水土流失？（多选）	0	95.7%	89%	80.4%	58.7%
	不清楚	造成土地贫瘠	加剧洪涝干旱	破坏水利道路	
您知道水土流失的后果吗？（多选）	0	76.1%	97.8%	73.9%	
	不清楚	不重要	重要	很重要	合计
您认为加强水土保持重要吗？	0	2.2%	32.6%	65.2	100%
	不清楚	增加农业收入	减少自然灾害	改善居住环境	
您认为加强水土保持能给农民带来哪些影响？（多选）	2.2%	69.6%	95.6%	69.5%	

四、对水土治理与补偿的认知

认为水土治理工作应该由政府承担的占 97.8%，选择“农户”的占 47.8%，选择“企业”的为 54.3%，选择“非营利性环保组织”的为 39.1%。有 78.3% 的受访者观察到目前参与水土治理的主体是政府，选择“农户”的为 32.6%，选择“企业”的为 28.3%，选择“非营利性环保组织”的为 36.9%。受访者观察到的目前已有的水土治理方式包括完全封山育林（28.3%）、种植经济适用林（69.6%）、清理河道（56.5%）、建设水利设施（60.8%）。

对水土治理效果表示“不清楚”的受访者有 6.5%，表示“没效果”的为 13%，选择“有一定效果”的为 63%，认为“效果很显著”的为 17.4%。

有 37% 的受访者家庭所在地为“全封山”区，63% 在非“全封山”区。位于“全封山”区的农户中，有 76.5% 的受访者认为家庭年收入没有因此减少，11.8% 的受访者认为家庭年收入减少额在 1000 元以下，另外 11.8% 的认为减少额在 1000～2000 元。

在受访者中，有 17.4% 的农户表示获得了与水土治理相关的政府补贴。这其中，12.5% 的是林地荒山种植补贴，62.5% 的是替代能源补贴，25% 的是移民搬迁补贴。其中，65.2% 的农户表示补贴能够及时足额发放。

全部受访者都认为自己的家庭很好地配合了政府的水土治理政策。从其动机上看，认为水土治理可以改善环境的占 67.4%，认为能够改善耕种条件，提高种植收入的占 65.2%，由于政府给予了合理补贴而配合的占 63%，认为不配合会受到处罚的占 23.8%，认为保护家乡环境是个人义务的占 45.7%。

为了配合水土治理政策，受访者最希望政府能够提供的补贴或帮助扶持是“现金补贴”，占 73.9%，其次是技术援助，占 15.2%，第三位的是农业经营辅导，占 10.9%，没有人选择“非现金物资补助”。

受访者认为，为了配合封山育林的政策，合理的补偿标准在 200 元/亩以下的占 19.6%，选择补偿标准在 200～350 元/亩的占 23.9%，选择补偿标准在 350～500 元/亩的占 21.8%，选择补偿标准在 500 元/亩以上的占 34.8%。

对于替代能源补偿标准，只有 4.3% 的受访者能够接受占家庭全部燃料或能源支出的 30% 的补偿水平，43.4% 的受访者认为补偿标准应在 40%～50%，26.1% 的受访者认为应在 60%～70%，另外 26.1% 的受访者认为应在 80% 以上。

当前农户生活能源或燃料的使用中，48.8% 的受访者家庭仍然使用一定比例薪材。根据受访者自主报告的薪材使用量占全部生活能源或燃料的比例，20% 和

30% 的占比均为 23.8%，70% 的占比为 9.5%，其他零星的有 5%、10%、15%、35%、40%、50%、60%、80%、90% 的情况。

有 22.6% 的受访者家庭使用液化气，其中，比较集中报告的是使用量占全部燃料或能源比为 10% 的情况，占 35.7%；占全部燃料或能源比为 20% 的家庭有 21.4%；其他零星报告有 5%、30%、40%、50%、60% 的情况。

所有受访者家庭都有使用电作为生活能源，其中，有 23.3% 的家庭的生活燃料或能源全部来自电力，使用量占全部燃料能源比为 30% 和 40% 的家庭占比均为 11.6%。只有 11.6% 的受访家庭报告有使用煤作为生活燃料或能源的情况。只有 14% 的受访家庭报告有使用沼气的情况。

实行“全封山”后，每月家庭收入没有减少的农户为 18.6%，减少额在 1000 元以下的为 30.2%，减少额在 1000～2000 元的为 14%，减少额在 2000～3000 元的为 9.3%，减少额在 3000～4000 元的为 2.3%，减少额在 4000～5000 元的为 25.6%。

参考文献

中文文献

（一）著作类

1. 马克思．资本论（第一卷）[M]．北京：人民出版社，2004.

2. 马克思．资本论（第二卷）[M]．北京：人民出版社，2004.

3. 马克思．资本论（第三卷）[M]．北京：人民出版社，2004.

4. 习近平．摆脱贫困[M]．福州：福建人民出版社，1992.

5. 陈征．劳动和劳动价值论的运用与发展[M]．北京：高等教育出版社，2005.

6. 刘文，王炎庠，张敦富．资源价格[M]．北京：商务印书馆，1996.

7. 埃莉诺·奥斯特罗姆，等，郭冠清译．公共资源的未来——超载市场失灵和政府管制[M]．北京：人民大学出版社，2015.

8. 托马斯·思德纳，张蔚文，黄祖辉译．环境与自然资源管理的政策工具[M]．上海：上海人民出版社，2005.

9. [美] 保罗·R. 伯特尼，罗伯特·N. 史蒂文斯主编．穆贤清、方志伟译．环境保护的公共政策（第2版）[M]．上海：上海三联书店、上海人民出版社，2004.

10. E. S. 萨瓦斯．民营化与公私部门的伙伴关系[M]．北京：人民大学出版社，2001.

11. 埃莉诺·奥斯特罗姆．公共事物的治理之道[M]．上海：上海三联书店，2000.

12. 埃莉诺·奥斯特罗姆．制度激励与可持续发展[M]．上海：上海三联书店，2000.

13. 迈克尔·麦金尼斯．多中心治道与发展[M]．上海：上海三联书店，2000.

14. 斯蒂芬·戈德史密斯，威廉·D. 埃格斯．网络化治理：公共部门的新形态［M］. 北京：北京大学出版社，2008.

15. 奥利弗·E. 威廉姆森. 治理机制［M］. 北京：中国社会科学出版社，2001.

16. 丹尼尔·F. 史普博. 管制与市场［M］. 上海：上海三联书店，2003.

17. 盖瑞·米勒. 管理困境——科层的政治经济学［M］. 上海：上海三联书店，2002.

18. 埃瑞克·G. 菲吕博顿，鲁道夫. 新制度经济学［M］. 上海：上海财经大学出版社，1998.

19. 乔·B. 史蒂文斯. 集体选择经济学［M］. 上海：上海三联书店，2003.

20. 陈振明. 公共管理学——一种不同于传统行政学的研究途径［M］. 北京：中国人民大学出版社，2003.

21. 俞可平. 治理与善治［M］. 北京：社会科学文献出版社，2001.

22. 戴星翼，等. 生态服务的价值实现［M］. 北京：科学出版社，2005.

23. 李小云，靳乐山，左停，等. 生态补偿机制：市场与政府的作用［M］. 北京：社会科学文献出版社，2007.

24. 朱迪·丽丝. 自然资源——分配、经济学与政策［M］. 北京：商务印书馆，2002.

25. 布鲁斯·米切尔. 资源与环境管理［M］. 北京：商务印书馆，2004.

26. 姚志勇. 环境经济学［M］. 北京：中国发展出版社，2002.

27. 曾思育. 环境管理与环境社会科学研究方法［M］. 北京：清华大学出版社，2004.

28. 斯蒂芬·戈德史密斯，威廉·D. 埃格斯. 网络化治理［M］. 北京：北京大学出版社，2008.

29. 廖卫东. 生态领域产权市场制度研究［M］. 北京：经济管理出版社，2004.

30. 艾米·R. 波蒂特，等. 共同合作［M］. 北京：人民大学出版社，2011.

31. 黄寰. 区际生态补偿论［M］. 北京：人民大学出版社，2012.

32. 王浩，等. 面向可持续发展的水价理论与实践［M］. 北京：科学出版社，2003.

33. 张春玲，阮本清，杨小柳. 水资源恢复的补偿理论与机制［M］. 郑州：黄河水利出版社，2006.

34. 孔凡斌. 中国生态补偿机制：理论、实践与政策设计［M］. 北京：中国环境科学出版社，2010.

35. 孔繁斌．公共性的再生产——多中心治理的合作机制建构［M］．南京：江苏人民出版社，2008.

36. 胡熠．流域区际生态利益网络型协调机制［M］．北京：社会科学文献出版社，2013.

（二）文章类

1. 朱德米．网络状公共治理：合作与共治［J］．华中师范大学学报，2004（3）.

2. 陈瑞莲，张紧跟．论区域经济发展中的政府间关系协调［J］．中国行政管理，2002（12）.

3. 贾根良．网络组织．超越市场和企业两分法［J］．经济社会体制比较，1998（4）.

4. 蒂姆·佛西著，谢蕾译．合作型环境治理：一种新模式［J］．国家行政学院学报，2004（3）.

5. 孙柏瑛，李卓青．政策网络治理：公共治理的新途径［J］．中国行政管理，2008（5）.

6. 董亚光．“生态利益中心主义”取代“人类利益中心主义”的困境分析——兼评《环境法律的理念与价值追求——环境立法目的论》［J］．改革与开放，2012（10）.

7. 周肇光．马克思价值论与自然资源价值决定的内在联系［J］．安徽大学学报（哲学社会科学版），2007（5）.

8. 曾贤刚，虞慧怡，谢芳．生态产品的概念、分类及其市场化供给机制［J］．中国人口·资源与环境，2014（7）.

9. 刘桂环等．基于生态系统服务的官厅水库流域生态补偿机制研究［J］．资源科学，2010（5）.

10. 李金昌．自然资源价值理论和定价方法的研究［J］．中国人口·资源与环境，1991（1）.

11. 沈丽，张攀，朱庆华．基于生态劳动价值论的资源性产品价值研究［J］．中国人口·资源与环境，2010（11）.

12. 廖福霖．生态产品价值实现［J］．绿色中国，2017（13）.

13. 李繁荣，戎爱萍．生态产品供给的 PPP 模式研究［J］．经济问题，2016（12）.

14. 孔含笑，沈镭，钟帅．关于自然资源核算的研究进展与争议问题［J］．自然资源学报，2016（3）.

15. 王晓云．合理运用生态产品贴现率确定生态补偿额度［J］．生产力研究，2008（10）．

16. 李国平，石涵予．国外生态系统服务付费的目标、要素与作用机理研究［J］．新疆师范大学学报（哲学社会科学版），2015（2）．

17. 肖加元，潘安．基于水排污权交易的流域生态补偿研究［J］．中国人口·资源与环境，2016（7）．

18. 高吉喜，鞠昌华．构建空间治理体系　提供优质生态产品［J］．环境保护，2017（1）．

19. 陆燕元，潘立．林业生态产品外部性治理政策架构探略［J］．林业经济，2017（2）．

20. 操建华．生态系统产品和服务价值的定价研究［J］．生态经济，2016（7）．

21. 沈满洪．绿水青山的价值实现［N］．浙江日报，2015－04－03．

22. 舒凯彤，张伟伟．完善我国森林碳汇交易的机制设计与措施［J］．经济纵横，2017（3）．

23. 张伟伟，高锦杰，费腾．森林碳汇交易机制建设与集体林权制度改革的协调发展［J］．当代经济研究，2016（9）．

英文文献

1. Sullivan J，Amacher G S，Chapman S. Forest Banking and Forest Land Owners Forgoing Management Rights for Guaranteed Financial Returns. Forest Policy and Economic，2005，7（3）：381－392.

2. Alig R，Latta G，Adams D，et al. Mitigating Greenhouse Gases：The Importance of Land Base Interactions Between Forests，Agriculture，and Residential Development in The Face of Changes in Bioenergy and Carbon Prices. Forest Policy and Economics，2010，12（1）：67－75.

3. Baggethun G，De Groot R. Natural Capital and Ecosystem Services：The Ecological \ nfoundation of Human Society. London：The Royal Society of Chemistry，2010：72－98.

4. Tacconi L，Redefining payments for environmental services［J］. Ecological Economics，2012（73）：29－36.

5. Sattler C，Matzdorf B. PES in a nutshell：From definitions and origins to PES in Practice－Approaches，design process and innovative aspects. Ecosystem Services，

2013（6）：2－11.

6. Tambouratzis T，Karalekas D，Moustakas N. A methodological study for optimizing material selection in sustainable product design. Journal of Industrial Ecology，2014，18（4）：508－516.

7. Wunder S. Revisiting the concept of payments for environmental services. Ecological Economics，2015（117）：234－243.

8. Scheufele G，Bennett J. Can payments for ecosystem services schemes mimic markets？. Ecosystem Services，2017（23）：30－37.

9. Wunder，S. "Payments for environmental services：some nuts and bolts"，CIFOR Jakarta. 2005.

10. J. A. van. Interactive Management of International River Asins：Experiences in Northern America and Western Europe. Phy. Chem. Earth（B），Vol25，2002.

11. Lester M. Salamon，and Odus V. Elliot，Tools of government：A guide to the new governance，oxford university press，2002.

后　　记

本书是国家社科基金一般项目《基于生态文明建设的流域生态服务供给机制》(12BKS043)的最终成果。从课题设计、立项获批、实地调研、写作初稿、课题结题和修订出版，整整经历了7年，在即将付梓出版之际，顿时有如释重负之感。

课题研究得以顺利完成，是多年来课题组成员通力协作的结果。我所指导的研究生包括丘水林、王季潇、周阿蓉、钟超、赵玉雪、师惠齐、徐双明、贾晓烨等，他们在学习期间围绕生态环境治理领域撰写毕业论文，也为我收集整理了许多国内外学术资料。本书的出版也包含着他们辛勤的付出，有的章节如第七章第二、三节还是以合作方式共同完成的，这在书中均已作了明显标注，以示尊重他们的贡献，同时避免知识产权之纠纷，并在此表示衷心的感谢。

感谢国家社科基金项目匿名评审专家的诚恳而富有见地的建议和意见。他们从研究内容和方法对进一步深化研究提出了许多真知灼见，书稿已尽可能地汲取了他们的建议和意见，并使成果增色不少。

本书的出版还得到了经济科学出版社孙丽丽、程憬怡等多位编辑的大力支持和帮助。他们认真细致的编辑、校对工作，确保本书出版的质量。

感谢福建师范大学理论经济学科带头人陈征教授、李建平教授等学术前辈的长期关心、支持和帮助。感谢我的博士导师郭铁民教授、硕士导师李建建教授一如既往、亦师亦友般地引领和指导我的教学科研工作，他们那严谨的治学态度、谦虚谨慎的为人之道和认真细致的工作态度感染和教导了我，时常鞭策和引导我努力前行，提升自身的学识和能力。感谢福建师范大学经济学院各位领导班子成员对本人工作的大力支持和帮助，分工明确、团结协作的氛围为我的学术研究创造了良好的工作环境。

最后，不能忘记我的家人，远在家乡年迈的父母终年勤于农耕，传教给我了吃苦耐劳的品质；我的妻子胡熠教授始终如一地支持我的工作，毫无怨言地承担着全部家务和女儿教养的重任。如果没有家人的理解和支持，枯燥的学术探索和苦涩的写作过程是难以想象的，家庭这一温暖港湾为我的学术研究和学业进步提供了宽松的生活环境。